深入浅出大型网站架构设计

李力非 / 著

电子工业出版社
Publishing House of Electronics Industry
北京·BEIJING

内 容 简 介

为了帮助有一定编程基础的读者快速了解如何以职业标准开发一个网站，本书从架构设计的角度出发，涵盖了以高性能、高可用、高并发等多个业内标准为目标的网站设计和建设手段，并在每个方面追本溯源，从理论方法到生产实践，在力求简明易懂、适用于尽可能多的场合的前提下深入实践中，为读者提供实用操作指南。

同时，本书对所提出的概念进行了简明扼要的解释，并对介绍的手段和方案不仅解释了如何做，也解释了来源和选择理由，使得读者在理解内容并应用的同时，也能理解这些手段和方案背后的思路，将来可脱离书本，设计出属于自己的创新方案，真正做到了"授人以鱼不如授人以渔"。

本书兼具理论和实践，既可作为网站架构设计的参考书和工具书，又可作为实践指南。

未经许可，不得以任何方式复制或抄袭本书之部分或全部内容。
版权所有，侵权必究。

图书在版编目（CIP）数据

深入浅出大型网站架构设计 / 李力非著. —北京：电子工业出版社，2020.6
ISBN 978-7-121-35397-0

Ⅰ．①深⋯ Ⅱ．①李⋯ Ⅲ．①网站建设－软件开发－架构 Ⅳ．①TP393.092.2

中国版本图书馆 CIP 数据核字（2020）第 076683 号

责任编辑：张月萍　　　　特约编辑：田学清
印　　刷：天津千鹤文化传播有限公司
装　　订：天津千鹤文化传播有限公司
出版发行：电子工业出版社
　　　　　北京市海淀区万寿路 173 信箱　　邮编：100036
开　　本：787×1092　1/16　印张：16　字数：314 千字
版　　次：2020 年 6 月第 1 版
印　　次：2020 年 6 月第 1 次印刷
定　　价：89.00 元

凡所购买电子工业出版社图书有缺损问题，请向购买书店调换。若书店售缺，请与本社发行部联系，联系及邮购电话：（010）88254888，88258888。
质量投诉请发邮件至 zlts@phei.com.cn，盗版侵权举报请发邮件至 dbqq@phei.com.cn。
本书咨询联系方式：010-51260888-819，faq@phei.com.cn。

前　言

为什么要写这本书

很多刚从学校毕业的计算机专业的学生，或者通过自学掌握编程技能的非计算机专业的人，往往会发现软件工程师在工作中所做的内容与学校中所学的知识有不小的差异，并且这种差异随着项目规模的增大而增大。一些拥有不错编程基础的从业人员往往也要在从业数年以后，才能逐渐通过积累工作经验来缩小、弥补这种差异。

造成这种差异的主要原因在于，在学校中学习的编程技能侧重于计算机科学的原理及基本的应用，而在工作中，对于一个工程项目软件，为了使其达到商用、大规模使用的条件，软件工程师会采用许多学校中不会重点教学甚至完全不会接触的方式来确保其开发、维护上的高效率和健壮性。本书在网站开发方面，通过总结笔者从业中遇到过的众多案例和项目，精练出一系列职业经验和操作规程，帮助感兴趣的初学者对职业实践有所了解，而编程能力原本就扎实的程序员更可以通过本书获得职场上的即战力。

本书有何特色

1. 涵盖了大型网站建设从理论到实践的方方面面

对于每个相关的业内实践问题，本书都会涵盖其常见解决方案和最佳推荐选择，并从原理出发分析和解释每个方案，使读者充分理解积累了大量从业人员经验教训的实现方案。

2. 每个主题都包含了大量实例说明

本书为暂时没有机会参与大流量网站建设的读者提供了大量生产实例，使读者能更直观地理解大型网站相比普通网站在生产环境中面临的问题及其解决方案。

3. 对多个实践类主题都附有可直接使用的代码示例

本书对所有可以独立尝试实践的主题都附有实践说明和代码示例，绝大多数代码示例都可以经过简单配置直接使用，非常适合看了相关章节跃跃欲试的读者。

4. 主题鲜明，易于上手

本书各章主题之间尽量保证分割清晰，大多数章节相互独立，且每个主题深入浅出，读者即使不读完全书，只对中间某个主题感兴趣，也可以随手拿起书深入其中一章，而不受上下文的牵制影响。

5. 信息涉及范围广，拓宽视野，与时俱进

本书所提及的设计方案、技术手段和实践标准均与当前业内实践看齐，并在必要部分对业内流行的技术进行了或深或广的介绍，帮助读者轻松地以本书为出发点，找到合适的拓展资料和值得进一步深挖的技术。

本书内容及知识体系

第1~2章主要介绍了网站架构的设计目标和原则，包括高性能、高可用、伸缩性和扩展性，并以此为纲展开全书。除此之外，还介绍了软件工程标准的网站架构设计流程。

第3~7章主要介绍了网站数据层的几种优化手段，从按需选择数据库到分库分表、读写分离、缓存和动静分离，逐步深入，从数据库介绍到分库分表和读写分离，从缓存介绍到动静分离，先理论再实践，完成数据层的优化改造。

第8~10章主要从负载均衡、异步和非阻塞、队列三个角度介绍了如何管理和优化一个网站的整体架构，使其达到高并发，瞬时承担更大流量。

第11~15章主要介绍了大型商用网站最重要的性质之一——高可用，以及如何做到高可用。分别从高可用的指导原则、异地多活、服务降级、限流和下游错误处理的角度，解释了在单机服务不可靠的情况下，如何通过架构设计使系统整体变得可靠又稳定。

第16~17章主要介绍了大型商用网站在上线服务之前，所需要采取的合理合规的必要手段，以及如何从一个成熟的业务拥有者的角度，尽可能降低新服务上线的风险。

适合阅读本书的读者

- 有一定技术水平但工程资历尚浅的人员。
- 有一定工程资历但没有大流量网站开发和维护经验的人员。
- 希望对网站开发的软件工程有所了解的人员。
- 广大 Web 开发程序员。
- 希望提高大型项目设计水平的人员。
- 软件开发项目经理。
- 需要一本案头必备查询手册的人员。

阅读本书的建议

- 没有网站开发经验的人员,建议配合一本网站开发实战类参考书来阅读。
- 有网站开发经验的人员,可以随意从一章开始阅读,相信都会有所受益。
- 对于有代码示例的章节,可以随时按照其中的说明进行实战;没有代码示例但有操作流程的章节,需要一定生产环境支撑其方法的实践,请读者结合实际工作环境进行学习。

目 录

第1章　网站架构概述 1
1.1　网站的基本组件 1
1.2　网站业务规模增长带来的问题 2
1.3　大型网站架构设计的目标和原则 4
1.3.1　高性能 4
1.3.2　高可用 5
1.3.3　伸缩性 6
1.3.4　扩展性 7

第2章　大型网站架构设计的流程 9
2.1　需求分析 9
2.1.1　需求驱动的重要性 9
2.1.2　如何根据需求制定系统目标 10
2.2　方案设计 11
2.2.1　与架构设计原则相结合 11
2.2.2　设计多套备选方案 12
2.3　方案评估 13

第3章　数据库的选择 15
3.1　关系数据库 15
3.1.1　什么是关系数据库 16
3.1.2　关系数据库的优势和应用场景 17
3.2　非关系数据库 18
3.2.1　什么是非关系数据库 18
3.2.2　非关系数据库的优势和应用场景 19
3.3　常见的关系数据库产品 20
3.3.1　MySQL 20
3.3.2　MS SQL Server 21

            3.3.3　Oracle 22
    3.4　常见的非关系数据库产品 22
            3.4.1　MongoDB 23
            3.4.2　DynamoDB 23
    3.5　云数据库 23

第 4 章　数据库优化：分库分表 25
    4.1　什么是分库分表 25
            4.1.1　分库 25
            4.1.2　分表 26
    4.2　为什么要进行分库分表 27
            4.2.1　吞吐量 27
            4.2.2　索引 27
            4.2.3　备份 28
            4.2.4　其他风险 28
    4.3　实现分库分表 28
            4.3.1　垂直分库分表 29
            4.3.2　水平分库分表 30
    4.4　分库分表带来的问题 32
            4.4.1　全局唯一 ID 32
            4.4.2　关系数据库的部分操作 33
            4.4.3　事务支持 33

第 5 章　数据库优化：读写分离 34
    5.1　什么是读写分离 34
    5.2　为什么要使用读写分离 35
            5.2.1　何时需要使用读写分离 35
            5.2.2　读写分离的好处 36
    5.3　实现读写分离 37
            5.3.1　中间件实现 37
            5.3.2　应用层实现 38
    5.4　读写分离带来的问题 39
            5.4.1　副本的实时性 39

5.4.2 副本实时性的解决方案 ... 39
5.4.3 成本问题 ... 40

第 6 章 缓存 ... 41

6.1 什么是缓存 ... 41
6.2 缓存策略 ... 42
 6.2.1 LFU 缓存策略 ... 42
 6.2.2 LRU 缓存策略 ... 43
 6.2.3 缓存策略的优劣 ... 43
6.3 缓存命中率 ... 44
6.4 缓存的类型 ... 44
 6.4.1 客户端缓存 ... 44
 6.4.2 CDN 缓存 ... 45
 6.4.3 应用缓存 ... 45
 6.4.4 基于分布式集群的缓存 ... 45
6.5 分布式缓存 ... 46
 6.5.1 分布式缓存的应用场景 ... 46
 6.5.2 分布式缓存的架构设计 ... 47
6.6 缓存的问题 ... 47
 6.6.1 缓存过热 ... 47
 6.6.2 缓存穿透 ... 48
 6.6.3 缓存雪崩 ... 48
6.7 常见的缓存系统 ... 49
 6.7.1 MemCached ... 49
 6.7.2 Redis ... 49

第 7 章 动静分离 ... 50

7.1 动静分离 ... 50
 7.1.1 动态数据和静态数据 ... 50
 7.1.2 动静分离的概念 ... 52
 7.1.3 动静分离的作用 ... 53
7.2 拆分动态数据和静态数据 ... 55
 7.2.1 识别动态数据和静态数据 ... 55

		7.2.2	改造数据	56
		7.2.3	改造数据要注意的问题	60
	7.3	动静分离的架构改造		62
		7.3.1	动静分离的缓存架构	62
		7.3.2	浏览器缓存	63
		7.3.3	CDN 缓存	64
		7.3.4	Web 服务器缓存	65
		7.3.5	分布式缓存	65
		7.3.6	页面组装	66

第 8 章 负载均衡 ... 67

	8.1	什么是负载均衡		67
		8.1.1	负载均衡的概念	67
		8.1.2	负载均衡的类型	69
		8.1.3	有负载均衡的网站架构	69
		8.1.4	反向代理	70
	8.2	DNS 负载均衡		72
		8.2.1	DNS	73
		8.2.2	A 记录	73
		8.2.3	CName	73
		8.2.4	配置 DNS 负载均衡	74
		8.2.5	DNS 负载均衡的优缺点	75
	8.3	硬件负载均衡		76
	8.4	软件负载均衡：LVS		77
		8.4.1	LVS 架构	77
		8.4.2	LVS 的负载均衡方式	78
		8.4.3	LVS 的负载均衡策略	80
		8.4.4	LVS 的调整升级	81
		8.4.5	LVS 的优缺点	81
	8.5	软件负载均衡：Nginx		82
		8.5.1	Nginx 架构	82
		8.5.2	Nginx 的工作原理	83
		8.5.3	Nginx 的负载均衡策略	84

8.5.4 Nginx 的错误重试ㆍㆍㆍ 85
8.5.5 Nginx 的调整升级ㆍㆍ 85
8.5.6 Nginx 的主要特点ㆍㆍ 86
8.5.7 Nginx 配置实战ㆍㆍ 86
8.6 负载均衡的实践流程ㆍㆍㆍ 89
8.6.1 回顾流量基本概念ㆍㆍㆍ 90
8.6.2 实践流程ㆍㆍㆍ 90

第 9 章 异步和非阻塞ㆍㆍㆍ 93
9.1 异步及其相关概念ㆍㆍㆍ 93
9.1.1 同步和异步ㆍㆍ 94
9.1.2 阻塞和非阻塞ㆍㆍ 94
9.1.3 多线程ㆍㆍ 96
9.2 异步和非阻塞的作用ㆍㆍㆍ 97
9.2.1 异步和非阻塞的应用场景ㆍㆍ 97
9.2.2 异步和非阻塞的架构ㆍㆍ 102
9.2.3 异步的优势ㆍㆍ 103
9.3 实战：以 Java 为例ㆍㆍ 105
9.3.1 Runnableㆍㆍㆍ 105
9.3.2 Callableㆍㆍㆍ 106
9.3.3 Futureㆍㆍㆍ 106
9.3.4 Executor 和 ExecutorServiceㆍㆍㆍㆍㆍㆍㆍㆍㆍㆍㆍㆍㆍㆍㆍㆍㆍㆍㆍㆍㆍㆍㆍㆍㆍㆍㆍㆍㆍㆍㆍㆍㆍㆍㆍㆍㆍㆍ 108
9.3.5 改造同步且阻塞的 Java 代码ㆍㆍㆍㆍㆍㆍㆍㆍㆍㆍㆍㆍㆍㆍㆍㆍㆍㆍㆍㆍㆍㆍㆍㆍㆍㆍㆍㆍㆍㆍㆍㆍㆍㆍㆍㆍ 108
9.4 异步和非阻塞带来的问题ㆍㆍ 112
9.4.1 API 定义ㆍㆍ 113
9.4.2 线程池的扩容ㆍㆍ 113

第 10 章 队列ㆍㆍㆍ 116
10.1 队列及其相关概念ㆍㆍㆍ 116
10.1.1 队列ㆍㆍ 116
10.1.2 生产/消费、发布/订阅与主题ㆍㆍㆍㆍㆍㆍㆍㆍㆍㆍㆍㆍㆍㆍㆍㆍㆍㆍㆍㆍㆍㆍㆍㆍㆍㆍㆍㆍㆍㆍㆍㆍㆍㆍㆍ 117
10.2 队列与网站的整合ㆍㆍㆍ 119
10.2.1 发布者ㆍㆍ 119

         10.2.2 订阅者 120
         10.2.3 订阅者：推送模式 120
         10.2.4 订阅者：拉取/轮询模式 122
   10.3 队列的应用 123
         10.3.1 流量控制 123
         10.3.2 服务解耦 126
   10.4 队列存在的问题与解决方案 128
         10.4.1 消息积压 128
         10.4.2 消息的可靠传递 130
         10.4.3 消息重复 133
   10.5 常见的队列产品和系统 134
         10.5.1 RabbitMQ 134
         10.5.2 ActiveMQ 135
         10.5.3 RocketMQ 135
         10.5.4 Kafka 136
         10.5.5 AWS SQS 和 SNS 136

第 11 章 高可用 137
   11.1 CAP 原理 137
         11.1.1 什么是 CAP 原理 137
         11.1.2 CAP 原理与网站服务 138
   11.2 服务可用性的标准 141
   11.3 冗余和隔离 142
         11.3.1 扩容中的冗余 142
         11.3.2 广义的冗余 142
         11.3.3 隔离 142

第 12 章 异地多活 144
   12.1 异地多活的基本概念 144
         12.1.1 基本概念 144
         12.1.2 作用 145
         12.1.3 应用场景 145
         12.1.4 异地多活和负载均衡 147

12.2 异地多活的类型 147
12.2.1 同城异地多活 147
12.2.2 跨城市异地多活 148
12.2.3 跨地区异地多活 149
12.3 如何进行异地多活改造 149
12.3.1 业务分类 149
12.3.2 数据分类 150
12.3.3 数据同步 151
12.3.4 异地多活的数据同步提升方案 153

第 13 章 服务降级 156
13.1 服务降级的基本概念 156
13.1.1 什么是服务降级 156
13.1.2 单点故障 158
13.2 微服务与服务拆分 160
13.2.1 什么是微服务 160
13.2.2 流量模式 161
13.2.3 如何拆分服务 162
13.3 系统分级 165
13.3.1 分析系统流程图 165
13.3.2 一级系统 166

第 14 章 限流 168
14.1 限流的基本概念 168
14.1.1 什么是限流 168
14.1.2 为什么需要限流 169
14.1.3 限流的几种标准 171
14.1.4 限流的几种思路 172
14.2 限流算法 176
14.2.1 令牌桶算法与漏桶算法 176
14.2.2 时间窗口算法 179
14.2.3 队列法 182

14.3	服务限流需要考虑的问题	183
	14.3.1 性能和准确性	183
	14.3.2 如何进一步提升	184
14.4	实战：使用 Nginx 限流	186

第 15 章 下游错误处理 ... 191

15.1	超时机制	191
15.2	错误分类	192
	15.2.1 如何分类错误	192
	15.2.2 早期失败	194
	15.2.3 默认值的作用	194
15.3	错误重试	195
	15.3.1 错误重试的条件	196
	15.3.2 错误重试带来的问题	196

第 16 章 测试 ... 198

16.1	测试的类型	198
	16.1.1 一般功能测试	198
	16.1.2 黑盒和白盒测试	200
	16.1.3 不同程度的功能测试	202
	16.1.4 非功能的测试	204
16.2	测试用例的设计	206
	16.2.1 模拟实际环境	206
	16.2.2 包含错误情况	207
	16.2.3 保证用例多样性	209
	16.2.4 验证系统间的连接性	212
16.3	功能测试详解	213
	16.3.1 单元测试	213
	16.3.2 集成测试	217
	16.3.3 端到端测试	219

第 17 章　上线准备 222

17.1　发布流程 222
17.1.1　规范化流程 222
17.1.2　结合测试的流程 224
17.1.3　自动化的流程 225

17.2　监控 226
17.2.1　生产环境度量 226
17.2.2　监控与警报 231

17.3　压力测试 232
17.3.1　压力测试的目的 233
17.3.2　如何进行压力测试 233

17.4　灰度发布 237
17.4.1　什么是灰度发布 237
17.4.2　灰度发布的条件 239

17.5　维护人员 241
17.5.1　应急预案 241
17.5.2　人工监控 242

第 1 章

网站架构概述

互联网的发展今非昔比,现在稍微成规模的公司、组织、机构甚至个人,都可以建立自己的网站。现在的网站,也早已不是只有一些普通资讯类页面和一些论坛回帖的网站,它们大部分拥有复杂的业务逻辑、优秀的互动界面,其功能非常强大。

在这种情况下,搭建一个网站,目标就不只是搭建一个能运行起来或能展示页面的网站,而是需要进行细致且专业的规划和分析,搭建出一个灵活且功能全面的网站。

本章主要涉及的知识点如下。
- 网站的基本组件有哪些。
- 当网站业务规模变大时,会带来哪些问题。
- 当设计大型网站架构时,应该考虑哪些方面,以什么为目标。

1.1 网站的基本组件

互联网诞生之初,网站的架构都极其简单,所有功能都放在一起,而现在的网站,往往会根据每部分所负责的任务的不同,分成多个组件。究其原因,过去的互联网并不普及,网站能做的事情也不多,一般是对一些个人或组织的信息进行展示,没有承担高流量的要求,而且逻辑简单,没有细分的必要。

现在的网站在公司或组织中扮演着极其重要的角色,是公司或组织业务的线上版本,甚至是公司与用户的主要接口。这些网站的使用频率高,逻辑也极其复杂,所以有必要进行进一步的细分,以达到提升性能、灵活伸缩、更容易变更业务逻辑等的目的。

现在,网站的基本架构如图 1.1 所示。

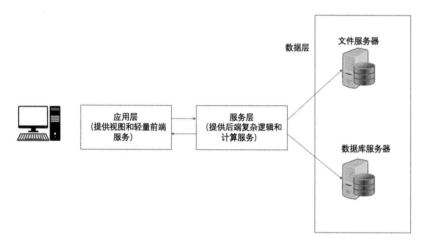

图 1.1 网站的基本架构

1.2 网站业务规模增长带来的问题

本书讨论的重点是大型网站的架构设计。大型网站和普通网站的区别是什么？

所谓量变引起质变，对于一个系统来说，同一件事情，做一次造成的影响和做一百万次造成的影响是完全不同的。

每年春节，国内的公路交通、铁路交通系统都会面临"春运"的压力。而"春运"和平时运输的不同之处，主要就是人流量是平时的成千上万倍。

以铁路为例，这个差距对于买票、检票、安检、列车服务等每一环乃至列车本身造成的压力都是完全不同的，而在出错时，导致的问题则更加复杂。

例如，一列列车出现问题无法出发。在平时人流量小时，车站可以和铁路系统方面进行协调，在下一列列车中找到空位安排受影响的乘客，或者将一部分乘客转给公路系统，或者办理退换票等。但是在"春运"时，所有列车都在运行，退换票业务也极为繁忙，而且车站的人流量非常大，一旦出现整整一车旅客滞留，造成的后果是难以估量的。

这时候如果车站和铁路系统没有对如此大流量的情况有针对性地设计处理方案，不知将有多少旅客不能及时回家与家人团聚。更不用说，这类意外还会对其他车次带来多么大的影响，以及随之而来的安全问题等。

笔者在上文对"春运"进行了大段的阐述和分析，是因为公共交通和运输系统与网站，从存在目的到遇到的问题乃至相应的解决方案，在本质上都极为相似，甚至可以说在很多方面，网站就是运输系统在虚拟世界的一个投射。因此，如果读者能够理解透彻"春运"这样的现实问题，便可以更容易地理解本书的内容，甚至在某些问题上其本质思想是相通的，可以达到无师自通的效果。

在分析具体问题之前，读者需要牢记，网站可以被看作一个普通软件，它和平时使用的计算机软件一样，运行在普通的机器和操作系统环境内，只是这样的机器有一个特别的名称——服务器。平时使用个人计算机运行一些大型软件、游戏或者执行复杂的任务时，个人计算机会出现卡顿、缓慢等问题，而在服务器上，当负担增大时，也会出现类似的问题。

回到网站建设的主题上，从技术的角度看，当一个网站随着业务规模、业务种类的增长，承担的流量越来越大时，会出现哪些问题呢？

(1) 当网站的业务变得复杂时，网站应用会有更复杂的计算需求。

所有计算密集型的业务，都会对服务器的 CPU 和内存造成很大的压力。在现实社会中，所有网站的开发者都只有有限的资本，而购买服务器需要花费很多资金，在业务变得复杂时，如果不注意提升网站应用的性能，则有限的资源很难满足无限发展的复杂需求。

即使网站业务不复杂，单个事务占用的资源很小，但当事务数量足够大时，也同样会造成服务器压力。例如，服务器的内存是 1GB，单个事务只占用 1KB 的内存，如果同时有一百万个这样的事务请求，那么服务器的内存也会被耗尽。

(2) 一个事务的每个阶段，它的资源占用未必是一致的。

例如，在一次商品下单的过程中，由于查看商品描述页面、查看库存、修改购物车和库存、调用付费接口下单这几个操作步骤的特征不同（例如，用户在查看商品描述页面时，可能会有高清的大图片被下载，而查看库存只是一个简单的数据库查询，当付费下单时又需要严密的安全校验过程等），所以消耗的资源也会不同。

一个阶段占用的内存可能是 1KB，CPU 占有率可能是 10%，下一阶段占用的内存可能是 8KB，CPU 占有率可能是 20%，如果网站开发者将一个事务不经过任何特别设计就发布，那么服务器资源就必须按照这个事务中资源消耗最大的一项来规划，一方面，会给网站拥有者带来经济负担；另一方面，在很多时候，服务器资源是空置、浪费的。

(3) 网站和服务器就像平时使用的软件和个人计算机一样，它在代码本身没有漏洞的情况下，依然有出错的概率。

网络波动、硬件问题，甚至服务器所在地的断电、自然灾害等问题，经常会导致一些事务无法完成。

假如一个网站服务器每分钟有 5 秒是无法正常工作的，并且这个网站的事务大约一分钟执行 10 次，那么造成的影响还不明显，甚至用户都无法察觉，但是，如果网站的事务一分钟执行 10 000 次，那么造成的影响就非常大了。如何通过精细的设计来尽可能降低这些自然和人为问题对网站业务造成的影响，是网站开发者需要解决的主要问题之一。

1.3 大型网站架构设计的目标和原则

如果本书读者也读过其他关于网站架构设计或者系统设计的书籍和论述，就会知道，关于网站设计或者架构设计的原则，业内有很多不同的说法。

有的书中说是"高性能、高可用、高伸缩、高安全、高扩展"，有的书中则说是"高可用性、高并发性、高性能"，还有许许多多版本以及各种结合方式，大同小异，此处不一一列举。笔者此处想说的是，无论是本书还是网站建设，都不是死板概念的考核，不必拘泥是几条或者是哪些原则。

在实际应用中，很多实践不能简单地归类到某一类原则中，而是它们的综合体。

例如，网站通过架设缓存层，加快了请求访问的速度，这个现象本身，表明这一改动提高了网站的性能，而当缓存的内容不是实时性要求极高的数据时，它在某种程度上也提高了网站的可用性。

另外，不同的原则，它们的遵循方式和实现手段也未必在一个维度上。

例如，高并发、高可用可以通过巧妙的架构设计来实现，但安全性则需要更专业的人员来实现，更多的是安全技术方面的应用，而扩展性很多时候则需要具体深入程序来实现，甚至是深入语言和框架特性中去实现。

简言之，读者若在实践中发现某些原则不易达到或不适用于你的网站，或者在阅读其他资料和理论时发现了各种不同的原则列举和论述，不必感到困惑，因为在这方面没有所谓的业界铁律。本书列举的这些原则也只是大方向上的指导和概括，代表着实际设计中需要根据网站业务优先考虑的主要方向，但未必都是读者非遵循不可的原则，也无法覆盖所有读者遇到的问题。

1.3.1 高性能

读者在使用个人计算机的过程中经常会听到性能（Performance）一词。衡量一个网站性能的主要指标可以分为以下两个角度。

- 从单个用户或客户端的角度来看，就是单个请求（在保证正确的情况下）的响应时间（即延时），一般来说响应时间越短，性能越高。
- 从网站建设和维护者的角度来看，除了每个请求的响应时间，还有每秒事务次数（Transaction Per Second，TPS），以及服务器的性能指标，包括 CPU 使用率、内存使用率、IOPS（Input Output Per Second）等。TPS 越高，性能越高。

而服务器性能的衡量指标则是总体来说资源占用越低,网站性能越高。

网站的性能相当于一个系统性能衡量指标或者架构设计目标:一个网站在实践了种种设计原则和方法之后,最终都会落实到衡量其响应速度、TPS 等指标上(相比以上提到的指标,最多再加一个错误率指标,即可以用来反映可用性的指标之一)。

而作为一个广义的目标,高性能的实现手段往往与其他原则的实现手段相重合。例如,一个实现高性能的重要手段就是,简单事务的优化,因为更容易进行有针对性、有取舍的优化,这需要将复杂事务拆分为多个简单事务。而将复杂事务拆分为多个简单事务,又是高可用的实现手段之一。

同时,我们还会见到某些地方会有"高并发"的说法。有时高并发和高性能被当作同一个设计目标,有时被当作两个不同的、并行的设计目标。

高并发通俗地说,就是希望一个网站或者一个网站组件能够同时处理尽可能多的事务。读者可以发现,其实衡量这一目标的指标,就是上面所说的:响应时间和 TPS。

高并发作为一个独立的设计目标,它未必适用于所有类型的网站。例如,像淘宝这样的购物网站,并发要求极高,因为同时查询商品、浏览页面的用户很多,而一个资料查询网站,则未必需要将高并发作为主要设计目标。但是这并不意味着不将高并发作为主要设计目标,设计的时候就一定不会涉及。

例如,在提升每个请求的运行速度,即提升性能时,并发自然就有一定程度的提高。又如,在为了实现高可用而拆分事务时,每个组件处理事务的阻塞程度会得到改善,这也能够达到高并发的目的。

因此,"高性能"作为一个设计目标,它实际上是一个综合目标。当然,为了使这个目标作为一个更实用的指导目标,我们可以狭义地去理解它:提高每个请求的响应速度,降低其资源消耗。

具体到实现上,可以从许多方面入手。程序性能的提升和对有限资源的压缩往往是程序员展现智慧的舞台,同一段程序实现,算法的应用将起到巨大的作用,不过本书的重点不在于此,而在于如何从架构设计的角度提升性能。

1.3.2 高可用

高可用不算是一个原生中文词,因此,笔者对它进行简单解释:它是英文单词 availability 的翻译,这个词可以用于表示:一个人的日程安排是否空闲、一间房屋的剩余空间、一个人是否单身等。我们使用这个词去描述一个网站时,就可以理解为这个网站是不是有资源、有空间去处理新的请求。而当一个网站的可用性很高时,则意味着它在绝大多数的时候可以被用户访问,并且一些小规模的故障和意外不会影响它的可用性。

网站的高可用性为什么很重要？原因很简单，如前文所述，现在很多公司或组织的网站已经在其业务中扮演了极其重要的角色，甚至是其业务的主体，如果网站的可用性不高，则公司或组织的业务就会直接受到影响，甚至会影响实体业务。

例如，一个网站的作用是作为沟通的渠道给欧洲的工厂技术团队提供设备的技术支持，支持团队在中国，如果该网站的可用性不高，则会直接影响欧洲工厂技术团队的工作效率，甚至会影响网站安全。这样的例子还有许多，可以预见，在这种情况下，网站的可用性直接关乎公司或组织的运行效率、收益、声誉等。

网站的可用性应该用什么指标去衡量呢？本书后续会专门讲解高可用这一主题，此处先尝试让读者从较直观的角度理解这个概念。

读者可能知道，HTTP 协议的响应码中有一个码是 503，代表"服务不可用"，这是一个极其狭义的标志，意味着出于某些原因，网站服务无法被调用，网站的业务逻辑无法执行。显然，这个指标过于狭义。

某些网站喜欢使用 Ping 的成功率来衡量可用性，Ping，即对网站发出一个最简单的请求，看网站是否正常回应。这是一个简单、直接且确实有效的衡量指标，但是依然过于狭义，因为很多时候，网站出现一些小的故障或者问题，Ping 往往依然可以成功。因此，笔者推荐采用指导思想类似，但比较广义的指标来衡量：网站关键功能或者 API 的调用成功率。

例如，某网站是一个博客文章分享网站，用户在 100 次查看文章的请求中，有 1 次失败，99 次成功，那么我们可以认定其可用率为 99%。

我们也可以在其他地方看到类似这样的论述：网站的可用性应该由部分服务器或者逻辑组件出现故障时，网站业务是否多半可用来衡量。但是这样的衡量标准不够深入，在实际生产中，依然需要落实到 API 实时错误率之类的数值上。

1.3.3 伸缩性

伸缩性（Scalability）中的"伸缩"，是指网站的服务器集群规模及一些其他的必需资源的增加与减少。

正如前文所述，网站拥有者的资本是有限的，因此，服务器资源也是有限的。正常生产环境中的网站需要根据实际的需求，动态地变动自己拥有的服务器，当预期流量增长时，添加服务器，而当预期流量减少时，减少服务器，这样才能够保证在所花费的成本没有浪费的情况下，满足所有网站的使用需求。

衡量网站伸缩性的指标如下。

- 理想状况下，在网站业务规模增长时，能否通过直接添加足够的服务器来满足未来的需求？
- 理想状况下，在网站业务规模缩小时，能否通过直接减少服务器削减所有有必要削减的成本？

那么，读者可能会有疑问，在极端情况下，难道不能添加无数的服务器来解决服务瓶颈吗？会有资金不能解决的问题吗？

答案是肯定不能。先不说服务器资源消耗成本的问题，这里举一个例子：假如有一个网站保存了大量的配置甚至数据，并且其业务需要使用这些数据，但是它没有使用独立的数据库系统或者云数据库，而是将数据作为文件保存在服务器上或者直接暂存在内存中，那么当这个网站流量增长时，增加再多的服务器也没有用，因为关键数据只能来源于这一台本来的服务器，其他增加的服务器无法提供这个网站所需的服务。

退一步说，就算不存在这样的问题，依然会有可以伸缩，但伸缩性极差的可能性。

例如，在一个网站的业务中，有 90%是简单数据库读/写，10%是需要消耗大量服务器资源的复杂计算，但是该网站没有对伸缩性进行针对性的优化。在 90%的情况下，网站的服务器压力都很轻，但是为了运行那 10%占用大量 CPU 和内存的计算业务，网站的服务器会满负荷运转。当网站的流量一旦增加，不得不添加服务器时，就会意识到，在运行这些计算业务时，所有服务器都会满负荷运转，但是大多数时候，这些新增的服务器依然是闲置的。

综上所述，伸缩性好的网站，在业务规模变化时，可以通过直接添加或者减少服务器来适应变化，并且能够最小化成本的浪费。

1.3.4 扩展性

扩展性（Extensibility）这个词和伸缩性似乎很像，但它们所指的对象完全不同。这里的扩展特指业务和功能的扩展。

例如，一个博客网站一开始支持的是发文章和读文章，后来因为读者很多，有和作者交流的需求，那么网站开发者需要提供读者发表评论和作者回复评论的功能，这个过程就叫作网站的扩展。

网站的扩展性是指一个网站需要支持新的功能和业务时，是否能够很容易地添加支持。这里笔者无法提供精准或具体的衡量指标，但是作为一个网站开发者，可提出以下疑问。

- 添加这个新功能，是否需要对已有代码或者架构进行大量的修改？
- 添加这个新功能，假如在已有组件中已经有类似功能，是否需要从头搭建类似的功能？
- 添加这个新功能，有没有可能对没有被修改的网站组件造成影响？
- 添加这个新功能，有没有可能降低没有被修改的网站组件的性能？

回答的"否"越多，网站的扩展性越好，反之，则扩展性越差。

这里读者可能会有疑问，添加一个新功能，为什么要考虑会不会对没有修改的组件造成影响呢？会有这样的情况吗？

举一个例子，假如某原始功能需要直接使用数据库表 A，但是新添加的功能也直接使用了数据库表 A，并且向记录中写入了新的内容，而原始功能的代码读取这些新信息时，出现故障，那么这就是一个典型的新功能影响了原始功能的例子。

有经验的读者可能会看出来，网站的扩展性是本章列举的几个设计目标中最需要且关乎具体编程方法最多的一种，而本书的论述重点是网站的架构设计，因此，笔者会尽力在讨论设计时提到有关提升网站扩展性的架构设计的手段，但也有很多方面涉及不到。对此感兴趣的读者，需要查看一些具体论述编程的书籍。

第 2 章
大型网站架构设计的流程

一个大型网站的设计,不能像搭建个人博客或者照片展示页那样简单。所谓凡事预则立,不预则废,在设计网站架构的过程中,我们需要遵循严格的流程,并且采用一些已经经过大量实践证明有效的方法论来使这些设计通过严格的检验,并与网站业务达成有机的结合。这并不是一种浪费时间的做法,相反,它能够节省很多设计者和开发者的时间和成本,甚至可能挽救很多会导致商务上失败的架构。

本章主要涉及的知识点如下。
- 设计网站架构时的主要流程和步骤。
- 在设计网站架构时如何与业务进行结合。
- 如何衡量一个设计的有效性。

2.1 需求分析

众所周知,开展任何业务都需要进行需求分析,或者类似的其他分析,如用户数据分析等,网站的架构设计也不例外。网站的架构设计不需要特别严谨的数据计算,但是需要列举出所有需求,并结合当前团队的成本预算和技术实力设计出一个有效且符合实际的架构。

2.1.1 需求驱动的重要性

需求驱动是指将需求作为设计的原动力来决定设计的特点,以及应该侧重哪些方面、舍弃哪些方面,当需求变动时,优先根据需求的变动量决定进行什么样的更新。

需求驱动不是"软件优美驱动"和"团队偏好驱动",也不是"成本节约驱动"。在设计网站架构时,读者一定要牢记的是,要设计的不是为了满足自己爱好或者设计偏好的架构,而是为了满足公司或者组织的业务需要的架构。

需求驱动有多重要呢?笔者在工作中,时常遇到的情况就是,一些有冲劲、有设计能力但是经验不够丰富的新人，往往在接到项目并了解大概内容后，就开始闷头猛干，等到花费了很多时间设计出一个方案之后，才发现种种问题。这些问题包括但不限于以下几个方面。

- 过于侧重需求方面，而忽视了同样重要的其他方面。
- 设计能满足当前需求，但是过于追求设计上的完美，从而需要花费远多于满足需求截止日期的时间，使项目处于错过窗口期而可能失败的境地。
- 设计能满足当前需求，但是对某些未来潜在且近在眼前的需求变动无法满足，并且需要彻底重构。
- 没有与需求发起者，如产品经理沟通，而对某些需求产生了错误的理解。

无论是商务上的失败，还是软件开发上的额外成本，都是高昂的代价。因此无论设计者对设计偏好多么执着，对完美多么追求，面临的成本压力有多大，都依然要从需求出发来设计网站架构。

2.1.2 如何根据需求制定系统目标

如何根据需求来制定系统的目标呢？一般来说，需要按照以下步骤考虑并执行。

（1）列举出这个架构是为了谁而设计的，即用户是谁。

这一步非常重要，笔者遇到的一个例子就是，某个平台支持后台管理员和普通用户的功能，这个网站架构设计者的设计文档列举了很多需求用例，但是却将管理员和普通用户混在一起叙述，只能通过具体实现时要做的权限级别来区分。

这样一来无论是从设计还是从实现上，都增加了设计者理解的难度和犯错的可能性，而且也将两套实际上截然不同的系统混合在了一起。

因此，想要思路清晰，设计者首先应该列举出所有不同身份的用户，即所有可能使用该系统或被系统直接影响的用户。

（2）列举出每个类型的用户的所有用例。

用例（Use Case）是一个描述用户如何使用这个系统的例子。一种常见且比较规范的写法如下。

作为一个某类的用户，我希望在做事情甲时，能够看见效果乙。

例如，作为系统管理员，我希望有对普通用户的封禁功能，封禁后，该用户不可以发帖。

当然，在实际设计中，未必每个用例都需要写得如此规范，但是按照这个格式列举需求，可以帮助设计者梳理思路。

（3）根据这些用例，对用户进行优先级的分类和排序。

有些团队的优先级分类非常细化，分了很多等级，笔者建议读者在实际执行中，不必分得过于复杂，只需要将用例分为以下三类即可。
- 必须有的功能，一般称为P0。P代表英文单词Priority（优先级）。
- 初始发布可以没有，但是未来版本马上需要有的功能，一般称为P1。
- 有固然好，没有也没关系的功能，一般称为P2。

这一步非常重要，首先，会促使设计者和产品经理或者任何需求的发起者进行深入沟通，从而发现一些之前没有意识到的问题。其次，这一步决定了设计者设计的侧重点。最后，架构设计不是象牙塔，在现实生活中，我们经常会遇到成本瓶颈、需求变动，或者系统使用的依赖中出现的意外问题，我们需要进行一些取舍，这时排序就非常重要，它能够指导设计者如何迅速修改系统来满足新的状况。

（4）根据P0制定当前架构必须具有的功能，根据P1制定当前架构必须没有的瓶颈。

这句话该怎么理解呢？前半句很简单，因为P0是产品最重要的需求，因此在设计网站架构时，设计者要知道系统必须满足哪些功能。后半句则是为了提醒设计者，由于成本限制、旧有系统的限制或者团队自身能力的限制，当前设计出的架构未必是最完美的，这时候需要通过查看P1需求来确保未来马上要满足的需求不会导致现在设计出来的东西被推倒重来。

完成了这4步之后，整个系统设计的思路就很清楚了，接下来即可根据系统目标，进入方案设计的过程。

2.2　方案设计

在进行需求分析之后，下一步就是利用系统设计的原则，给出一个大致的设计方案。

2.2.1　与架构设计原则相结合

众所周知，一个完美的网站架构应该具备高性能、高并发、高可用等特征，但是同时也应该牢记"奥卡姆剃刀定律"：如无必要，勿增实体。

举一个例子：如果产品经理现在需要你实现一个将阿拉伯数字转化为汉语读法的功能，你会怎么实现呢？

理想状态下，需要先总结出汉语对应阿拉伯数字的读法，在哪一位加"万"、哪一位加"千"、什么时候说"零"，等等，说难不难，但也相当复杂。不过如果这个系统的输入永远只会是1~20范围内的数字呢？这时候一个"笨"一点但是较简单的做法就是做出个位数1是一、2是二这样一一对应的映射，大于10则先加一个汉字"十"，然后加上后面的映射就可以了。

同样地，回到网站设计上，我们应该根据在上一步中识别出的P0，并结合网站的主要用例和流量特征，决定需要优先考虑什么原则。在此，笔者尝试给出一些参考标准。

- 对访问模式比较频繁的网站，我们需要尽量追求高性能、高并发。例如，演唱会刷票网站就需要高并发的架构支持，而像百科或者博客类的网站则不需要。
- 对业务实时性和可靠性要求高、访问人群对服务质量敏感挑剔的网站，我们需要尽量追求高可用。例如，股票交易系统、医疗系统、工厂生产环境的管理系统等。
- 对业务根据不同时间流量变化较大的网站，我们需要尽量追求伸缩性。例如，在某些明星宣布一些消息时，微博可能会承担非同寻常的流量，这时就需要添加大量的服务器，而当时事热点一过，又不需要那么多服务器了。
- 对业务变动频繁、需要经常支持新用例或者淘汰老用例的系统，我们需要尽量追求扩展性。例如，视频直播网站，打赏内容会经常变动，主播和观众的互动方式也日新月异。

笔者只能进行一些简单的概括，这一部分需要具体情况具体分析，根据实际的业务来决定遵循哪种或者哪些原则。比如习武，在武馆中可以习得套路，但实战中的效果只能读者自己慢慢去摸索。

2.2.2 设计多套备选方案

对于满足一类需求的架构设计而言，除非只有一个选择，否则尽量设计多套方案以供选择，越复杂的架构，使用的依赖越多，越是要如此。那么应该怎么设计备选方案呢？

随着交际的系统和需求逐渐复杂，大家会发现：这个世界实在是变得太快了！很多时候你今天拿出来看似完美无缺的方案，明天就可能因为各种原因而不好用甚至需要推倒重来了。当面对一个复杂且潜在种种变动的需求时，设计者可以按照以下步骤来清除隐患。

（1）列举出所有不确定的部分。

在设计一个系统时，往往会遇到包括但不限于以下情况。

- 你需要使用某个其他系统或者库中特别棒的新功能，但是这个功能尚不稳定。
- 你与另外一个团队合作开发某个项目，而该团队表示将在某月某日前完成一项你必须使用的功能，但是事实上不一定能完成。

- 某个需求不确定是 P0 还是 P1，项目经理或者产品经理表示需要再和领导商量或者进行市场调研。

无论哪一种情况出现在你要设计的架构中，都十分令人崩溃，更不用说多个情况一起出现了，而实际上在工作中会经常遇到这样的状况，那么就要进行第二步操作。

（2）做出假设。

所谓做出假设，是指先假设这些不确定的情况已经解决，你会做出什么样的选择，例如，某需求不确定是 P0 还是 P1，根据经验，选择一个最有可能的情况，如 P0，然后继续设计。这一步是为了不要让不确定性阻止你的工作。

（3）根据做出的假设，列出备选方案。

简言之，就是假设你的假设不成立，应该怎么做。

例如，你本来以为可以用的新功能，经测试发现无法满足需求，又或者，本来以为是 P1 的需求，变成了 P0。

备选方案不必像主方案那样深入设计，只需要有一个预备思想，以防意外出现时措手不及。准备备选方案不是因为你觉得方案甲可行，方案乙也可行，所以都设计出来（当然这么做的人也有，但在时间成本有限的情况下，不宜作为指导思想），而是因为有时候你的主设计依赖于对某些隐患的暂时忽视，而当这些隐患变成了真正的问题时，你能展示出你的"B 计划"。

2.3　方案评估

当确定一个设计方案之后，接下来就是针对这个方案进行评估和调整。

（1）需要开一个设计的研讨会议或者评估会议。

在管理中见仁见智，在架构设计中，永远不要有一言堂。在这个过程中，务必确保做到如下几点。

- 整个团队了解你的设计思路。
- 有团队中水平与你相当或高于你的人来参与评估。
- 有需求发起者参与评估。

这样做的好处是：第一，你能够发现一些在设计过程中没有意识到或遗漏的问题；第二，也可以通过对需求的再次回顾，在设计中精简掉一些不必要的部分。

（2）团队在技术角度上认可了你的设计之后，需要对成本进行评估。

大体的考虑方向包括如下几个。

- 这样的架构需要使用其他服务吗？例如，数据库系统或者云服务。
- 这样的架构需要使用多少台服务器？

- 开发的周期需要多久？测试的周期需要多久？

其间，你需要再次和产品经理或者相同职位的人进行沟通，了解你们产品发布的预估热度，从而估计出你们的流量大小。这种估计不必精确，只需要有一个数量级的正确性，从而能够帮助你们计算资源的使用率。

（3）在进行技术评估和成本评估，了解了资源的使用率之后，再次回顾设计，查看有没有可以取舍的部分。

例如，在技术评估的过程中，发现某一部分设计对团队的技术能力要求过高，或者某一部分使用了极为昂贵的某类系统，则需要重新思考是否需要舍弃一部分设计中带来的优势，从而达到节约成本、降低实现难度等目的。

注意：如果你不是因为错误而舍弃某个一开始就有的设计，那么最好确保迁移难度最小，以防对未来系统的迁移或升级产生影响。

例如，使用某速度极快、错误率极低的数据库系统 A 极为昂贵，而某数据库系统 B 的速度比数据库系统 A 慢、错误率比数据库系统 A 高，但是通过需求分析，亦可暂时满足需求，那么可以考虑使用数据库系统 B。但是还有一个问题，数据库系统 B 和数据库系统 A 的数据储存形式完全不兼容。那么这时候就需要仔细思考：是否值得牺牲效率、节约成本去使用数据库系统 B，将来根据业务需求会使用数据库系统 A 那样速度更快、错误率更低的系统吗？

如果将来需要使用数据库系统 A，那么未来从数据库系统 B 迁移数据到数据库系统 A 所花费的额外成本，是否高于使用数据库系统 B 而节省下来的成本？

如果答案都是"是"，那么可能你就需要考虑舍弃数据库系统 A 是否合适。

第 3 章 数据库的选择

绝大多数的网站，或多或少都需要使用到数据的存储、读取、更新和删除操作，正如前文所述，如果将对数据的这些操作独立出来，就可以将实现这些功能的部分统称为数据层，而具体实现的组件就是数据库。

在现代网络服务中，数据库并不一定是指硬件，即一台服务器或者一组服务器集群，它也可以是指网站开发者拥有的另一个包含全套软硬件的独立的服务组件，甚至是由其他公司或组织建设并维护的云服务数据库。

无论数据库的实现形式如何，我们可以大致将它们分为关系数据库和非关系数据库两种，因为它们的实现原理和表现行为完全不同，从而造成了它们优势和劣势的巨大差异，也就催生了完全不同的使用场景。

本章主要涉及的知识点如下。

- 关系数据库及其优势和劣势。
- 非关系数据库及其优势和劣势。
- 常见的数据库产品。
- 使用云服务的数据库及其优势。

3.1 关系数据库

关系数据库（Relational Database）往往是大学教材，尤其是国内教材教授数据库的核心。

由于关系数据库厚重、繁杂，涉及了数据库设计的方方面面，所以使用关系数据库学习数据库相关的概念和原理，可以使读者更容易理解和掌握相关知识。正如大多数学校会将 C++ 或 Java 作为学习编程的入门语言一样，因为 C++ 可以帮助学生理解计算机的运行原理，而 Java 体现了绝大多数现行编程理论和实践的思想。

鉴于以上原因，本章不会对关系数据库进行过于深入的分析，但是依然会进行全面的介绍，以结合网站架构设计体现其特点。

3.1.1 什么是关系数据库

关系数据库的一个最重要特征是由"表"构成。在关系数据库中，每张表都有一个独立且唯一的名字，而表中的每一行代表用户保存的值的联系，这样的无数行的值的组合或者说联系组成了一张表。关系数据库中的"关系"就是指表，如表 3.1 所示。

表 3.1 关系数据库表示例：成绩表

学 号	姓 名	成 绩
001	张三	95
002	李四	98

在表 3.1 中，我们使用了一个关系数据库的表来表示一个班级中两位同学的成绩，其中 001—张三—95 构成了一行数据，而这行数据将这三个值绑定在了一起，这就是关系（Relation）。

所有的关系数据库都有一个模式（Schema），模式是指数据库的逻辑设计，通俗地说，就是数据库表的定义。在表 3.1 中，数据库的模式就是成绩表中的学号、姓名和成绩。用较为规范的关系数据库语言表示就是

成绩（学号，姓名，成绩）

其中，我们称学号、姓名和成绩为该模式的属性。一个数据库中还会有别的表，这些表也拥有自身定义的属性，如表 3.2 所示。

表 3.2 关系数据库表示例：宿舍表

学 号	宿舍号码
001	101
002	101

该模式就是

宿舍（学号，宿舍号码）

我们可以注意到，学号这一属性在两个模式中都出现了，而且名字相同。在关系数据库中，相同名字的属性可以建立不同表之间的联系，以及相应的约束（Constraint），比如一个学生必须对应一个宿舍。一个关系严谨的数据库就这样逐渐被建立了起来。

在此基础上，我们需要对数据库进行读取、更新、写入等操作，这就是所谓的 SQL（Structured Query Language，结构化查询语言）。与它要查询的内容类似，它也具有严格的语法和规则。SQL 发展到现在，我们所有能够想象得到的商业需求产生的数据库操作，以及技术上对数据库的可能的操作，几乎都可以通过 SQL 做到。

同时，SQL 在对数据库进行操作时，整个过程被称为一个事务（Transaction）。而几乎所有市面上成熟的关系数据库产品，都一定会保证事务在执行过程中，所有出现的错误都能够被正确处理，不会出现由于 SQL 语句复杂，而出现数据不一致的情况。

SQL 处理的数据库值也如编程语言一样定义了类型，并可以通过这些类型特有的特征进行进一步的深化处理，例如，数字类的值可以进行大小比较等。由于篇幅限制，这里不进行具体详述。

通过以上的论述，读者对关系数据库应该有了一个基本的认知：这是一个从实现者角度看极为复杂宏大，从使用者角度看规定烦琐、限制极多的系统，但同时，由于其天生的复杂性，支持的功能也就很多，并且可靠性也极高。

3.1.2　关系数据库的优势和应用场景

在了解了关系数据库的基本特征之后，我们就能根据它们分析关系数据库的优势所在。

（1）使用者在对 SQL 掌握熟练的前提下，可在数据层直接对数据进行极为复杂的操作。

正如上文所说，SQL 非常强大，可以对数据库进行任何我们可以想到的操作。例如，对于刚才的两张表来说，我们可以对成绩表进行查询，得到所有成绩小于 60 分的学生，然后使用查询出来的结果（里面有学号）再去另一张表中查询他们对应的宿舍号码。这样的逻辑不需要写任何程序语句，而通过 SQL 就可以非常方便地完成。

（2）关系数据库在完成数据操作时始终保持一致，而不会因为一些操作的错误或者先后顺序问题让某些请求读到一些过时或者不正确的数据。这一般也被简称为关系数据库的数据一致性。

例如，在一个请求中，我们希望先更新一张表中的一条记录，然后根据这条记录去更新另一张表中的记录。如果第二张表更新失败，那么关系数据库则会自动还原上一条记录的更新。而如果这样的逻辑通过编程语言实现，就需要首先检测第二张表的更新是否失败，然后根据失败的类型，决定是不是需要手动还原上一条记录的更新，而且还需要预存上一张表更新之前的记录。

（3）对于数据记录和写入记录的过程，关系数据库可以进行数据的值验证。

例如，用户可以指定某张表的某属性的值不可以为空，那么在为这张表插入记录时，如果该属性被指定为空，则会提示错误。这样的限制不需要通过用户专门写应用层的逻辑去完成，而是通过简单地定义数据库的表和属性，关系数据库即可对与表相关的所有操作自动完成约束。

因此，我们可以得出这样的结论，对于如下的需求或者应用场景，关系数据库是非常合适的。

- 经常要对数据进行非常复杂或者烦琐的操作的业务。
- 对数据操作的安全性和可靠性要求极高的业务。

那么我们为什么不对关系数据库不适合的场景进行列举分析呢？一方面，通过接下来对非关系数据库的分析，会得到它的优势和应用场景，自然就知道凡是非关系数据库擅长的，那一定不是关系数据库的长处，反之亦然；另一方面，作为系统架构设计者，在分析需求之后，接下来考虑的逻辑当然是什么样的技术与之契合并选择，而没有必要反过来分析什么样的技术与之不契合。

3.2 非关系数据库

非关系数据库，即不强调关系的数据库。现在无论是在商业应用中还是在大学教学中，非关系数据库越来越火热，这一类数据库也有了一个简称，叫作 NoSQL。需要注意的是，NoSQL 当然可以理解为 No+SQL，即"不是 SQL"的意思，但更应该理解为 Not Only SQL，即"不仅仅是 SQL"。

笔者之所以要这样抠字眼，是希望读者能够意识到，非关系数据库和关系数据库并不是完全对立的关系，它们无论是从过去的理论发展历史看，还是从当下的技术演进方向看，都是你中有我、我中有你的关系，只是各自的侧重点不同。

3.2.1 什么是非关系数据库

我们刚才说过，关系数据库的核心在于关系，即表（此处的"表"与"关系"相当于同义词），那么非关系数据库的核心是什么呢？答案是键值对（Key-value Pair）。拿上文的例子来说，同样的成绩表，在非关系数据库中，可以表示为什么呢？大致可以表示为如下形式。

记录 1：学号：001，姓名：张三，成绩：95

记录 2：学号：002，姓名：李四，成绩：98

我们用一张表同样可以将非关系数据库表示为和关系数据库一样的形式，如表 3.3 所示。

表3.3 非关系数据库表示例：成绩表

学　　号	姓　　名	成　　绩
001	张三	95
002	李四	98

读者可能会有疑问，既然能够将存储内容表示为一样的形式，那么它们到底有什么区别呢？

正如我们开头所说，非关系数据库的核心在于键值对。对于以上的表来说，构建的数据是通过键为学号，值为001；键为姓名，值为张三；键为成绩，值为95组成的一条记录，以此类推。而关系数据库则是需要先定义一个模式，即定义一张表，例如，必须包含学号、姓名、成绩，然后将对应的值填入。

这样的区别就造成非关系数据库中新记录的键值对可以自由输入，即如果该非关系数据库没有特殊定义的话，新记录中可以缺失旧记录中的键值对，也可以有旧记录中所没有的键值对。但关系数据库则不同，虽然在值可以为空的前提下，新记录也可以缺失某些字段，但是要添加新的字段，却远比非关系数据库麻烦，因为模式定义需要先被更新，并且还需要注意向后兼容，以及与其他被关联的表的问题。

在非关系数据库中，我们通过对一张表输入键值对来制造一条记录，仅此而已。但是在关系数据库中，这些记录都受到各种各样的约束，并且在进行写入、读取等操作时，都经过了数据库的层层处理以保证它的强一致性，非关系数据库在没有特别定义的前提下，这些操作都没有相应的安全保证。

3.2.2 非关系数据库的优势和应用场景

通过上文的介绍，读者应该可以认识到，非关系数据库的特点就是灵活、轻量。与关系数据库烦琐的模式定义、各种约束定义和主键、外键，以及对表操作的 SQL 语句相比，非关系数据库是由简单的键值对堆起来的数据。根据这些特点，就可以得到它的优势和应用场景。

（1）非关系数据库容易扩展和更新，在变动时所需要进行的配置和代码变化是最少的。

由于其键值对的本质，如果在新的数据中需要添加字段，只需要添加新的键值对，数据就会自动被创建，而在创建新的表时，流程也是完全相同的：开发者完全不需要对表进行任何定义，只需要直接写入数据，就能得到一条以所有键作为"定义"的记录。

（2）非关系数据库在所做事务相同、所使用的产品技术水平相当的情况下，一般比关系数据库速度快。

这也是很容易理解的，因为关系数据库中的操作要进行大量的约束检测，并且还要保证数据的强一致性和事务的完整性，每一步操作都需要进行校验，失败时还需要有恢复机制，尽管更安全，但是速度必然会受到影响。非关系数据库的操作非常简单，速度也快，但可靠性就没有那么高了。

（3）非关系数据库几乎不需要开发者学习额外的内容，易上手。

这一点也非常重要。要使用关系数据库，一方面，要求使用者对关系数据库的相关概念熟悉，知道如何定义模式和约束，以及它们所带来的安全优势和性能劣势，最重要的是，要对 SQL 语句非常熟悉，因为这正是关系数据库的特点和优势所在：如果不使用 SQL 语句，而在数据库层就对数据进行操作，那么为什么还要用关系数据库呢？

而非关系数据库则不同，键值对的概念处处都是。例如，在各种程序设计语言中，都有字典（Dictionary）、散列表或类似的概念，理解起来非常容易，除此之外就没有需要额外掌握的知识了。甚至很多非关系数据库使用的数据输入和输出结构是 JSON，它对于熟悉前端编程的程序员来说，更是一个巨大的加成。

程序员行业内部也是一个隔行如隔山的行业，如果能够降低程序员上手一个新组件、库或者产品的难度，那么对开发成本的降低也是不可估量的。

因此，综合以上的优势分析，我们可以得到非关系数据库的应用场景。

- 需要快速开始开发并迭代的产品。
- 产品所用到的数据定义不确定、未来变动很大。
- 产品规模变动频繁，数据层需要经常扩展。
- 数据规模较大，处理速度要求较高。

我们可以看到，以上特点非常符合我们当下经常说的"互联网产品"和"互联网公司"的业务。而事实上，现在的新兴互联网公司，往往后台使用的都是 NoSQL 的产品，因为新兴互联网中产业和产品的需求变动频繁，数据量又大，竞争压力也大，需要开发部门能够快速迭代产品，这些无疑都贴合非关系数据库的应用场景。

笔者建议：如果读者将要建设的网站没有特殊的安全性或可靠性需求，一般建议从非关系数据库产品入手。

3.3 常见的关系数据库产品

下面简单介绍一些常见的关系数据库产品，为读者建设网站时提供一些参考。

3.3.1 MySQL

MySQL 是过去十几年中十分流行的关系数据库之一。它最初是由瑞典的一个公司开发的，1995年发布了第一个版本，它诞生之初因为较为轻量且开源而受到中小型网站开发者的青睐，并且随着时间的推移，由于其性能和可靠性作为一个开源数据库已经非常好，并且它的社区版完全免费，大大降低了开发成本，使用它的人越来越多，逐渐形成了一个稳定的技术栈——LAMP。

L是指服务器上十分流行的操作系统Linux，A是指中间件Apache，P是指开发语言，一般指PHP，而M就是MySQL，它们都有免费的社区版，因此，理论上一个小型网站不需要开发者即可完全免费搭建一个网站。

2008年MySQL被Sun公司收购，之后Sun又被甲骨文（Oracle）公司收购，并且提高了商业版的售价。

MySQL对于想要使用关系数据库搭建网站的中小型企业、组织和个人来说是一个绝佳的选择，因为它的功能虽然不如一些成熟的纯商用、企业级数据库产品强大（如MS SQL Server），但完全能够满足业务规模较小的公司的需求，并且在建设之初，网站开发者可以使用完全免费的社区版，在成熟之后可以使用商业版并获取技术支持。

在现在新兴的网站中，使用MySQL的网站已经逐渐变少了，因为同样的使用场景，更多的公司愿意尝试使用非关系数据库，因为同样简便、轻量的需求下，非关系数据库比MySQL所需要的配置、学习成本都要低，而且性能更好。

3.3.2 MS SQL Server

MS SQL Server由微软公司出品。它一开始是由Sybase公司开发的，第一个版本于1995年发布，那时候叫作SQL Server，并和微软公司合作开发了之后的几个版本，然后微软公司开始独立开发SQL Server，并挂上了微软公司的品牌，成为MS SQL Server。

MS SQL Server是典型的商用、企业级关系数据库，它的主要用户也是中小型企业和组织，但是也有大型公司和商业用例使用它。总的来说，其一开始是由商业公司开发并面向企业的，所以功能比MySQL强大，适合更大规模的业务。它的主要优势有以下几个方面。

- 拥有强大的可视化界面。尽管程序员对代码和命令行界面非常熟悉了，但是即使是程序员，操作专门为生产需要优化的可视化界面也会比其他方式更方便，而且数据库管理系统的另一个重要用户就是系统维护人员，而在很多公司和组织中，系统维护人员不一定是对代码和命令行理解比较透彻的人，可视化界面也利于他们的操作。
- 与微软技术栈的结合非常自然且紧密。微软公司有着一整套自身建设的技术，从 Windows 服务器、C#编程语言、.NET 框架、IIS 中间件到 MS SQL Server，都是微软公司开发或拥有的技术产品。微软公司将它们成功整合在一起，使需要搭建一个完整网站的开发者可以非常方便地搭建好开发环境，不需要花费时间配置各个组件，从而可以将精力花费在写代码、实现业务逻辑上。

当然，MS SQL Server 也有其缺点。主要的缺点在于以下两个方面。

- 使用 MS SQL Server 一般就要使用微软的技术栈（当然也可以不用，但是这样就丧失了 MS SQL Server 的主要优势之一，为何不考虑其他的选择），而对于很多程序员来说，微软的技术栈不用于很多中小型公司和大学教学中，因此需要一定的学习成本，经验无法迁移。
- 由于使用全套的微软商用产品价格较贵，所以对于中小型公司和组织来说成本也是无法回避的负担。

3.3.3 Oracle

Oracle 是关系数据库领域比较可靠且声誉很高的产品。它由甲骨文（Oracle）公司在 1979 年开发出第一个版本，至今仍是大型公司的关系数据库的第一选择。很多对可靠性和安全性要求极高的传统行业都广泛使用 Oracle，尤其是能源、通信、制造业、金融和银行业，Oracle 的使用率极高。

Oracle 的优势无须多言，即可靠性和安全性。如果网站的安全性要求极高，数据层要求非常健壮，那么 Oracle 是最佳选择。并且其错误恢复和日志机制十分健全，即使出现问题，也很容易定位。

Oracle 的另一个特点是，它的优势同时也是劣势，即需要一定的学习成本，领域知识特征极强。普通数据库的使用经验不适用于 Oracle，由于大多数传统行业的大型公司或企业都使用 Oracle，对熟悉 Oracle 的人才有强烈且持续的需求，对于一个网站维护或者开发者而言，学习 Oracle 也是一个一本万利的过程。

3.4 常见的非关系数据库产品

非关系数据库是近几年才兴起的一类数据库产品，由于开发非关系数据库的组织一直试图跟上最新的互联网企业和商业需求，所以非关系数据库的发展极快，很多产品已经不再是典型的数据库，而是一种混合了其他思想以满足更多特殊需求的系统，比如 Redis。

此处介绍的几款产品是笔者挑选的简洁且典型的非关系数据库，还有很多优秀但不够典型的产品此处没有介绍，笔者将尽量在后续谈及相关领域时予以介绍。例如，Redis 将在缓存部分有所涉及。

3.4.1 MongoDB

MongoDB 是常见的非关系数据库之一，第一版由 10gen 团队于 2009 年开发完成，也有社区免费版。它极为轻量，容易部署和使用，并且具有一定程度的类型定义，以 JSON 形式储存数据。由于各个程序设计语言对 JSON 的支持都非常好，所以 MongoDB 与绝大多数框架都能无缝整合。

很多企业提供了 MongoDB 的云端版，而这些云端版又有很多免费版，因此 MongoDB 对很多刚起步的小型网站、个人都非常友好，因为这些开发者，甚至连数据库的部署和配置都可以省去了。

如果读者希望能够从小规模开始建立起一个使用非关系数据库的网站，或者为了学习而建立一个网站，那么 MongoDB 是绝佳的选择。

3.4.2 DynamoDB

DynamoDB 是由亚马逊（Amazon）公司旗下的亚马逊云服务（AWS）开发的产品。它是一款完全的云服务，甚至没有本地版。所有使用 DynamoDB 的开发者都不需要考虑它的部署和配置。DynamoDB 已经成为很多大型互联网公司的后台数据库。

DynamoDB 具有高性能、稳定性、安全性优势，但这还不是它的独特之处。DynamoDB 在封装功能和暴露足够的细节和灵活性之间的平衡掌握得极好。

一方面，如果开发者没有特别的要求，可以使用 AWS 封装好的客户端和 API 对 DynamoDB 进行调用，简易地对数据进行存储、读取、更新等操作；另一方面，开发者可以通过对 DynamoDB 所暴露出来的配置细节进行修改，使其达到更高的性能。换句话说，DynamoDB 的使用效果下限不低，上限很高。

DynamoDB 还与 AWS 的监视系统有良好的整合，以便在用户的数据层出现延时和错误率上升时可以及时警告用户。这对于严肃的商业需求来说极为重要。

如果读者对 NoSQL 已经有一定了解，而且你的业务在逐渐成熟的同时又具有快速更新和数据量大的特征，那么可以考虑使用 DynamoDB。当然，作为一款纯商用的 DynamoDB，成本也是开发者需要考虑的问题。

3.5 云数据库

上文提到的云服务中的数据库，即云数据库。云服务并不是一个高端复杂的概念。通俗地说，云服务就是某个组织，一般是商业公司将一类库、系统或组件部署在类似于网站的云端架构上，以方便其他人使用的服务。这样做是因为很多组件，比如数据库，为了让它能够被整合进产品，如网站，需要花费很多时间进行配置和维护，而一旦被包装成云服务器上的 API，这些步骤就都可以省去。

事实上，几乎所有现代网站需要用到的组件和功能，如服务器部署、消息队列、日志系统，都有对应成熟的商用云服务，并且也都有广泛的应用，但是，由于数据库是最常见的且使用云服务对网站的收益最大，所以这里专门单独叙述。

正如刚才所说，DynamoDB 是 AWS 的重要数据库云服务之一，MongoDB 也有对应的云服务，而 MS SQL Server 也和微软公司的 Azure 有良好的整合。笔者在此建议，如果成本允许，网站的开发者应当尽可能地使用云服务，尤其是数据库，理由如下。

第一，云数据库可以省去专门针对数据库的部署和配置。绝大多数数据库在能够被成功用代码调用前，都需要部署到服务器上，然后确保有正确的权限配置（如果权限配置出现问题，不仅会造成部署失败，还会造成极严重的安全隐患），最后要通过很多配置文件以及一部分代码来确保代码可以对数据库进行增、删、改、查的操作。

而以上的一切操作，在使用云数据库时，都可以省去。云数据库将数据库的功能包装成和网站其他 API 一样的 API，调用它们几乎没有任何的特殊之处。

第二，云数据库的维护和伸缩都不需要用户手动操作，这一点极为重要，对于很多用户来说，这一点也是使用云数据库最重要的原因。如果网站的业务规模变动大，流量持续增大（或时大时小），都需要数据库能够及时伸缩，以适应最新的需要，如果手动操作则极为麻烦。另外，数据库的维护一般也经过了云服务商的封装，提供了良好的可视化接口，为系统管理员减少了很多冗余工作。

第三，大多数云服务商都对云数据库提供了良好的配套监视系统。例如，系统原因或者用户代码原因，有时候会造成一些数据库异常或者延时变动，这些都可以由配套的监视系统通知用户，甚至可以配置对应的自动数据恢复、清理或者部分组件的刹停和隔离机制。

综上所述，无论是关系数据库还是非关系数据库，在网站开发者成本和条件允许的情况下，应当尽量使用云服务，以减少编码之外的工作量。

第 4 章

数据库优化：分库分表

对于一个仓库或者储藏室来说，当东西很少时，人们可以随意往里面储存和放置东西，但当放置的东西越来越多时，如果不借助一些东西进一步进行分割、分类，如柜子、盒子和标签等，那么无论是继续往里面放东西，还是从里面拿东西，都会变得越来越困难，从而影响效率。数据库也是一样，在业务规模增长时，就需要对原先简单的数据库系统进行进一步的分割和优化。

本章主要涉及的知识点如下。

- 什么是数据库的分库分表。
- 为什么要进行数据库的分库分表。
- 如何进行数据库的分库分表。
- 对数据库进行分库分表之后会带来什么问题。

4.1 什么是分库分表

数据库从广义上说是一台服务器，或者服务器集群，因此，当数据存量或者数据的吞吐量增大时，服务器的负担就会逐渐增加以至于影响读/写的性能和成功率。这时，就需要将数据库进行切分。如果将数据分散到多台数据库服务器，则称为分库；如果将一台数据库服务器上的数据用多张表表示，则称为分表。

4.1.1 分库

举例来说，一个处理典型业务的电商网站，主要需要保存三类数据：用户数据、商品数据和订单数据。有的数据固然可以被集中放到一个数据库里，例如，用户数据和订单数据，但是根据其业务逻辑本身（用户数据和订单数据从语义上分析是两种不同的东西），以及数据的增长模式不同（一个用户数据注册了就是一份，而订单数据则会持续增长），更应该分成三部分，一个简单的分库方案就诞生了，如图4.1所示。

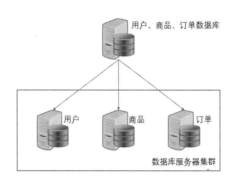

图 4.1　电商网站分库示意图

4.1.2　分表

而对于同一个数据库的表而言，在数据规模或者吞吐量增大时，也会有切分的需求。继续用电商网站举例：如果一个用户的资料数据过于庞大，也就有了分表的需要。比如，用户的用户名、地址、付款方式需要频繁读取，而其个人描述、好友列表等可能对于一个电商网站来说在业务层面上就不那么重要了，那么是否每次都有读取全部数据的必要呢？当读取频率很高时，我们显然就可以考虑将后一类数据分割出去。假如，分表前用户数据库表如表 4.1 所示。

表 4.1　分表前用户数据库表

用户 ID	用户名	地址	付款方式	个人描述	好友列表
1234	张三	某某路 5 号	信用卡号 ABC	这个人有点懒	[A, B]
1235	李四	某某路 8 号	支付宝	我没有描述	[B, C]

我们可以将个人描述和好友列表分割出去，这就诞生了两张表，一个是存储了用户名、地址和付款方式的付款信息表，而另一个则是存储了个人描述和好友列表的其他个人信息表，如表 4.2 和表 4.3 所示。

表 4.2　分表后用户数据库表：付款信息表

用户 ID	用户名	地址	付款方式
1234	张三	某某路 5 号	信用卡号 ABC
1235	李四	某某路 8 号	支付宝

表 4.3　分表后用户数据库表：其他个人信息表

用户 ID	个人描述	好友列表
1234	这个人有点懒	[A, B]
1235	我没有描述	[B, C]

分表之后，就得到了一张从业务逻辑上来说信息更重要、读取更频繁的表（付款信息表）和一张信息不如前一张重要、读取较少的表（其他个人信息表）。分表之后，服务器的业务逻辑所支持的功能没有受到影响，该网站服务依然可以请求地址和付款信息，也依然可以请求用户的好友列表和个人描述，但区别在于如果只需要地址，则可以只请求地址。

4.2 为什么要进行分库分表

在本章开篇，笔者已经用比喻的方式简略地说了一下为什么需要分库分表。下面，就从技术的角度，深入阐述在什么情况下需要考虑分库分表，以及进行分库分表后带来的作用是什么。

4.2.1 吞吐量

如前文所述，数据量太大时，数据库的性能会受到影响。数据量大有两个方面：一是数据的吞吐量很大，即每次存储或读取的数据都很复杂或者很大；二是数据库本身保存的数据很多。

当数据的吞吐量很大时，主要会影响数据库读/写的延时，因为每次经过网络传输的数据都很多，当数据库是关系数据库时，由于其在一般情况下操作比非关系数据库更为复杂、涉及的验证和安全操作更多，所以消耗的时间和资源会更多。

因此，出现这种情况时，需要网站开发者通过对数据语义和业务逻辑具体情况的分析，将数据库进行分库或分表。具体是进行分库还是分表并无定则，还需要网站开发者结合其他方面来决定，但是在很多情况下进行分表即可解决。上一节中的电商网站就是一个典型的例子。

4.2.2 索引

当数据库本身的数据量很大时，读/写操作的性能也会下降，具体下降程度取决于数据库的实现。同时，无论是关系数据库还是非关系数据库，都会有"索引"的概念。

索引在本质上也是一个数据库表，只是经过了特殊数据结构或者算法的调制，例如，很多数据库中的索引是使用 B 树实现的，比简单的散列表在范围查询上速度要快得多，但再快的数据结构也不是魔法，当数据量达到一定程度时，运行速度依然会出现肉眼可见的下降。索引的本意就是为了加快查询，如果索引的速度都受到了影响，那么数据库的性能就更加不堪了。

4.2.3 备份

数据备份是指每隔一段时间对生产环境中的数据进行复制。它们不必时刻保持与实际数据同步，只需要保证一定的时效性，例如，一小时前、十二小时前、一天前，等等，但是无论如何，它和生产数据的差距都不大，也就是说生产数据的量有多少，备份数据的量基本上就是多少。

如果生产数据的量极多，备份时所消耗的时间也会相应增大。表中有的数据是关键数据，有的数据则不是，例如，上文提到的用户的地址和个人描述，在紧急状况下，当资源有限时，假如只能恢复一部分数据，那么地址显然应该是优先被恢复的，而个人描述则在紧急状况下，可以接受一定程度的信息损失。

如果经过了分库或者分表，就可以对不同的表采取不同的备份策略，例如，对付款信息表采用高频的备份策略，而对其他个人信息表则可以采用低频的备份策略，从而达到资源节省和备份安全之间的平衡。同样地，在备份需要被使用到，即恢复时，我们一般也需要采取变化最小、对当前系统风险影响最小的策略，在这种时候，就可以优先考虑恢复信息更重要的表。

进一步地，我们可以在综合分析具体业务逻辑之后，将重要且数据量小的信息尽可能地集中到一张表上，然后将其他的信息集中到别的表上，这样在进行备份和恢复时将更加方便。

4.2.4 其他风险

除了以上原因，还有很容易理解的原因：数据量越大、数据越集中，发生其他问题导致数据损坏或丢失的风险越大，而发生问题时造成的问题也越大。也就是所谓的"鸡蛋不要放在一个篮子里"，篮子掉在地上时，所有的鸡蛋都会损坏，而当我们把数据过于集中地存放在一台服务器、一个集群，以及一张表或者库中时，如果该服务器、集群、表或者库发生问题，那么所有数据的存取都会出现问题，对网站造成的损失也会非常巨大。

数据库服务器无论使用什么产品，最终也是保存在物理机器上的，在没有通过额外的封装或者配置时（如使用云服务），数据中心出现意外如地震、火灾等情况时，都会造成服务器上的数据损坏或丢失，如果经过了分库分表，就可以在一定程度上降低风险以及减少最终造成的损失。

4.3 实现分库分表

以上笔者对分库分表是什么以及在什么情况下需要分库分表进行了阐述，下面就来深入看一下如何实现分库分表。

从实现手段的本质区别上来看，分库分表的实现手段大约分为两类：垂直和水平。它们从手段、目的和带来的优势与劣势看，都有一定程度上的不同。

4.3.1 垂直分库分表

垂直分库分表中的"垂直"，就好比数据库或表是一个实物，我们用刀从上往下（即垂直）切下，分成两个或更多部分，这样的切分方式就是垂直。

垂直分库分表适用于如下场景。

- 表的列数过多。
- 表中的信息明显属于多个业务逻辑模块。
- 表中的信息重要程度差异明显。
- 表中的字段大小差异明显。
- 表中的字段访问频率差异明显。

满足以上大部分条件，则表明数据库或表需要进行垂直切分。

例如，上文中介绍分库时的例子，就是一种垂直分库，可根据业务逻辑，将库分成几个独立的小库，就像平时编程时将一个大的类拆分成几个任务更小、目的更明确的小类一样，如果将数据库视作一个网络服务（从本质上看，它确实是一个网络服务，而对于云数据库来说就更是了），那么垂直分库就是将一个网络服务拆分成几个业务独立的网络服务而已，这应该不难理解。

而垂直分表与垂直分库类似，只是相比垂直分库像是一种泛化的概念而言，垂直分表的概念更像是只针对数据库的。垂直分表的大致指导思想在上文中已经通过对分表的解释有所介绍，这里进行一个简单的总结。

（1）回归本源，即网站的业务逻辑。根据业务逻辑分析，从逻辑和语义上看，有哪几类信息。

（2）根据以下特征进行进一步的分类。

- 哪些是重要的，哪些是次要的。
- 哪些是占用空间大的，哪些是占用空间小的。
- 哪些是访问频率高的，哪些是访问频率低的。

（3）根据分析后的结果，尽量将重要、占用空间小和访问频率高的信息分为一组，将相反的信息分为另一组。

（4）如果不能同时满足多条特征（即又重要、又占用空间小，或者又重要、访问频率又高等），则优先从数据信息本身的意义考虑分组。

注意：分表之后，所有分出来的表都依然和原来的表共享一个唯一的 ID，例如，用户信息进行分表之后，两张表都有用户 ID。

4.3.2 水平分库分表

学习了垂直分库分表后,理解水平分库分表的含义就比较容易了。水平分库分表就是横向切分一个库或表,切分之后,分出来的库或表依然保持原表的结构,但是存储的是另一部分的数据。如表 4.4 所示,两条粗线代表两种切分方式,从上至下的粗线代表垂直分库分表,而从左至右的粗线则代表水平分库分表。

表 4.4 两种分库分表方式示意

用户 ID	用户名	地址	付款方式	个人描述	好友列表
1234	张三	某某路 5 号	信用卡号 ABC	这个人有点懒	[A, B]
1235	李四	某某路 8 号	支付宝	我没有描述	[B, C]
1236	王五	某某路 9 号	支付宝	没有描述	[A, B, C]
1237	赵六	某某路 10 号	信用卡号 EFG	没有描述	[D]

垂直分库分表会将一个包括用户 ID、用户名、地址、付款方式、个人描述和好友列表的表分成一个包括用户 ID、用户名、地址和付款方式的表以及一个用户 ID、个人描述和好友列表的表,而水平分库分表则会将一张表分成用户 ID 从 1 到 1000、从 1001 到 2000、从 2001 到 3000,以此类推的多张表。

水平分库分表适用于以下场景。

- 当前单库或单表的数据行数过大,已经导致单库或者单表的读/写出现了性能下降。
- 尚未出现性能瓶颈,但业务特征导致数据库规模(行数)会持续增长或大幅增长。

水平分库分表比垂直分库分表更复杂一些。因为垂直分库分表从编程"解耦"的概念上容易理解,而且在实际操作上除对多个库或者表的访问次数以外,也没有其他需要注意的方面,但水平分库分表在数据库的操作上增加了很多额外的复杂度。

在对数据库进行水平分库分表时,需要解决一个基本的问题:哪一条数据属于哪一个子表呢?继续以用户信息为例,假如我们现在将这张表分成两个列名(或者模式)一模一样的表,我们需要保存一个用户 ID 为 999 的用户信息,那么我们应该将该用户信息保存在表 1 还是表 2 中呢?该问题看上去不难解决,但事实上根据性能的优劣,也有很多不同的解决方案。比较常见的有以下几种。

1. 固定范围

固定范围,即规定每张表的大小,一旦给出的数据 ID 超出该表的大小,则将其存到下一张表中。例如,如果我们规定每张表最多可存储 1000 条数据,那么刚才的 999 就应该在表 1 中;如果每张表最多可存储 500 条数据,那么刚才的 999 应该在表 2 中,以此类推。这种切分方法的优点很明显。

- 易于理解，易于实现。
- 随着业务和数据规模的增长，数据表均匀增长，理论上可以无限扩展。

缺点如下。

- 范围的大小不易掌握，太大则重现了分库分表前的问题，太小则造成了太多的子库或子表，从而造成过重的维护负担。
- 在某些情况下，不同子库或子表所承担的数据量和吞吐量可能会极不均衡。例如，将有 2000 条数据的数据库按每张表存储 1000 条数据进行分表后，得到两张均衡的表，但数据又增长了 100 条并且长时间内没有再增长，那么第三张表将长时间有 100 条数据而其他两张表都是 1000 条，就造成了服务器资源使用率的不均衡。

2．使用配置表

使用配置表，即再创建一张表，该表专门负责存储从数据 ID 映射到子表的信息。例如，用户 ID 为 1234 的会被映射到表 1，用户 ID 为 1235 的会被映射到表 2，用户 ID 为 1236 的会被映射到表 1，以此类推，如表 4.5 所示。

表 4.5　配置表

用户 ID	表 ID
1234	1
1235	2
1236	1
1237	1

这种切分方法的优点如下。

- 易于理解，易于实现。
- 变动灵活，随着业务和数据规模的增长，数据表的增长可以自由控制。
- 当业务规模和数据规模需要变动时，可以通过修改配置表的数据来进行快速的修改。

而缺点如下。

- 配置表本身也是表。因此，当数据规模增长到一定程度时，即使我们需要查询的数据只有从数据 ID 到表 ID 这样一个简单的映射，也会花费很多时间，这就陷入了一个循环：配置表本身也面临着需要分库分表的问题。出现这种情况的时候，配置表带来的麻烦和复杂性显然远远超出了其解决的问题本身。
- 为了操作到真正的数据，每次操作都要额外对配置表进行一次操作，无论是从网络请求数、延时还是从资源消耗方面来看，都是接近双倍的。对于一些资源紧缺或者性能敏感的应用而言，这是一个较为严重的瓶颈。

3．基于算法的映射

从广义上来说，映射或散列是指某一个值被对应到另一个值的过程，因此，上面所列举的两种方案，其实都是映射的两种特殊情况。

第一种是根据某种固定的范围将一个数据 ID 映射到一张表 ID 上，第二种则是根据某种固定的规则，将一个数据 ID 映射到一张表 ID 上。那么在这基础上，就可以推出一种广义的映射方法：通过某种比较复杂但更智能的算法，将一个数据 ID 映射到一张表 ID 上，就像一些常见的编程语言实现中的字典或散列表的散列算法一样。

这种方案的优点在于：可以通过调制映射算法使数据在子表中的分布达到相对均匀，并且无论数据如何增长，每个子表承担的新数据都是相对均匀的。

而缺点如下。

- 虽然不是高新科技，但其实现手段毕竟比前两种要复杂一些，而且需要设计者挑选一个适合当前用例的算法，不至于在数据增长时出现不均匀的子表增长。
- 当业务变动，扩充新表时需要重新设计映射算法，而映射算法的重新设计有时会造成所有数据都需要重新分布，维护代价将大大增高。

4.4　分库分表带来的问题

分库分表带来的益处相信读者已经很清楚了：在数据量很大的情况下，能够提高读/写性能、降低风险，并且可以适应持续的业务增长。但分库分表也会带来一些潜在问题。

4.4.1　全局唯一 ID

首先存在的一个问题就在于，数据的 ID 需要额外的机制保护其唯一性。当表或者库只有一个时，可以利用数据库本身的主键生成逻辑，为每一条新数据生成一个全局唯一的 ID，但是如果数据被切分到多个库或者多张表中，显然单靠数据库本身就不能保证生成的码是唯一的了，而要通过应用层的逻辑去保证。

一个常见的手段是使用各个编程语言框架提供的 ID 生成逻辑，例如，Java 中的 UUID 类。但是 UUID 类的主要缺陷是占用过多的空间。作为数据的 ID，其唯一作用就是识别这条数据，如果连它都占用了过多的空间，那么数据库的读/写性能必然受到影响。另外，索引的创建也会因为它占用过多的空间而降低性能。

4.4.2 关系数据库的部分操作

分库分表之后会影响关系数据库的部分操作的有效性和效率。正如前文所说，技术人员选择关系数据库的一部分原因就是数据的操作可以省略一部分应用层的代码，而直接在数据库层使用 SQL 语句完成。而在关系数据库中，一个常用的操作就是 join 操作，join 操作可以将某个简单的查询结果与另一个简单的查询结果组合，完成复杂的查询逻辑。

但是一旦分库之后，仅仅依靠数据层的操作，就无法达到 join 操作的效果，而是需要分成两次独立的查询，通过应用层的逻辑将它们连接起来，那么在某种程度上，就失去了使用关系数据库的意义。

另外，SQL 还有一部分操作是处理查询数据集合的，如 order by、group by 等，这些操作也无法在多个库之间进行，而是依然要使用应用层的逻辑，让网站开发者使用编程语言手动实现这些操作。而这样带来的一个附加问题就是，数据库的类似功能是经过数据库的专业开发者千锤百炼并用了很多复杂算法优化的，而普通网站的开发者一般只会使用一些简单、直接的逻辑和数据结构去实现，当数据量很大时，这些开发者自行编写的查询代码的运行性能也会差于能达到同样目的的原生的数据库操作的性能，消耗的系统资源也会更多。

4.4.3 事务支持

之前我们提过，数据库，尤其是关系数据库，有原生的事务支持，即所谓的一致性、原子性等（最流行的说法是 ACID，A=Atomicity（原子性），C=Consistency（一致性），I=Isolation（独立性），D=Durability（持久性），此处不再一一赘述）。

例如，原子性是指假如一个数据库操作中存在多个步骤，那么这些操作就应该一起成功，或者一起失败，不能够一个步骤成功、一个步骤不成功而使操作存在于一个不上不下、不符合应用逻辑的状态。数据库原生支持这种特性，所以不需要额外的逻辑。

继续用电商网站举例：假如用户购买一件商品之后需要同时更新用户购买记录和扣减商品库存，那么在一个库中的操作就可以保证要么一起被更新，要么失败之后就都不更新，而不会出现类似于库存扣了但是用户没有购买东西的情况。

但是分库之后，事务就不能再被原生支持，因此，如果由于某些故障，网站在应用层扣减库存成功但没有为用户更新购买记录，那么就需要通过某种方式将扣减库存的操作取消。手动写这样的逻辑，出错的可能性就变得很大。

当然，有很多现代的应用层框架已经支持了这样的操作，但是与之整合依然需要额外的工作。

第 5 章

数据库优化：读写分离

当业务逻辑变得复杂，业务规模逐渐变大时，网站开发者往往会发现，应用针对数据库的操作并不是均匀、一致的。例如，在一个电商网站用户数据中，付款信息（即付款方式和地址）和其他社交类信息（即个人描述和好友列表）的重要程度和读取频率是不一致的，前者高而后者低。

这种情况，我们可以通过分库分表来进行优化。但数据库操作的不均匀、不一致还会体现在其他方面，例如，用户的付款信息会经常被读取，因为用户经常要买东西，但是大部分用户不会频繁更新自己的付款信息，如地址和信用卡号码。换句话说，用户信息的读操作和写操作的频率是不平衡的，读操作高而写操作低。那么，是否可以像分库分表一样，将读操作和写操作分开，然后针对性地进行优化呢？

本章主要涉及的知识点如下。

- 什么是数据库的读写分离。
- 在什么情况下需要考虑使用读写分离。
- 读写分离带来哪些好处。
- 如何实现读写分离。
- 读写分离带来的问题。

5.1 什么是读写分离

顾名思义，读写分离是指将数据库的读操作和写操作分开。这里的分开是指在服务器的维度上分开，即读操作和写操作在不同的服务器上完成。

经过读写分离之后，在应用层对数据库进行操作时，写操作和读操作的请求将会被发送至不同的数据库服务器，如图 5.1 所示。

从图 5.1 中我们可以看出，写操作被发送至一台称为主数据库的服务器中，我们也可以称为主服务器（Master），而读操作被发送至一台称为从数据库的服务器中，我们也可以称其为从服务器（Slave）。

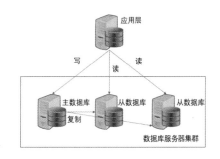

图 5.1 读写分离后的数据库服务器

注意：此处默认一个主/从数据库被部署于一台服务器上，默认数据被封装为一个网络服务进行讨论。

读写分离之后，一般会有一主一从两台服务器（库），或者一主多从多台服务器（库），而控制读写分离的实际操作，在应用层或者数据访问的封装层中完成，在需要进行读/写操作时，实时决定要将请求发送给哪台服务器。

从数据库的数据是从哪里来的呢？如图 5.1 所示，从数据库的数据是从主数据库中复制过来的。每次写操作被发送给主数据库之后，主数据库会负责将数据发送一份副本给从数据库，这样发送给从数据库的读请求可以读取到最新的数据。

读者应该会注意到，数据库的读写分离在本质上很像分库分表，都是一堆原本放在一台数据库服务器的数据，出于对性能优化的目的，被放到多台数据库服务器中。只是分库分表：

- 原动力是数据量过大；
- 分开的方式一般是将每一条数据根据字段分成两部分，或将多条数据分散到多个数据库中。

而读写分离：

- 原动力是因为数据读写的频率不均衡；
- 分开的方式一般是将同样的数据复制到多台数据库服务器中。

5.2 为什么要使用读写分离

"为什么要使用读写分离"这个问题隐含了两部分：第一，"在什么情况下，我们需要考虑使用读写分离？"第二，"使用读写分离之后，会带来哪些好处？"

5.2.1 何时需要使用读写分离

前面的论述对于读写分离的应用场景已经基本覆盖，因此，此处不再赘述，简单地总结一下何时需要使用读写分离。

- 数据库的读/写频率极高，已经造成数据库的性能明显下降。
- 数据库的信息根据业务逻辑和生产数据可知，读和写频率有明显差距，一般来说读操作次数远远大于写操作次数。
- 数据库的性能下降原因不在于读操作本身。

前两条前文已经有过解释，不难理解。第三条比较容易被忽略，在网站开发者分析是否需要使用读写分离时，万万不可忘记衡量这一点。如果数据库的读/写频率很高，性能出现下降，不要贸然决定使用读写分离，而是需要进一步分析读操作本身，直到确认了单独的、大批量的读操作不会影响数据库性能，才应该考虑使用读写分离。因为如果出于某些原因，如单条数据量大造成的性能下降，而读/写频率高只是一个表面原因时，即使实现了读写分离，从数据库依然面临性能瓶颈，就事倍功半了。

5.2.2 读写分离的好处

使用读写分离之后，会带来哪些好处呢？

首先，最显而易见的结论是，使用读写分离之后读操作和写操作对相应服务器的压力都将大大减轻，从而提升性能。读写分离是因为读操作和写操作的频率不均衡，但是本质是因为在数据操作量很大的前提下，单台数据库服务器无法支撑。

即使进行分库分表，对于某些读操作极为频繁的子表，也会造成很大的压力。读写分离就可以将一部分请求转移出去，不至于让数据库在巨大的访问压力下崩溃。

之前我们说过，当我们决定使用读写分离时，已经说明了该网站的业务倾向于多读少写，因此，负责写操作的主服务器即使只有一台，依然压力很小，而负责读操作的从服务器可以由操作频率决定复制多少，直到每台从服务器性能表现都很出色为止。

其次，在分离读/写操作之后，我们可以进一步地为主/从数据库进行有区别的、针对性的优化。例如，我们为了加快数据库操作，会为数据库添加索引。那就可以考虑对使用频率高的从数据库增加索引优化，而主数据库不用做太多的索引优化，这样一来读数据的操作就更快了，而写操作消耗的资源则更少了。

再次，本书后文会重点阐述"高可用性"的重要性和实现方式。高可用性通俗地说是指在出现任何故障时，网站依然完全或部分地可以被使用。读写分离的一个重要操作就是复制数据以方便从数据库的操作，那么就说明当其他节点（如主数据库或者一部分从数据库）不可用或者性能出现暂时下降时，读操作依然可以被成功执行。

这里补充一点：此处也呼应了本书开始所说的网站设计原则，如高性能和高可用"你中有我、我中有你"的特点，在以实现高性能为目标进行设计时，往往可以顺便达成其他的设计目标。

最后，针对某些数据库，使用读写分离还可以带来更多额外的好处。

有的数据库，如 MySQL 中有 X 锁和 S 锁的概念，X 锁是指排它锁（X 是 Exclusive，即排斥），S 锁是指共享锁（S 是 Shared，即共享），X 锁的作用是当某个操作可以对某条数据加上锁使得只有当前这个操作可以读取或者修改这条数据，而 S 锁的作用是某个操作可以对某条数据加上锁，使得其他数据不可以再给当前数据加上 X 锁，直到这个 S 锁被解除（释放）为止。读操作往往需要加 S 锁，而写操作往往需要加 X 锁。

说到这里读者应该就明白了，读/写操作频繁的时候，X 锁和 S 锁会频繁争用，在数据库原本的延时基础上增加了更多的时间来等待锁的释放。在使用读写分离之后，这两个锁的争用情况将会被大大缓解。

5.3 实现读写分离

如何实现读写分离呢？大体来看，实现读写分离一般来说有两种手段：通过中间件实现和通过应用层实现。

5.3.1 中间件实现

中间件（Middleware）是一个舶来词，从它的英文我们可以看出，它是一个处于硬件（Hardware）和软件（Software）之间的组件。

因此在这个例子中我们可以将数据库服务器看作硬件，而可以将业务逻辑，即应用层看作软件，那中间件就在数据库服务器和应用层之间。从软件设计的原则角度上来看，中间件应该是一个和业务解耦的独立组件，连接数据库服务器和应用层，并包装访问数据库的任何逻辑，如图 5.2 所示。

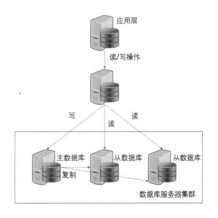

图 5.2 使用中间件实现读写分离后的网站架构

中间件需要实现以下功能。

- 与不同类型的数据库的操作语言和标准（如 SQL、JSON 数据）进行整合，这样才能够实现数据库和应用层的解耦。
- 与不同类型的数据库的连接协议兼容。
- 提供对主/从数据库操作的整合和错误处理。这方面类似于原生数据库事务的原子性、一致性。
- 提供支持多门语言的接口给应用层调用。中间件存在的目的就是让应用层不需要处理读写分离的操作，因此其接口必须和数据库保持一致，而原生数据库的接口，如关系数据库就是标准 SQL。

一般来说，笔者不推荐自己实现中间件，而是建议读者尽量寻找数据库厂商或者第三方提供的封装。因为中间件看似目的简单，但实现极为复杂，普通开发者不容易提供一个稳定、生产环境可用且能对应用层完全隐藏细节的版本，而且更为关键的是，中间件的目的是提供读写分离的功能，而读写分离的目的是提升性能，因此中间件的一个重要要求也是高性能。

在没有经过专业经验积累的情况下，普通开发者不易实现一个高性能的组件。如果中间件性能不高，那么就失去了使用它的意义。

5.3.2 应用层实现

根据上文所述，读者应该也能感受到，引入中间件固然可以较为简单地实现读写分离，但是也为系统引入了大量的复杂性。那有没有其他的业内常用的方法呢？答案是有的，就是直接在应用层实现。这种实现方法当然也需要将访问数据库的代码抽象到一个层中，称其为数据访问层（Data access layer），但它不是一个独立的组件或者服务器，如图 5.3 所示。

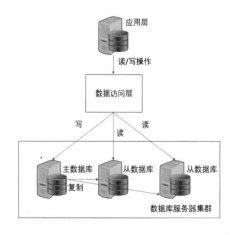

图 5.3　使用数据访问层实现读写分离后的网站架构

中间件在应用层就相当于一个数据库，而数据访问层则是一个与应用层耦合更紧密的组件。通过这一步抽象，业务逻辑依然不需要管什么时候访问主数据库、什么时候访问从数据库、访问哪个从数据库，但是拥有了可以在程序设计语言中根据自己的业务逻辑定义新功能的优势。

诚然，数据访问层可以自己实现读写分离，而且也较少有性能方面的顾虑，但笔者依然推荐优先寻求符合业务需求的业内流行的组件。例如，淘宝有一个 TDDL 框架，基于 JDBC 实现了一个数据库访问层框架，功能非常强大，可以实现读写分离、分布式读/写等功能。

5.4 读写分离带来的问题

读写分离可以使读频率远远高于写频率的网站或者服务得到极大的性能提升，但它也有自己的问题。

5.4.1 副本的实时性

笔者相信善于思考的读者应该也想到了——我既然有多个数据副本，从数据库提供读操作，主数据库提供写操作，而且这些操作发生在不同副本上，那我每次针对主数据库的写操作，是不是都需要把它复制到每个从数据库上呢？答案是肯定的。那随之而来的就是第二个问题，如何保证从数据库时刻和主数据库保持一致呢？这就触及了我们接下来要讨论的问题：主/从数据库不一致是读写分离面临的主要问题。

继续以电商网站为例，假如一个电商网站使用了读写分离，然后用户 A 下单购买了某商品之后，库存减一，这是一个针对主数据库的写操作，与此同时，用户 B 想查看同一个商品的库存，而这个操作是一个读操作，是针对从数据库的，如果这时候主数据库的数据还没有来得及被复制到从数据库，然后用户 B 就下了刚好超过库存数量的单，是不是就出现问题了呢？为了解决这类问题，我们就需要进行进一步的优化。

5.4.2 副本实时性的解决方案

（1）根据业务的实时敏感度决定是否采用读写分离。

例如，商品库存、订单等信息在交易频率较高的网站是一个实时敏感度很高的数据类型，就可以直接决定，将这些信息一律指向主数据库，而其他信息，如地址、信用卡、个人描述等，就可以采用读写分离。这其实就回到了一开始的问题：我们在什么情况下使用读写分离？在这里就可以更细化地考虑这个问题：一个网站的业务类型是多种多样的，即使在一个数据库表中，也可能有的数据适合读写分离，有的不适合，在实际操作中，我们要尤其注意具体情况具体分析。

（2）一旦对某信息发生了写操作，下一个读操作在主数据库上进行。

这个优化也很好理解，如果一个信息被更新了，那么我们有理由认为从数据库可能没有及时得到最新信息，就应该从数据肯定正确的主数据库上读取，而反之如果这个信息有一段时间没有被写过了，那么就可以信任从数据库的信息是最新的。这种操作的缺点也很明显：数据访问层必须知道谁最近被更新过。这样不仅对数据访问层增加了额外的业务逻辑，而且也使得数据访问层或多或少地与业务逻辑耦合起来。

（3）对主数据库进行二次读取。

在某些情况下，我们可以通过一些方式检测到对从数据库的读取是过时的或者失败的，那么在检测到这种情况时，数据访问层可以决定再从主数据库读取一次数据。这样的操作可以保证读取始终是最新信息，并且也平衡了主数据库和从数据库在解决副本实时性时的性能分担。但是，如果这类情况过多，会使得主/从数据库的关系混乱，读写分离失去意义，因为主数据库承担的读操作过多，依然有性能下降的可能。

5.4.3 成本问题

最后，读写分离有成本问题，或者说复杂性上的顾虑。事实上，在数据库的读操作频率极高时，是否选择使用读写分离是一个值得思考的问题。读写分离最大的问题在于，从数据库也是数据库（服务器），它也需要成本，当从数据库及其中间件、数据访问层消耗的建设和维护成本以及导致的故障频率增加时，还有很多其他选项值得考虑，如缓存。

如果数据库中的某类数据被访问的次数过多，网站开发者完全可以考虑通过缓存来缓解数据层的压力，具体细节详见第 6 章。笔者建议读者，在面临此类网站扩展的问题时，可以综合考虑各种选项，不要将自己的思路绑定在一个方向上。

第 6 章

缓 存

缓存在现代的系统和服务中无处不在,甚至可以说,现代任何一个和 Web 服务相关的大大小小的系统和软件,都有着自己的缓存功能并无时无刻不在发挥作用。一个系统是否很好地应用了缓存,是决定这个系统性能和健壮度的重要因素。

本章主要涉及的知识点如下。
- 缓存的基本概念。
- 缓存的各种策略。
- 缓存的命中率,以及它对大型系统架构优化的意义。
- 缓存的各种类型,以及它们在业务逻辑中的作用。
- 如何设计一个基于分布式集群的缓存。
- 缓存带来的问题,以及如何避免。
- 市面上常见的缓存系统。

6.1 什么是缓存

想象以下场景:晚上你的室友甲问你,明天天气如何?然后你看了一眼天气预报,告诉他,明天有雨;五分钟后,室友乙又问你,明天天气如何?这时,你就不用看天气预报了,可以直接告诉他,明天有雨。存在你头脑中的明天有雨的信息,就是一种缓存(Cache)。

在网站架构设计中,缓存可以泛指一切不是从数据原存储地点返回,且距离请求者比原存储地点更近的数据。这里的近,是指从网络访问的角度看,与请求发起者的距离,例如,你要打开淘宝,那你的请求会首先经过你的浏览器处理,然后经过你本地的路由,接着经过你的网络服务商节点等,那么在这个例子中,你的浏览器就是离你最近的。

缓存的作用是什么呢?通过上述举例,我们可以直观地了解到,缓存有以下作用。

- 节省对数据原存储地点的查询次数。
- 节省对数据原存储地点的查询时间。

不要小看这省下的一点点时间，在流量巨大的情况下——也就是我们本书的核心：在大型网站中，每一点点的节省，都可以产生巨大的性能提升。

缓存在什么情况下会发挥作用呢？网络上的资源是有热门和冷门之分的，有的信息会被网络用户短时间内访问很多次，而有的信息则很久才会被访问一次。因此，我们不用缓存所有的信息，只需要缓存被读取次数多的信息，就会起到四两拨千斤的作用，大大降低系统的负担。

哪些信息适合缓存，哪些信息不适合缓存？

例如，访问一个秒杀商品的购物页面，它的图片和它的库存数字，哪个适合缓存，哪个不适合缓存？很显然，商品的图片是适合缓存的，因为在短时间内，我们不会期望商品的外观有巨大的改变，但是对于库存数字来说，尤其是秒杀商品，每秒都是千变万化的，所以它不适合缓存。总的来说，实时性要求越低的数据，越适合缓存，反之则不适合缓存。

6.2 缓存策略

所谓缓存策略，是指系统决定什么时候缓存什么数据，以及决定什么时候删除什么缓存数据的标准。

为什么会有缓存策略呢？究其根本原因，系统的资源是有限的，系统不可能缓存所有被请求的数据。所有缓存功能都会有一个上限，系统会根据缓存的策略，在缓存达到上限时，删除多余的缓存。什么是"多余的"，就是由缓存策略决定的。

缓存策略大致可以分为以下两种。
- 基于访问频率的缓存策略。
- 基于访问时间的缓存策略。

除此之外，也有这两种标准都考虑的缓存策略，这里不单独归为一类。

注意：目前软件行业中使用的缓存策略极为复杂，这里只是按照其考虑的主导方向进行了粗略的分类，在实际应用中，网站开发者往往会对两者进行结合和优化，争取根据系统的特点两者兼顾。

6.2.1 LFU 缓存策略

"基于访问频率的缓存策略"是指根据被请求的数据的被请求频率进行缓存的策略。通俗地说，就是优先保存被请求频率最高的数据，优先删除被请求频率最低的数据。此类策略最典型的算法叫作最近最不常用算法，英文为 Least Frequently Used，简称 LFU。

在该算法中，系统按照所有数据的被请求频率进行排序，在缓存空间达到上限时，删除缓存中被请求频率最低的数据。

6.2.2　LRU 缓存策略

"基于访问时间的缓存策略"是指根据被请求的数据的被请求时间进行缓存的策略。通俗地说，就是优先保存最近被请求的数据，优先删除最后一次被请求时间距离现在最久的数据。此类策略最典型的算法叫作最近最少使用算法，英文为 Least Recently Used，简称 LRU。

在该算法中，系统按照所有数据最后一次被请求的时间进行排序，在缓存空间达到上限时，删除缓存中最后一次被请求时间距离现在最远的数据。

6.2.3　缓存策略的优劣

不同的缓存策略有不同的应用场景，在设计网站架构时，网站开发者应该根据自己的应用场景来选择缓存策略。总的来说：

基于访问频率的缓存策略（LFU）比较适用于大量重复请求的缓存数据，并且请求一般来说对时间不敏感。当请求数量达到一定程度时，按照频率对数据进行缓存可以极大缓解系统压力，因为在这样的系统中，占多数的请求往往请求的是占少数的数据，这一点很像经济学上的"二八定律"。而基础版 LFU 的缺点在于，如果某一类数据在过去的访问频率极高，而最近的访问频率不高，它不会被及时删除，从而影响缓存的效率。

基于访问时间的缓存策略（LRU）属于比较广泛适用的算法，很多系统在用例没有特殊需求时，都可以使用。如果系统中有大量数据，已经造成了系统负担，而且根据系统的应用场景，旧的数据确定不会再次需要，LRU 就可以发挥作用，安全删除旧数据。

基础版 LRU 的缺点很明显，它不考虑访问频率，而在某些数据请求频率有明显模式的系统中（比如新闻网站，某些新闻的点击率会远远高于冷门新闻），它的缓存效率就不会很高。

注意：这里介绍的缓存策略是抽象的思想，并不局限于任何特定的系统或者编程实现，事实上，在市面上常见的缓存系统和编程语言中，我们都可以找到这两种算法的具体实现及其改良版。在具体搭建系统时，读者可以根据自己选用的技术和期望的策略，查找对应的具体实现。

6.3 缓存命中率

缓存命中率是一个定义,被用来衡量和估计缓存是否起到了应有的作用。如果一个客户端发起请求,而缓存系统根据请求特征,在缓存中找到了对应的资源,而没有去后端系统发起请求,那么我们称为一次缓存命中。

缓存命中率的公式如下:

$$缓存命中率 = 缓存命中次数 / 请求总数$$

例如,客户端发起了 100 次请求,其中有 60 次是由缓存返回的结果,那么缓存命中率则是 60%。

这个定义非常简单明了,那么读者可能就会有疑问:什么样的缓存命中率算好的,什么样算差的呢?

严谨的答案是,缓存的命中率一般由系统本身的特质决定,我们不用对其绝对值进行定义,只需要对其进行纵向的比较,收集数据,不断提升自身系统的缓存命中率即可。不过,我们也可以根据网站特点进行估计,一般来说,静态数据越多的网站,应该越追求高缓存命中率。所谓静态数据,是指不会因为时间或者用户活动而变动的数据,后续还会展开分析,这里不做具体说明。

根据笔者的经验,一个几乎都是静态数据的网站,甚至可以追求 95%以上的缓存命中率。

6.4 缓存的类型

根据缓存的保存位置,我们可以大致将缓存分为以下几种类型。

注意:缓存在算法和实现手段上未必有本质的差异,但是按照以下方式分类,可以帮助我们在设计大型网站的缓存系统时,更有条理地设计缓存的层次。

6.4.1 客户端缓存

客户端缓存是指所有发起请求的位置所保存的缓存,有时候我们也将其称为本地缓存。这里的客户端缓存既可以指从浏览器发起的请求所保存在客户端浏览器或者计算机中的数据,也可以泛指多个微服务之间发起请求的微服务本地所保存的数据。例如,平时在访问网页时,很多现代的浏览器,如 Chrome,都会对静态的网页数据进行缓存,这些数据,都可以被称为客户端缓存。

客户端缓存对系统压力的缓解作用是最大的,因为实际发起的请求连网站系统的最外围都没有达到，同时，因为客户端多种多样且往往有着自己的缓存配置，网站系统对其的控制力也是最弱的。

6.4.2　CDN 缓存

CDN（Content Delivery Network，内容分发网络）是一类服务器或者虚拟服务器，它所处的位置在客户端和网站服务器之间，如图 6.1 所示。

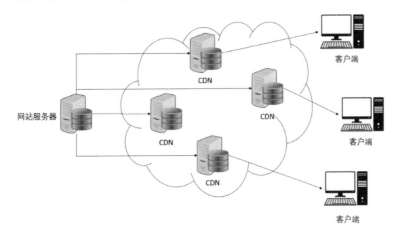

图 6.1　CDN 在网络中的位置

CDN 会缓存大量的网站数据，并将它们发布到许许多多的服务器节点上，在客户端实际访问时，CDN 会根据客户端的位置、响应速度、访问频率等（由具体的缓存策略决定）就近获取数据并返回给客户端。

6.4.3　应用缓存

此处的应用，特指网站的应用层。在应用中的缓存，往往是指在内存中或者在 JVM（假如是 Java 应用）中的缓存，也包括应用代码中程序员显式声明及实现的各类缓存。此时，用户的请求已经经过客户端和 CDN 来到了网站的服务器中，根据网站的业务逻辑和用户的请求特征，网站的应用逻辑在访问数据库之前，在内存的应用中试图获取对应的数据并返回给用户。

这类的缓存数据往往不大，不包括巨量的图片、视频等，而以一些短数据、配置数据为主。

6.4.4　基于分布式集群的缓存

当网站的应用也不能解决问题时，网站依然不必急着访问数据库，因为它还可以利用集群缓存。所谓集群缓存，我们可以将它视为数据库层之上的数据库，与普通的数据库相比，它针对性能，使用各类算法和架构设计对访问速度进行了特别的优化。业内常用的 MemCached、Redis 等缓存系统，都是基于分布式集群的缓存。

这一类缓存系统需要网站开发者专门配置，也需要编写一定的中间层代码实现，但同时，它的潜力最大。因为大多数情况下，尤其是现在大型网站基本上都是动态数据，用户的请求往往都会穿过前三层来到数据库之前的守门员：分布式缓存，因此，如果能够在这一层做好优化，对网站的性能提升也最大。

6.5 分布式缓存

以上介绍了这么多，那么基于分布式集群的缓存究竟适用于什么样的情景？它又是什么样的架构？如何设计一个有效的基于分布式集群的缓存呢？

6.5.1 分布式缓存的应用场景

分布式缓存有两个主要的应用场景。
- 读操作次数远远大于写操作次数的业务。
- 读操作时需要进行复杂运算的业务。

第一个应用场景非常常见，例如，某热点新闻发出时，人们固然会来到新闻网站上发表评论（现在绝大多数新闻网站都有评论功能），但无疑浏览新闻的人更多，并且会远远多于发表评论的人，这时候，针对数据库的读操作及相应的选择等操作次数，会远远多于写操作的次数，这种情况对任何 SQL 或者 NoSQL 的数据库，都会产生巨大的压力。针对这种特点，用户请求的读数据如果被缓存，那么对数据库的性能压力无疑是极大的缓解。

第二个应用场景则出现在一些需要对大量数据实时显示的场景中，例如，实时显示某网站的在线人数。如果每次计算在线人数都对数据库的记录条数进行一次计数，那么无疑是一种浪费，同时数据库也很难支持，对于这种计算操作，如果能交给一个更擅长该操作且拥有同样数据的系统，那么系统的性能将得到巨大的提升。

对于以上两个应用场景，读者可能会有疑问：以第一个应用场景为例，如果有一个系统可以快速对读请求发起响应，那么我们为什么还需要使用传统数据库呢，为什么不能直接将它作为数据库呢？答案是不能。因为大多数商业、可用于线上生产环境的数据库除了读，还有写、删除、保证原子性、回滚、权限管理等复杂的功能，系统要同时满足这么多功能，它在读操作方面可能就不能做到最出色。但是如果一个系统只满足读操作的需求，那么在算法设计和架构设计上，我们可以针对该需求进行很多非常特殊的极端优化，从而只满足读操作快的需求。

6.5.2 分布式缓存的架构设计

针对以上需求，分布式缓存就应运而生了。正如上文所说，我们可以将分布式缓存同样视为数据库，只不过该数据库针对特殊的应用场景进行了特殊的优化，因此，绝大多数分布式缓存都可以沿用数据库的部署方式和优化思路，而很多缓存系统，如 Redis 都有云端的商业服务，这些被部署到云端服务器上的缓存系统就被称为分布式缓存。

分布式缓存的作用是将第一次请求数据库及计算的结果保存下来，以后可以多次重复使用。具体来说，客户端第一次请求网站的应用层时，应用层需要请求数据库，并且进行必要的计算，之后，系统可以将结果保存在缓存层，下一次客户端发起请求时，只需要请求缓存层即可。分布式缓存的架构如图 6.2 所示，图中数字为请求顺序。

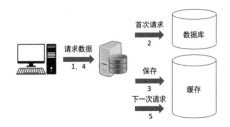

图 6.2 分布式缓存的架构

现在的缓存系统非常发达，MemCached 和 Redis 都对这一过程进行了很好的包装，用户不需要写大量的代码就可以达到目的。

6.6 缓存的问题

缓存对系统的性能提升起到很大的作用，但它会不会带来一些问题呢？缓存是网站架构师在应用层和数据层额外添加的一层，因此，它自然会给系统带来额外的复杂度和错误可能性，下面进行简单介绍。

6.6.1 缓存过热

前文我们提到，缓存的一个应用场景是，将某些请求次数过多的数据从数据库中保存出来，放在缓存中，以减轻数据库的压力，提升访问速度。可是缓存毕竟是由服务器和代码组成的，所以数据库会有的问题它依然会有，只是问题会小一些，如果对缓存中的某些数据访问次数过高，缓存依然会有崩溃的可能，我们称这种现象为缓存过热。

解决缓存过热最有效的方法就是制造缓存副本，将压力分散到多个缓存服务器或者缓存服务器集群上。

6.6.2 缓存穿透

上文我们也有提到类似缓存穿透的词,即如果在客户端缓存中没有找到数据,那么会经过 CDN;如果 CDN 中没有,那么会来到应用层;等等。这个请求一路翻山越岭"穿透"了各个层次,最终到达数据库,就称为缓存穿透。诚然,任何请求都有可能在缓存中无法找到,但是如果这种现象发生次数过多,那么说明缓存系统几乎没有发挥作用。

发生缓存穿透的可能性有很多,因此对应的解决方案也多种多样。

首先,很常见的缓存穿透原因,就是网站架构的设计者没有设计好资源与 URL/URI 的请求关系,即对于相差不多的资源,网站使用的请求完全不同,因此缓存系统无法识别它是否已经缓存过这一类数据。例如,某些中间件或者框架会对同一个资源生成随机的 URL 参数,从而导致缓存失效,在这种情况下,网站设计者需要专门审查并消除这些因素。

其次,有时候缓存数据非常复杂或者巨大,而其过期时间又较短,那么会出现请求经常"穿透"数据库的情况。在这种情况下,网站架构师可以选择调整过期时间,增加缓存预热层,例如,运行后台线程,保持缓存的有效性,或者针对缓存进行进一步的细化,将复杂的缓存切分成多个部分,缩短缓存的时间和降低资源消耗。

最后,就是缓存中确实没有对应数据,其实这种情况对于已经正确配置缓存的网站来说非常少见,但是在有爬虫程序或者黑客攻击时,就会出现这种情况。这时候需要网站程序员针对这类情况设置保护层,例如,设置每个 IP 地址/客户端/用户可以发起的最大请求数、最大请求频率,或配置专门针对爬虫的限流系统,因为爬虫都是程序,它的访问规律与正常人类用户的访问规律有很大区别,网站开发者可以针对这一特点识别一个请求是否来自爬虫,然后选择屏蔽它,或使用比一般用户严格得多的频率限制。

6.6.3 缓存雪崩

所有的缓存系统都有失效回收机制,正如之前我们在 LRU 和 LFU 举例中提到的那样。那么带来的问题就是,如果所有的缓存都在同一时间一起失效,会发生什么?

首先,会发生大量的缓存穿透,然后,新的缓存需要被添加,而如果不巧这个缓存又是一个过热缓存,那么会有很多台应用层服务器一起更新缓存,可谓雪上加霜,这种情况往往会导致大规模的系统性能降低甚至崩溃,我们称之为缓存雪崩。

针对缓存雪崩,我们有三种解决方案。

第一,如果一个缓存是过热缓存,而我们对其进行了复制的话,则要确保复制的缓存的失效时间不同,否则肯定会造成雪崩。失效时间一般来说使用随机数就可以满足要求。

第二,我们可以引入与上一节中提到的预热机制类似的机制:由一个后台进程负责模拟请求,访问一部分缓存数据,保持缓存的活跃性。

第三,针对多台服务器一起更新缓存的问题,我们需要引入缓存的锁机制。简单来说,就是如果一台服务器正在更新某个缓存,那么其他服务器就不能更新它。分布式集群的分布式锁实现极为复杂,但幸运的是大多数缓存系统都对锁有良好的支持。

6.7 常见的缓存系统

此处我们不对具体使用某个商业缓存系统的流程进行讲解,但是会对当前市面上流行的缓存系统进行简单的介绍,以帮助读者开阔视野,能够在这一领域起步。

6.7.1 MemCached

MemCached 是一个开源的缓存系统。MemCached 的接口非常简单。它提供键值对关系的数据库表,在使用时,客户端如果需要复杂的关系或类型,则需要自己对缓存进行进一步的包装,这个过程可能会降低性能,但 MemCached 是多线程、非阻塞 I/O 的网络模型,在处理数据结构简单但数据量大的情况时,具有很高的性能。

但是,MemCached 的一个重要特点是不支持持久化,是一个真正的"缓存",在没有进行特殊包装或配置的前提下,一旦缓存服务器重启或崩溃,那么所有缓存都会失效。

6.7.2 Redis

Redis 也是一个开源的缓存系统。Redis 与 MemCached 相比,它支持更复杂的数据操作,例如,列表、集合、散列等,原生的数据结构支持远远好于 MemCached。同时,它具有更复杂的储存逻辑,它会将一些高频的数据放在内存中进行缓存,而其他数据则有可能会被保存在磁盘系统中。与 MemCached 纯粹的缓存特征相比,Redis 更像一个性能更高的数据库。它同时兼备数据库的稳定性和缓存的高性能。

Redis 有很多成熟的商业支持版本,例如,亚马逊云服务就支持 Redis。

第 7 章

动 静 分 离

当一个网站用户使用自己的浏览器发起请求得到一个网站页面时,绝大多数情况下,页面的内容既不是一成不变的,又不是每次都完全不同的。例如,当一个用户打开一个门户网站的首页时,假如该网站有自动个性化推荐的功能,那么该用户每次看见的个性化推荐阅读内容都是不同的,但是网站Logo、字体样式,甚至包括一些"上周热门"等内容基本不发生改变。

本章介绍的网站性能优化手段"动静分离",就是用于解决上述问题的,从存储和处理上区别对待这两类网页内容,从而根据它们的存取特点,提升用户对网站发起请求时的网站性能。

本章主要涉及的知识点如下。

- 动态数据和静态数据的概念。
- 动静分离的概念。
- 动静分离的作用。
- 如何拆分动态数据和静态数据。
- 动静分离的架构改造。

7.1 动静分离

本节先介绍动态数据和静态数据的概念,然后介绍动静分离的概念及其作用。

7.1.1 动态数据和静态数据

从网站用户的认知角度来看,动态数据和静态数据的区别在于是否会因为每次刷新或访问同一个页面而不同,这种不同可能是因为同一个用户访问同一个页面两次,或者两个不同的用户访问同一个页面两次,或者同一个用户在不同的地点登录同一个页面两次等,每次都有很大可能性会发生变化的就可以称为动态数据,反之则称为静态数据。

假如有一个需要用户登录才能浏览的博客网站，它不仅会展示博客文章本身，还会根据用户的喜好推荐其他不同的博客，那么当一个用户甲打开某一篇特定的博客文章时，中间的文章是他本就想要看的文章，而侧边栏可能是根据用户甲以前的浏览记录、关注的博主、点赞的文章等生成的推荐文章或博主，而口味完全不同的用户乙打开同一篇博客文章时，他看见的网页主体依然是同一篇文章，但侧边栏推荐的文章或博主则会因为他和用户甲的口味不同而不同。

上述例子只是动态数据和静态数据区分的一种类型，并非所有的动态数据都是通过机器学习或者数据挖掘得出的推荐类数据，还有很多其他的类型。作为网站的开发者，我们更关心的当然是如何从开发者的角度对其做出正确区分和定义。那么从代码开发者的角度看，区分动态数据和静态数据的关键特征又是什么？

一个需要被澄清的基本误区是：动态数据和静态数据并不是根据网页展现给用户的形式来区分的，也不是根据它们的外观、颜色、形状来区分的。例如，一个网页上有一个区域是使用 HTML 或者 Flash 制作的动画，另一部分则是完全静止不动的文字，那么是否这些动画就是动态数据，而文字就是静态数据？

答案是否定的。准确地说，网页上元素和数据的展现形式，与它们是动态数据还是静态数据没有任何关系。一个 HTML 动画可能是根据用户变化的动态数据，也可能是一成不变的静态数据，而那段静止不动的文字，可能是根据用户生成的动态数据或者静态数据。

第二个广泛的误区就是：通过数据的格式或者类型来区分动态数据和静态数据。例如，认为凡是用户能够直接浏览的图片、视频、文字，以及浏览器得到的 HTML 和 HTM 网页文件本身是静态数据，而网页中的脚本，如 JavaScript 和通过 JavaScript 所发起的请求得到的数据是动态数据等。这也是完全错误的。数据的类型、文件的格式，都和它是否是静态数据或者动态数据没有任何关系。

当用户打开一个网页中的某张图片时，这张图片即使我们已经确定了它的 URL、文件名和内容，它既可能是动态数据，也可能是静态数据。而在很多情况下，甚至网页中的 JavaScript，也可能是一段静态数据，例如，一段 JavaScript 是一个渲染效果的库，而这个 JavaScript 完全有可能不会因为业务逻辑而变化其渲染效果，因而可以在一个与用户邻近的 CDN 上加载完成。

澄清了以上两个误区后，笔者尝试对动态数据和静态数据做一个直接的定义：通过从开发者的角度看，是否是动态数据，由响应中的数据是否由当前请求的特征决定。如果响应的数据会被当前请求的任何信息决定，那么这些数据就是动态数据，反之，则是静态数据。一些具体的判断标准如下。

- 响应内容是否会被 HTTP 请求中的 Cookie 内容影响？
- 响应内容是否会被当前请求中包含的 IP 地址和 GPS 影响？
- 响应内容是否会被 HTTP 请求头部中包含的 Referrer、User-Agent 等字段影响？

对上述列举标准回答"是"的，是动态数据，反之则是静态数据。上述列举的只是常见的一部分标准，为了帮助读者理解有哪些例子。在实际情况中，请求中可以被利用到的域会远远多于上述列举的情况。请求中包含的任何信息，只要是被用来决定响应内容的，都是动态数据。

还有一个容易陷入的误区是，看了以上解释，有的读者可能会认为，凡是由代码在运行时组装、由程序在请求时或者在后台生成的就是动态数据，凡是原本由程序员手动写好并保存和部署在服务器文件系统内的 HTML 网页页面就是静态数据，这也是不正确的。数据是静态还是动态的与它是否只在运行时存在、是否是由程序员手动完成的，也没有任何关系。

例如，一个网站某 URL 背后的业务逻辑是请求数据库中日期为 2019 年 1 月 1 日的所有数据，并由后端的服务程序，如一段 Java 代码，在运行时将这些数据组装成 HTML 页面返回，甚至还会搭配对应的 CSS 和 JavaScript，那么这种页面是运行时由程序生成的，但是它却是静态数据，因为这段数据始终是来自 2019 年 1 月 1 日的数据，并不会因为当前的请求是来自用户甲还是用户乙、是来自美国还是中国、是凌晨还是半夜发送而变化。

假如有一个已经由程序员写好的 HTML 页面（即一个保存在文件系统中的后缀名为".html"的页面），这个页面上有一段 JavaScript 代码，这段代码会向后端发起一个请求，获取当前请求的地区（地区可以通过 IP 地址确定），然后后端服务会根据该地区用户的购物习惯，生成一个购物清单推荐。那么该网页即便是保存在文件系统中的文件，但它所展现给用户的数据依然是动态数据。

7.1.2 动静分离的概念

以上一节的标准区分数据为动态数据和静态数据之后，什么是动静分离也就呼之欲出了。动静分离是一种性能提高手段，它是指通过架构、服务端业务逻辑代码和前端代码等显式地区分动态数据和静态数据的读取，对动态数据，不做特殊处理；对静态数据，利用上一章中的缓存架构和技术对这一类数据进行缓存，使得客户端在一个兼有动态数据和静态数据的网站上，对某个网页发起多次请求时，第一次之后的请求可以从缓存中获取静态数据，从而请求只需要从服务器端获取动态数据。

注意：这里的分离，不是指从数据或文件的存储位置上进行分离，即使在后面的改造过程中，我们可能会注意到存储位置的分离是改造之后的一个后果；这里的分离，也不是指这些数据在网页的展示方式或者展示位置有所不同。分离是指区别它们的访问方式，使服务器端或者客户端根据数据的本身特征来决定其访问方式，而不是单纯通过业务逻辑来决定。

动静分离是一种复合了设计和技术手段的优化手段，不是一个独立的技术。它与上一章的缓存是息息相关的。如果说缓存是广义上提高网站性能的一种技术实现手段，任何数据的存取都可以考虑使用，不需要额外的前提，那么动静分离就是在数据具有明显特征的前提下，缓存的一种重要应用场景。

动静分离在真正实现之前，还需要经过一些特殊的预处理，主要是针对数据在业务角度上的分类和在技术上从服务器端—客户端交互的角度进行的分离。但是在经过这些处理之后，动静分离的根本实现必须是基于缓存的，静态数据的读取主要是通过缓存来提升性能的。

因此，如果一个网站开发者已经认识到自己需要通过动静分离来提高网页的响应速度和性能，那么在这之前，必须要为自己的网站架设好相应的缓存架构，否则动静分离不会发挥作用。本章最后一节会具体讲述如何为动静分离应用缓存技术。

7.1.3 动静分离的作用

如果一个网站实现了动静分离，主要会有三个方面的提升。

第一，也是最重要的，可以提升网站的响应速度，改善网站的性能。实现动静分离之后，只要用户（甚至是特定区域内的用户，对于架设在 CDN 或者服务器端的缓存而言）首次访问网站，系统就可以将静态数据缓存下来，以后访问网站时只需要拉取动态数据，既可以减轻服务器端的压力，又可以提高用户的访问速度，一举两得。

有一个常见的对于性能提升的小误区在于，如果静态数据的数据量很小，则动静分离没有什么作用，因为能够被节省下来的数据下载量并不大，从而带来的节省的下载时间也不多，事实并不一定如此，因为如果缓存是基于本地的，那么减少 HTTP 请求次数的意义也很大。对于 HTTP 请求而言，除下载尺寸很大的图片、视频或者流媒体以外，很多时候在一次 HTTP 请求的总延时中，时间都主要耗费在建立和确认 TCP 连接上。

如果发送的 HTTP 请求数量变少，即大多数情况下所需的 TCP 连接数量能够被减少，对于总延时来说就是减少了很大一部分，那么对客户端延时也就是用户的体验而言就已经是很大的提升了。

第二，网站的开发者可以利用此机会提升用户的使用体验。

例如，某些电商网站经常会举办一些活动，网站用户需要掐好时间点刷新网页，领取某商品、某服务的固定使用名额，购买限量商品、抢购特价商品，或者购买一些非常热门的演唱会门票等。笔者相信不少读者都有过为了买某些东西或服务通宵达旦疯狂刷新网页的经历，尽管紧张中包含期待，但也非常累人。

如果没有实现动静分离，这些网站往往需要制作一个专门的页面来支持该活动，每次加载该页面，都会加载所有的购买信息，然后用户也可以通过该页面来下单、支付。相应地，用户为了能够得到有限的名额，在售罄之前抢上一个位置，不得不反复、快速刷新整个页面，这种操作既累了用户，又不必要地提升了服务器的压力。

这种压力在特定高峰时段是极其高的，更不用说有很多其他服务，如机器脚本、黄牛组织等反复刷新还会制造出远远大于实际用户量的网站流量。并不是说一旦实现了动静分离就能够改变这种流量模式，但是，如果不实现动静分离，网站开发者需要对整个网页、整体的数据进行伸缩优化，挑战性比只针对一部分热点数据进行优化要大得多。

如果网站实现了动静分离，则可以将动态数据分割到一个子组件中，由一段JavaScript代码负责。这时候用户即使依然需要刷新，也不需要一直刷新整个页面，而是可以选择单击某按钮刷新子组件，或者干脆由该组件自动定时获取服务器的数据，并将数据刷新到整体结构不改变的网页页面上。这无论是从用户体验的角度还是从网站开发者的角度考虑，都是双赢。

第三，网站的开发者也可以在实现动静分离的过程中，识别出各个组件的流量特征，从而做好各个组件的解耦，在未来的重构或者扩展过程中，可以更容易地在不进行巨大改动的情况下实现变化。

严格来说，这不是一个硬性优势，因为任何架构优化的尝试都会或多或少带来这样的"副产品"：监督开发者更严谨地思考自己网站服务的设计，开发出可扩展性更好的服务。但是从业多年的开发者往往都会有如下经验：不到必要之时，网站的当前架构永远都是处于一个"刚刚好能满足当前需求和用例"的状态，然后决策者就急着制订下一个商业计划，往往没有机会去进行一些额外优化。

而且，另一个重要原因是，很多时候并不是开发者不愿意进行优化——能够减轻网站运营成本、减少自己高峰时段因为网站承担不住流量而被叫回去加班的可能性，没有人会不愿意——而是想进行优化但是不确定应该先从哪里入手。

因此，动静分离作为一个大中型网站在扩展过程中几乎都会或深或浅实现的一个功能，不仅仅是优化网站架构的绝佳机会，而且还是一个明确的指导思想。有了指导思想，制订优化方案就容易得多。

例如，一个售票网站初始只是在一个大的模块中实现了登录购票的功能，为了在零点售卖一场热门的演唱会门票，网站不得不实现该网页的动静分离。在这种情况下，开发者很大可能不得不将网站的登录信息、票务库存、付款接口、购票页面的歌手信息、演唱会介绍信息和购票的业务逻辑模块分离成多个子模块，实现之后，网站想要接入其他的登录方式、其他热门演唱会、付款方式等，都将容易很多。

因此，根据以上分析，动静分离的应用场景也可以被总结出来了。出现以下两种场景时，网站开发者应该首先考虑动静分离是否可以是一个能快速提升网站性能的手段。

- 网站面临伸缩瓶颈，尤其是与网页数据和后端服务的读取相关的瓶颈。
- 网站用例属于经常要刷新，甚至是需要在特定时间快速刷新网页的情况，如抢票、特卖、新闻热点跟进等情况。

出现以上两种场景，设计并实现动静分离可以非常有效且快速地提升网站的性能。

7.2　拆分动态数据和静态数据

在阐述完以上基础概念之后，现在就来看一下针对一个原始页面，如何对其进行分析并拆分动态数据和静态数据，以及进行一些必要的预处理。

7.2.1　识别动态数据和静态数据

假如你面对的是一个比较陌生的页面，即排除你刚刚完成了该页面的开发因而对其非常熟悉的情况，那么你如何快速识别出哪些是动态页面或数据，哪些是静态页面或数据？尽管有上一节中给出的定义，但一板一眼地读一遍全页内容是很耗时费力的。此处笔者给出以下几点建议。

首先，即使是一个网站开发者，从用户的角度出发来分析一个页面也是很有益处的，而且对于一个全新的陌生页面而言，或许更为迅速。从用户的角度进行分析，以下几个方面将是比较好的出发点。

- 需要用户登录才能浏览的页面或者内容。
- 根据用户定制的内容。
- 在加载网页时看起来与当时状况（如地理位置、时间）相关的内容。

其次，从模块或者组件的角度出发，最有效的出发点是从调用用户信息的前端代码出发，并从最敏感的信息开始。

一个正确处理用户隐私信息的网站，除了对这些接口调用进行更严格的检验，也会有更短的信息有效期限，而这些就是"最动态"的数据。例如，对于电商网站来说，依次从付款、购物车、推荐清单、心愿单、个人资料等这些调用用户信息的页面来看，它们理应包含的动态数据也依次减少。从一个网站调用用户信息的模块出发，以此查看的页面即使没有覆盖全部动态数据，也包含了大部分。

最后，从代码的角度看，查找所有读取请求本身信息的内容。凡是从请求本身中提取信息，并用其决定业务逻辑对应的页面组件所使用的数据，都是动态数据。这就需要读者针对具体代码，具体情况具体分析了，此处不再赘述。

7.2.2 改造数据

识别出页面上的动态数据和静态数据之后，就可以对它们进行必要的预处理，为架构改造做准备了。

首先，以动态数据和静态数据为分界，分离所有被耦合在一起的请求。这些请求大致可以分为如下两种类型。

- 发起的请求得到的是一个 JSON、XML 或其他二进制数据。
- 发起的请求得到的是一个网页。

这两条并不冲突，一个请求发起得到一个网页后，该网页上依然可能会有 JavaScript 代码继续发起请求得到更多数据。这并不是说它们从技术角度上可以被看作一个请求，但在实际执行动静分离时，我们会意识到这些情况都是互相嵌套的。通过后文分析，读者会发现，在对发起请求得到网页的情况中，我们往往需要先对第一类数据，即以 JSON、XML 等形式返回的数据进行分离，然后才能更好地对网页数据进行分离。

对于第一种类型，我们来看一个例子。下面是一段 JSON 数据，这个 JSON 代表一个发向 http://abc.com/data（此网址为虚构，仅用于举例，下同）路径终端的 GET 请求所得到的 HTTP 响应的正文（即 HTTP Response Body），它可能会包含很多数据。

```
{
 "cart": {
  "merchandiseCount1": 1,
  "merchandiseCount2": 2
 },
 "articles": {
  "staticContent1": "content1",
  "staticContent2": "content2"
 }
}
```

假如该 JSON 中的 cart（即购物车）字段是动态数据，articles（即文章）字段是静态数据，那么这个请求所得到的响应中就包含了混合类型的数据。不进行任何修改的情况下,我们无法进行进一步动静分离的优化,因为,即使用户现在只关心 cart 字段中的数据,但每次为了得到最新的 cart 字段中的数据,系统不得不发出一个新的 HTTP 请求,而这个 HTTP 请求所得到的每一次响应中,又包含了始终一样的 articles 字段中的数据。这就造成了显而易见的浪费。

如果将这个 JSON 分成两个 JSON,如下所示,第一个是只包含动态数据,即 cart 字段的 JSON:

```
{
 "cart": {
   "merchandiseCount1": 1,
   "merchandiseCount2": 2
 }
}
```

第二个是只包含静态数据,即 articles 字段的 JSON:

```
{
 "articles": {
   "staticContent1": "content1",
   "staticContent2": "content2"
 }
}
```

然后,我们为第一个 JSON 创建一个新的路径终端(Endpoint):http://abc.com/data/cart。客户端需要向这个路径终端发送一个 HTTP GET 请求来得到第一个 JSON。为第二个 JSON 再创建一个新的路径终端:http://abc.com/data/articles。

接下来,客户端为了得到原有的数据,第一次需要分别向以上两个路径终端发起两个 HTTP 请求去得到这两个响应正文,而之后静态数据 articles 字段中的请求就可以被各种缓存系统缓存。

当客户端需要更新数据时,只需要向 http://abc.com/data/cart 终端发起 GET cart 动态数据的请求,而发向 http://abc.com/data/articles 终端的请求则可以从缓存中得到,不再经过服务器。

对于第二种类型,即发起的请求得到的是一个网页时,开发者一般可以有如下两种选择。

- 在服务器端实现动静分离处理该请求。
- 在客户端实现动静分离处理该请求。

图 7.1 展示了一个包含动态数据和静态数据的网页。

需要注意的是,这只是一个示意图,实际情况可能会比它复杂得多,而网页上的动态数据和静态数据也不能简单通过其位置来区分。此处笔者只是为了方便讲解,简单地假设一块区域中的数据都是动态数据或者静态数据。

如果决定在服务器端处理该请求，那么客户端对网页的请求会作为一个整体。为了简单说明起见：假如只有一个请求，然后这个请求到达服务器端之后，服务器端会在缓存系统中调用图 7.1 中的静态数据，然后使用特定的业务逻辑去生成动态数据，当所有数据都有之后，最后会由另外的服务器端业务逻辑代码将它们组装成一个完整的网页，并返回客户端。如果单纯从客户端（如用户的浏览器）的角度看，那么和动静分离改造前的效果是没有区别的。

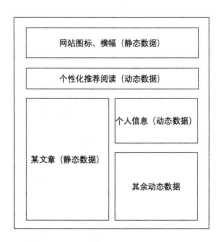

图 7.1　包含动态数据和静态数据的网页示例

如果决定在客户端处理该请求，那么开发者就应该首先对网页数据进行动静分离处理，确保动态数据在独立的请求中被处理，也就是说图 7.1 中的动态数据应该拥有自己独立的路径终端，而不是被混在其他的静态数据或者网页请求中发送，进行完这步改造后，网页的大体外观不变，浏览器会首先发送一个 HTTP 请求，该请求依然被发送至同一个获取网页的 URL 中。刚开始加载时，该网页大致会呈现出如图 7.2 所示的外观。

图 7.2　只包含静态数据的网页

这些占位组件可能是各种各样我们平时会在网页上看到的动画，例如，转动的齿轮、加载的进度条，或者和数据加载完毕后非常类似的外观但只是没有具体的图片和文字之类的组件，主要作用是告诉用户此处还有数据正在加载。

在网页上，会有额外的 JavaScript 代码，等待在页面加载时或者加载结束后（具体情况由开发者所计划的用户体验决定）向服务器端发起请求，得到动态数据，然后通过一些其他的渲染和美化代码，将这些数据正确地填充到这些空白位置。最终状态会和图 7.1 一样。

生活中有很多这样的例子。有时候网站完成以上工作的速度很快，以至于读者可能没有察觉，但是当计算机加载较慢或者网速较慢时就会很明显。

例如，打开淘宝，读者可以看到网页的大致外观，页首栏会首先被加载，正中间的推广商品会先显示白色的框架然后逐渐被一张张图片填充，两侧的商品分类一开始是空的条条框框然后逐渐被文字填充。又如，网易云音乐和 QQ 音乐等应用，一打开就能显示用户的歌单，但一些今日热门、本周热门和个人电台等内容也是慢慢加载的。

在服务器端和客户端处理请求的两种做法的大致优缺点分别如下。

在服务器端处理请求的话，网站架设的缓存必须都围绕在服务器端的数据访问层。

换句话说，对客户端来说，所有数据没有动静的区别，都是来自服务器的"新鲜数据"，CDN 缓存和客户端缓存将不能起到帮助的作用，服务器处理的逻辑会较为复杂，因为所有动静分离的负担都在服务器端，但是客户端一旦收到网页内容，就是一个完整的网页，不必再发送新的请求，也不必进行进一步的处理。

在客户端处理数据的话，在用户体验和技术方面有利有弊。

在用户体验方面，利在于用户可以提前看到大致网页外观，并且已经可以开始浏览一些静态数据，在某些用例下，可能这些静态数据就满足用户的需求了；而弊则在于用户可能期望的是网页一旦加载，就应该可以使用全部功能，但这时客户端可能还在请求一些其他的动态数据，使得用户不能看到全部数据。这种体验是好是坏，由网站开发者、产品经理等针对具体用户用例决定。

另外，从技术的角度看，在这种处理方案下，客户端会发起多次请求，这对服务器端可能有利也可能有弊，因为，在这种情况下单个请求的压力很小，交互和传输的数据量都不大，但请求数量较多，有利有弊将取决于该服务的具体业务与服务器和中间件的性能特征。

正如上文所说，实现动静分离逻辑，一方面需要服务器端分离各个请求的路径终端；另一方面则需要客户端发起额外请求，并组装到已经加载的页面中。这种实现方式需要服务器端和客户端双方的努力。幸运的是在客户端方面，现在很多业内流行的前端框架，如 AngularJS、jQuery 等都原生支持这种加载方式，不需要开发者额外配置，也不需要额外写代码来实现。

7.2.3 改造数据要注意的问题

首先，以上改造数据的手段都不是互相排斥的。这也是笔者在本书始终传达并会一直强调的思想：面临任何技术选择，都要一直保持对多个选项的开放度，不要对任何一个选项过于执着，从而忽视了其他选项的优点。要尽可能将不同的选项利用在最合适的场景中并灵活组合达到最佳效果。

网页的改造是依赖于对其他请求的改造的，前文已经阐述过。同时，针对网页改造的客户端和服务器端方案也不是互相排斥的，必要时完全可以综合使用。例如，一个电商网站的商品页面如图 7.3 所示。

图 7.3　电商网站的商品页面

其中，占据大部分内容的是商品详情，即商品的图片和文字介绍、各种商品指标数字等，然后是一个根据用户口味推荐的商品清单，刺激用户进一步探索，最后则是根据用户发起请求的地点在数据库中爬取的一个商品清单，它表示用户附近的人经常购买的商品。

对于这些数据，我们可以大致分类如下：商品详情是静态数据，另外两个区域是动态数据。

接下来，可以按层次进行分离。

首先应用服务器端的技术，组建商品详情和用户口味为一个页面，即服务器端在接收到该页面的请求时，先从缓存中获取商品详情，即静态数据，然后由服务器向机器学习的模块发送一个根据用户口味得到的商品列表，即动态数据，这时用户首先见到的页面如图 7.4 所示。

图 7.4　实现动静分离后的商品页面

然后应用客户端的技术，即在用户接收到页面之后，浏览器会继续执行页面上的一段 JavaScript 代码，这段 JavaScript 代码的作用是向服务器端请求用户附近的人经常购买的商品，最后加载稳定时，渲染成该页面最终的样子。

而做这样细致分离的原因也很明了：可能通过产品经理的分析发现，用户打开一个商品页面时，首先关注的是自己本来要看的商品内容，其次是可能会被一些根据自己口味推荐的新商品吸引，而至于自己附近的人一般会买些什么，用户可能会关心，也可能完全漠不关心。

这样一来，用户发起的初始请求只包含两个页面组件，延时不会像纯服务器端组装三个页面组件那么长，并且客户端发起的额外请求也只有第三个页面组件，不会像纯客户端那样需要两次额外请求。获得这种优势需要做出的牺牲则是用户会晚一些时间看到附近的人购买的商品清单，而这恰恰可能是通过产品经理的分析得出从用户体验角度影响最小的牺牲。通过这样细致地实现动静分离之后，我们既综合了两种技术的优点，又最大限度地减少了缺点的影响。

题外话：首先，这个例子中我们也可以看到正如第二章所提到的，在进行系统设计之前，与需求发起者的持续互动和沟通是多么重要，很多优化可以通过需求发起者（如产品经理）的帮助来达到最佳效果，从而减少开发者所做的无用功。

其次，正如我们在第 6 章中讨论缓存穿透时所提到的，如果这个网站的 URL 或 URI 不能很好地被映射到资源上，那么缓存就不能发挥作用。因为，假如实质上是同一个资源但出于某些原因从客户端发送的请求的目的地是两个不同的 URI，则缓存系统很难准确检测到已经缓存过这些数据了。动静分离中的数据也是如此。在进行动静分离的数据改造时，开发者必须确保至少静态数据是被映射到唯一的 URI 上的。

例如，一个获取 2019 年 1 月 1 日所有静态数据的请求，如果一旦被设计成 http://abc.com/20190101，那么它就始终必须是这个 URI，而不能再暴露一个路径终端是 http://abc.com/2019/01/01，并返回同样的数据。否则的话，开发者就存在犯下如下错误的可能性：在一段客户端代码中，出于某些原因组建了一个访问前一个 URI 的 HTTP 请求，而在另一段客户端代码中，组建了一个访问后一个 URI 的 HTTP 请求。

最后，网站开发者需注意，在完成数据改造后，所有被识别为静态数据的 API 或者路径终端，若非必要，尽量不要在响应中留下带有根据请求特征变化的信息。如果一定需要这些信息，那么应该将这些信息通过动态数据的响应返回。

原因也很简单，例如，一个理应返回静态数据的 HTTP 响应需要修改 Cookie，那么这个修改动作最好交给动态数据响应，因为修改 Cookie 意味着以后的请求多半会用到这个刚更新的 Cookie，如果这是一个被缓存的请求，那么 Cookie 可能并不是最新的，从而破坏了网站开发者本来打算执行的逻辑。

当然，开发者有多种手段来尽量避免这些情况的出现，例如，可以在响应头（Response Header）中指定 no-cache、no-store、must-validate 或者指定过期时间为 0，即立即过期等来强制浏览器每次发起一个全新的请求，但是这些标准是否会被正确执行，也取决于浏览器的品牌和版本。

7.3 动静分离的架构改造

接下来，笔者将详细叙述如何以缓存层次为标准，一步步对网站架构进行动静分离的改造。

7.3.1 动静分离的缓存架构

在讨论了针对一个网页的动静分离数据处理之后，就可以着手对网站进行架构层面的改造，来真正实现动静分离的目的。

正如前文所说，动静分离的实质是利用缓存系统来达到分离读取两类数据的目的。因此，动静分离的架构并不是一种全新的架构。动静分离的缓存架构如图 7.5 所示。

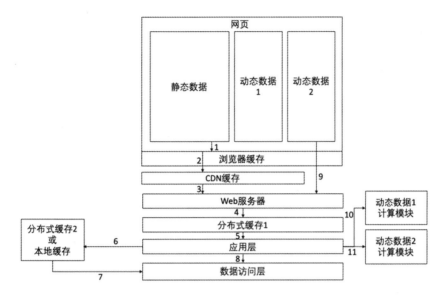

图 7.5 动静分离的缓存架构

图 7.5 中尽量覆盖了动静分离缓存架构的所有情况,而实际情况中的网站可能不会利用到图 7.5 中的所有组件。下面笔者就来详细介绍一下图 7.5 中涉及的所有方面,以及作为一个网站开发者,如何参照图 7.5 建设自己动静分离的缓存架构。

7.3.2 浏览器缓存

首先,当一个 HTTP 请求从浏览器端发出时,浏览器有很大可能会首先检查它是否已经被本地缓存过,即箭头 1。

显然,从单个用户的角度来看,第一次请求时不可能用到浏览器缓存,因为该用户的浏览器从未处理过发向该 URL 或路径终端的请求,因此,任何第一次发向一个 URL 的请求不会经过这一层。

在第一次请求之后就会有一部分浏览器缓存了,这可以通过第一次响应来实现。在 HTTP 响应头中,开发者可以利用一个叫作 Cache-Control 的头部定义缓存策略。Cache-Control 常用的字段如表 7.1 所示。

表 7.1 Cache-Control 常用的字段

字 段	说 明
max-age	该响应可以被缓存的最大时间
private/public	public 是指该响应可以被任何方式缓存,例如,可以被缓存在共享缓存中;private 则表明该响应理应只属于一个用户,不可以被共享缓存使用
no-store	不允许缓存响应,浏览器必须每次发送完整的请求

开发者只要在服务器端返回的响应中指定对应的字段，就可以让自己希望被缓存的内容缓存了。一般情况下，在动静分离中，开发者只需要不指定 no-store，然后指定合理的缓存时间，就可以让静态数据被缓存在服务器中。

另外，浏览器缓存也可能是通过浏览器本身的一些智能的功能（例如，Chrome 浏览器自身就实现了多种缓存的手段）来尽量猜测哪些数据可以被缓存，从而加快加载的速度。当然，这就不在本章讨论的范围内了。

7.3.3　CDN 缓存

假如在本地也就是浏览器中没有找到缓存，那么请求就会往距离客户端更远的节点——CDN 缓存中寻找内容，即箭头 2。在这之后，浏览器本身再也不会知道响应是否来自缓存，因为请求已经离开了本地，返回的对象无论是来自 CDN 缓存、分布式缓存还是目标网站服务本身，对于本地来说都是来自外部互联网的响应。

对于网站开发者来说，从 CDN 缓存中返回的依然应该是静态数据。那 CDN 缓存和浏览器本地缓存的区别是什么？

这其实在第 6 章中已经有所涉及，此处我们结合这个具体的应用场景稍做深入：存在客户端的缓存一个显而易见的好处是，相比 CDN 缓存，它离用户更近，用户感受到的延时更小，但正如第 6 章中提到的，CDN 缓存和浏览器缓存的一个重要区别在于，对于网站开发者来说，CDN 缓存是在自己掌握中的，而浏览器缓存是完完全全在用户的机器上的，这就造成了一旦数据在特殊情况下需要做出调整，客户端缓存远没有 CDN 缓存值得信赖。

例如，网站开发者发布了一个商品描述页面，过了一段时间，发现描述有误，需要更新，作为一个静态数据，如果通过浏览器缓存设置将其保存在用户本地，那么只有等待当初返回的响应头中的 max-age 过时了才能进行下一次更新，因为即使更新内容并且更新了 max-age，用户浏览器也不会发送请求得到这次更新。而对于这样的更新，网站开发者只需要指定 CDN 缓存立即失效，那么这时候用户发送过来的请求就会穿过 CDN 来到下一个层次了。

但是，很多时候对于中小型网站的开发者，或许 CDN 缓存并不算是实际的优化手段，尤其是针对动静分离这样一个可以有很多种缓存方式可以达到的目标而言，笔者建议尽量不要优先使用 CDN，因为 CDN 需要网站开发者有能力在全国各地甚至世界各地（取决于网站规模和优化想要达到的影响面）架设服务器，设置自己的管理中心并搭配一系列的其他设备，搭建的成本及耗费的时间都很大。

当然，现在很多云服务，如阿里云、AWS 都提供了 CDN 缓存的云服务，搭建以后可以帮助网站开发者减少大量的麻烦，如果实在要考虑使用 CDN 缓存，那么应该优先考虑使用云服务。

7.3.4 Web 服务器缓存

当 CDN 缓存也没有浏览器发出的请求所需要的内容或者网站开发者没有搭建 CDN 缓存的话，用户的请求就会到达 Web 服务器，即箭头 3。

有的 Web 服务器本身就可以被当作缓存使用，如 Nginx 服务器。Nginx 服务器非常擅长处理静态数据，尤其是网页文件，处理效率很高，它既可以当作代理服务器使用，又可以当作缓存服务器使用。因此，很多人选择在网站应用层之前搭建一个 Nginx 实例，专门负责处理一些只有静态数据的网页文件，不仅可以极大缓解应用层的压力，而且 Nginx 服务器本身返回这些网页的速度也非常快。

除了 Nginx 服务器，拥有类似功能的 Web 服务器还有很多，有兴趣的读者可以自行搜索，根据自己生产环境中使用的语言、中间件、应用层框架与各种 Web 服务器的整合度来进行选择，此处不再赘述。

这种缓存拥有易搭建、易设置，且效率高、性能好的特点，可以说是事半功倍。但这种缓存也有其局限：其一，大多数通过这种方式搭建的缓存服务器只能处理完全的静态文件，即整个网页都是静态数据的文件，如果希望实现一个服务器端整合的页面，那么还需要交给下面几层；其二，这种缓存服务器大多架设在各台服务器上，不是分布式的缓存，没有分布式缓存的各种优势（详情见第 6 章），可以支持的数据量也不大，它可以被用于支持少数静态页面，但是伸缩性不强。

7.3.5 分布式缓存

当 Web 服务器遇到没有缓存或者不能处理的请求时，它就会把该请求转发给下一个层次（这一动作也是很多服务器，如 Nginx 叫作"反向代理"的原因，本书后续还会进行进一步的阐述），即箭头 4。这时候网站开发者可以有两个选择，要么在应用层之上架设一层分布式缓存，即箭头 5，要么让应用层进行一些处理，然后交给分布式缓存或本地缓存，即箭头 6 和箭头 7。

其实它们在本质上是一种，因为如果将应用层看作一个包装好的数据访问层或者一个独立的服务的话，其本质就是在访问数据库之前加上一层缓存，中间有没有应用层的代码（如 Java 应用）并不是重点。

这里的分布式缓存就没有什么特殊之处了，如第 6 章介绍的那样，开发者可以选择任何适合自己的缓存技术，如 Redis，然后将这些数据访问请求发给缓存层，看有没有可以使用的缓存。这部分的重点、难点和带来的问题在第 6 章中已经阐述。

7.3.6 页面组装

如果这些缓存都没有命中的话，那么业务逻辑就会对数据库发起一次请求，调用数据并进行响应的缓存处理，即箭头 8。

假如用户请求的页面是一个在服务器端组建静态数据和动态数据的页面，那么在从缓存中获取数据之后，应用层还需要调用能够生成动态数据的代码，即箭头 10，生成动态数据之后，与静态数据组装成页面。

前文已经提过，这一步与通过客户端来获取动态数据有很大的区别。它也是一个性能瓶颈，因为为了使网页在发送给用户之前组装完毕，服务器端需要渲染该网页，这一操作并不是一个轻松的操作，它会同时占用 CPU 和 GPU，从而对服务器造成一定的性能负担。

除此之外，缓存中的数据有时候为了节省空间，是经过一定压缩处理的，在进行服务器端处理时，解压操作也会消耗一定资源。

最后，假如开发者同时还使用了客户端处理请求的手段的话，我们还需要处理额外的动态数据请求，即箭头 9。这个请求是在页面加载时或加载完毕后由客户端代码发起的，因为这是一个动态数据的请求，它一般来说不会经过任何缓存，而是直达应用层代码，然后由应用层向能够生成它的其他模块发起请求获取数据，即箭头 11。

注意：箭头 9 的请求和箭头 3 的请求发往的是两个不同的路径终端，这也是笔者在 7.2.2 节中阐述的必须要实现的步骤，即静态数据和动态数据不能共享一个路径终端，否则缓存不能发挥作用。

第 8 章 负载均衡

当网站的业务规模开始增长、访问流量逐渐增大时，网站的单台服务器的性能再优也迟早会有一天无法承担这么大的流量，因此就需要进行扩容，为网站增加更多的服务器、更多的服务集群、更多的数据中心，以及扩容相应的其他资源，如数据库等。这些扩容之后的资源需要一个"主管"系统来管理与协调，使得扩容之后的资源面向外部世界时依然可以作为一个整体正常工作。这个"主管"系统就是负载均衡器。

本章主要涉及的知识点如下。

- 什么是负载均衡。
- 负载均衡器的类型及其作用。
- 实现负载均衡的方法及需要注意的地方。

8.1 什么是负载均衡

正如上文所说，网站需要通过添加更多的服务器和数据中心进行扩容来承担更大的流量，而使用了多台服务器之后，就需要引入"负载均衡"机制来协调这些服务器的工作。

8.1.1 负载均衡的概念

绝大多数用户访问的网站不可能只有一台服务器执行业务。例如，淘宝、12306、微博等。在实际生产环境中，成千上万台服务器在共同分担着全世界的用户访问这些网站的流量。

但是应该很少有读者听说过这样的事情：如果你在山东，请使用 https://shandong.taobao.com 访问淘宝；如果你在湖南，请使用 https://hunan.taobao.com 访问淘宝。

也很少有读者听说：淘宝一号服务器正忙，请使用二号服务器，或者 https://www.taobao1.com 无法访问，请访问 https://www.taobao2.com。

或许会有读者反驳，很多游戏服务器或者 VPN 服务器就有这样的机制。但是游戏服务器的架构和业务逻辑运行与普通网站全然不同，以及 VPN，它们都有自己的特定情况，不能和普通网站相提并论。

用户不需要做这样的操作来访问一个多主机、多集群或者部署于多数据中心的网站，是因为有一个"主管"系统的存在，它一方面面向外部世界，例如，网站用户和它们的客户端，使得这些服务器被看作一个整体，另一方面面向后端服务器，统筹协调任务。它的功能就是本章的核心——负载均衡（Load balance），而它一般就叫作负载均衡器（Load balancer）。

所谓负载均衡，是指当服务请求或系统任务很多时，后端搭建有多台服务器或多个集群可以处理该任务，然后由一个系统总体负责这些请求或任务的分发，这个任务分配和转发的过程就叫负载均衡。

注意： 此处的均衡不是绝对平均的意思。

对于网站开发的初学者或者初次接触这个概念的读者而言，"均衡"可能会造成一种误解，即要保持绝对平均。其实，"均衡"作为一个英文单词"balance"的翻译，它是一个动词，在这个上下文中更接近于"协调"的意思。

负载均衡器所提供的负载均衡功能，其终极目的是根据系统运行时的实际情况，决定哪台服务器、哪个集群、哪个服务或者哪个数据中心更适合处理当前的请求或任务，而不是追求各台服务器之间的负载完全相等。

举一个很简单的例子，假如某网站的一个数据中心在北京，另一个数据中心在贵州，然后在某一个时间段内该网站接收到的请求绝大多数来自北京附近的地区，那么负载均衡器应该忠实地把请求平摊到北京和贵州两个数据中心吗？

答案是不应该，因为距离有远近，所以造成的延时和错误率都不一样。

那就上例而言，我们问自己一个相反的问题。

既然不应该不经思考地平摊流量，那么负载均衡器就应该把所有请求都发往北京数据中心，因为它的距离更近吗？

答案依然是不应该。如果出于其他原因，北京数据中心只有一台服务器，而贵州数据中心有十台服务器，那么为了保险起见，应该让贵州数据中心也承担一部分来自北京的请求。总而言之，负载均衡器需要根据当时的实际情况和它本身配置的算法来决定谁最适合处理当前任务。

8.1.2 负载均衡的类型

下面简单介绍一下负载均衡的几种类型。后续还会对每个类型的优缺点以及具体执行方式进行深入探讨。

从负载均衡模型的角度来说，大致可以分为全局的负载均衡和服务器集群内部的负载均衡；从负载均衡系统的载体角度来说，大致可以分为硬件负载均衡和软件负载均衡。从业内实践的角度来说，除一些规模极大的网站和网络服务以外，大多数网站开发者要从软件负载均衡的角度出发寻求实现，一方面成本是几种手段中最低的；另一方面更新和修改都更为方便。

为了使读者对负载均衡的理解更方便和未来实现时容易寻找出发点，笔者在此处将采用一种混合的分类方法，从客户端的角度出发，由近至远，将负载均衡分为如下几种类型。

- DNS 负载均衡。DNS 负载均衡，即在 DNS 层实现均衡，按照之前模型分类的角度，应被归类为全局的负载均衡。DNS 负载均衡是指在客户端向 DNS 服务器发送请求寻找服务器 IP 地址时，DNS 服务器会因为客户端请求来自不同的地理位置而返回不同的网站数据中心 IP 地址，从而实现流量的分配。
- 硬件负载均衡。纯硬件层面也可以实现负载均衡，一般来说都在网络设备中实现，有专业人员负责实现和维护。
- 软件负载均衡。软件负载均衡有很多种类型，是当前业内实践的主要侧重点。这一类负载均衡按照业内流行的软件类型，大致可以分为在 Linux 层面的负载均衡，业内流行的 Linux Virtual Server（一般简称为 LVS）和在软件层面基于 HTTP 协议的负载均衡，业内较为流行的是直接使用或基于 Nginx 的负载均衡器。

与硬件恰恰相反，软件负载均衡由于其本质原因，其可以根据业务需求进行定制及开发新的方案，而且软件负载均衡除了可以做好负载均衡本身的工作，它的调整也非常容易。

目前可以说业内的软件负载均衡处于一个百花齐放的状态，出于说明方便起见，笔者在后文将挑选 LVS 和 Nginx 这两种典型且被广泛应用因而具有很大实践参考意义的类型进行说明，并对它们部署后的调整升级进行一些说明。

8.1.3 有负载均衡的网站架构

如果网站开发者希望为网站加入负载均衡功能，那么负载均衡器应该处于网站架构的哪个位置呢？加入负载均衡功能的网站架构如图 8.1 所示。

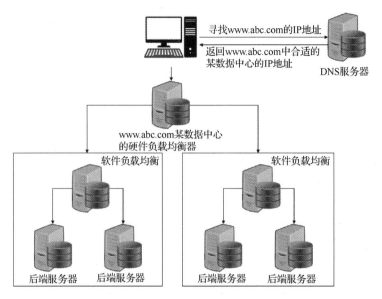

图 8.1　加入负载均衡功能的网站架构

客户端，即用户的浏览器首先会向 DNS 服务器发送一个请求，该请求用于获取用户想要浏览的网站网址所对应的 IP 地址。一个网址对应的 IP 地址并不是唯一的，尤其是在网站开发者为网站配置了 DNS 负载均衡的情况下，DNS 服务器会为当前客户端解析一个最合适的 IP 地址，然后返回该 IP 地址给客户端。

客户端接着会向这个 IP 地址发送客户端想发送的 HTTP 请求本身，请求到达该数据中心时，如果该数据中心有相应的硬件设备做负载均衡，则设备会进行请求的分发，将其发送给后端的某个特定服务器集群。

在一个集群接收到请求之后，在该集群的前端会有一台负载均衡服务器，该服务器接收到用户请求后会将请求转发给这个集群中的某一台后端服务器，后端服务器按业务逻辑处理用户的请求并返回一个响应。

8.1.4　反向代理

有一定经验和这方面技术阅读量的读者会注意到，与"负载均衡"这个词经常一起出现的一个词是"反向代理"，而且，很多技术文章和书籍也确实不区分这两个词，这两个词往往在同一个上下文中被交换使用，相互替代也不会造成理解问题。那它和"负载均衡"（或"负载均衡器"）确实指的是一类东西吗？下面笔者就这个术语进行简单的解释，并对它和"负载均衡"的相同点和不同点进行一些辨析。

反向代理（Reverse Proxy），是指一类负责接收客户端请求，转发给后端服务器，然后当后端服务器处理完请求之后，再把后端服务器的响应转发给用户的系统。

在与"负载均衡"这个概念进行比较之前,我们先来解决一个小问题。

为什么叫"反向代理"?这里的"反向"是有什么特指吗?

这其实是一个视角和定义的问题。与"反向代理"相对的,或许是"正向代理",但是我们很少见到这个词。"正向代理",或者说最早诞生的"代理"概念,是从客户端的角度来说的,也就是说,当客户端决定使用代理访问一个服务器时,这个代理就是一个正向代理,该代理系统所做的事情是隐藏真正的客户端。

从这个概念出发,"反向代理"为什么叫"反向代理"就很明确了:它处于服务器端,并负责将客户端的请求转发给服务器端,因此,它隐藏了真正的服务器端。

总结一下:

- "正向代理"或"代理"为客户端服务,目的是隐藏真正的客户端。
- "反向代理"为服务器端服务,目的是隐藏真正的服务器端。

因此,当我们从网站架构的角度讨论时,其实不必强调"反向代理",因为我们知道架设的系统是为服务器端服务的。

接下来我们回顾一下负载均衡(器)的概念,简单地说,它的主要任务是将用户的请求分发给后端服务器,当然,它也需要把响应发回客户端。

通过描述"负载均衡"和"反向代理"所做的工作,我们会发现它们的实际职责极为相似,但"反向代理"的侧重点在于,后端服务器将它作为与客户端交流的代理,而对于客户端而言,它也是和后端服务器沟通的媒介——只是很多情况下客户端并不知情。

而"负载均衡"的侧重点集中在一个相比之下更加明确的任务:面对进入的用户流量,用某种方式分发给后端服务器,而达到一种分发算法所认为的"平衡"状态。

或许看完以上阐述,读者依然会有一些困惑,因为它们确实相似。就实际生产环境而言,笔者概括以下两点。

- 在很多生产环境下,"反向代理"和"负载均衡"是一个东西,但并不一直都是。
- "反向代理"的概念大于"负载均衡",且"反向代理"的职责之一是负载均衡。

举一个生活中的例子:"手机"和"电话"这两个词非常接近,但"电话"这个词更侧重于通话功能本身,而"手机"除了通话,还暗示着可以使用其他手机应用的功能,比如当我们说到使用手机时,除了打电话,也可以意味着刷微博、拍视频、玩游戏,可以统称为"玩手机",但"玩电话"这个词就不存在。

那么当我们提到"反向代理"这个概念时,除了期望它具备负载均衡功能,还应该期望它具备哪些功能呢?

(1)"反向代理"具备缓存功能。

正如前文所述,实现缓存和动静分离的一种手段就是在真正的后端服务器处理请求之前，将一部分静态数据放在后端服务器之前的架构，即"反向代理"中。

（2）"反向代理"为后端服务器提供安全性。

"反向代理"向客户端隐藏了实际处理请求的服务器集群的 IP 地址。客户端发出的请求的目标 IP 地址实际上对应反向代理服务器的 IP 地址，然后由"反向代理"改写请求中的 IP 地址到后端服务器的某 IP 地址后转发。

说句题外话，非常有趣的是，在很多技术文章中，这一过程也被归类为"负载均衡"，由此我们也可以发现这两个概念确实是互相交缠的。

这一过程杜绝了客户端直接访问后端服务器的可能性，从而使得来自某些客户端的恶意请求和过量请求无法直接抵达后端服务器。

例如，有一种攻击服务器的手段叫作分布式拒绝服务攻击（Distributed Denial-of-Service，DDoS），通俗地说，就是一种通过向网站发送大量垃圾请求，使得网站的网络和服务器堵塞甚至崩溃，从而不能处理正常请求的手段，而"反向代理"往往都具备阻止 DDoS 的功能。除此之外，还有很多其他攻击手段，而很多"反向代理"也都会执行一系列基础的恶意代码的检测来保护后端服务器。

由"反向代理"来负责安全性，保证了后端服务器的代码逻辑可以更集中在执行和优化业务逻辑本身。

（3）"反向代理"为后端服务器统一提供 SSL 加速。

SSL 是指传输层的加密协议，通俗地说，它通过加密请求的方式来保障客户端和服务器端之间的通信安全。一个网站一旦使用了 SSL，它就必须解决一个很基本的问题：SSL 加密的请求总要在一个地方被解密，从而让业务逻辑层可以正常处理该请求。"反向代理"的一个重要任务就是在反向代理服务器上进行 SSL 解密，通常被称作终结 SSL 会话（SSL Termination），后面的处理过程就不需要 SSL 了。

这样处理的目的和上一点相似：让后端服务器能够集中精力在执行和优化业务逻辑本身上。因为 SSL 解密的过程也会耗费资源，而很多"反向代理"是专门为此优化开发的功能，比开发者自己手动整合要更快、更节省资源。

最后，还有一个重要因素就是，某些市面上的流行系统在反向代理和负载均衡上都很擅长并被广泛应用于同时担任这两个角色，如 Nginx。Nginx 在 Node.js 和 PHP 搭建的网站中应用尤其广泛，并且可以无缝整合到使用其他语言和框架搭建的网站中，这也是给很多人造成"反向代理"和"负载均衡"完全是一个概念的印象的原因。

8.2 DNS 负载均衡

在解释 DNS 负载均衡之前，读者需要理解几个基本概念：DNS、A 记录和 CName。

8.2.1 DNS

DNS（Domain Name System，域名系统）。域名是指 taobao.com 这样我们俗称"网址"的字符串，它好记，且起到了标志网站品牌的作用，但服务器并不是使用 taobao.com 这样的名字识别谁能够处理发往 taobao.com 的请求的，而是通过像 123.123.123.123 这样的 IP 地址来识别的，当请求发往服务器时，它的目的地是 IP 地址，而不是域名。因此，就需要专门的系统来负责将 taobao.com 对应到 taobao.com 的服务器的 IP 地址上。

这样一来，DNS 就进入了我们的视线：DNS 的主要任务就是把域名对应到 IP 地址上，从而将请求发送给真正能处理该请求的服务器。

DNS 有很多种表达从域名到 IP 地址映射关系的手段，下文主要介绍当前流行的两种手段：A 记录和 CName。

8.2.2 A 记录

A 记录（A Record），A 是英文 Address，即地址的简写，是指网站主机名或者域名对应到 IP 地址的域名记录方式，A 记录在 DNS 服务器中以如表 8.1 所示的形式保存。

表 8.1 A 记录在 DNS 服务器中的保存形式

主 机 名	IP 地址	TTL
@	123.123.123.123	14400
Localhost	127.0.0.1	14400
Test	124.124.124.124	14400

其中，TTL 是英文 Time To Live 的简写，一般用于表示一条记录的有效时间戳或时长，支持 TTL 的系统会有某种清理机制，在 TTL 经过之后，会对该记录进行清理或者标记为已经失效。

A 记录的用法很容易理解，即当客户端请求查找某个网站的 IP 地址时，在表 8.1 中进行查找并返回客户端请求的域名在 A 记录中保存的 IP 地址。

8.2.3 CName

CName（Canonical Name Record，真实名称记录），一般业内称其为 CName，本书也如此称呼。

与 A 记录相对的是，CName 保存的是域名到域名的映射关系，而非 IP 地址。因此，CName 在 DNS 服务器中的保存形式大致如表 8.2 所示。

表 8.2 CName 在 DNS 服务器中的保存形式

域　　名	值
Abc.abc.com	Test.abc.com

在 DNS 服务器通过 CName 查找到另一个域名之后，还需要进行进一步解析，直到找到该域名实际对应的 IP 地址为止。

可能有读者会感到困惑：有了 A 记录，还要 CName 有什么用？这不是多此一举吗？

事实上，CName 的作用就好像我们在编程语言中使用一个常量来表示一个数字、一个字符、一个字符串……一样，在实际情况中，一台服务器可能会被部署到多个网站，对于云运营商提供的服务更是如此。

假如一台服务器的 IP 地址是 123.123.123.123，其上部署了 10 个网站，并直接使用了 A 记录，那么当这台服务器变动 IP 地址时，就需要更新所有网站的 A 记录，并且这些网站的 A 记录可能分散在很多 DNS 服务器上，这使得更新就更为麻烦。当这些网站使用了 CName 后，就只需要更新一条 A 记录即可。

因此，CName 更大的作用在于，如果网站开发者并不是自己在维护一整套服务器，而是对应的网络系统使用某个云服务商提供的 CDN 服务（大多数情况如此），那么云服务商很显然应该提供 CName 而非 A 记录给网站开发者，让网站开发者可以将自己注册的域名对应到 CName 上，这样云服务商就对外隐藏了自己维护、更新和替换服务器，以及服务器 IP 地址的过程，不会每次变动服务器时都需要使用者来更新 DNS 记录。

8.2.4 配置 DNS 负载均衡

通过上文介绍的概念，DNS 负载均衡的工作原理就非常清楚了。总的来说，DNS 负载均衡，就是通过配置 DNS 服务器，让自己网站的域名被映射到 A 记录和 CName（或者是其他类型的记录，此处不一一列举）中，然后让 DNS 服务器负责导流，如图 8.2 所示。

通常配置一个 DNS 负载均衡需要如下信息。

（1）域名本身。

（2）记录的类型，即域名被映射到的记录，例如，A 记录或 CName。

（3）均衡策略或算法，即 DNS 服务器应该选择什么样的算法。

DNS 服务器常见的策略如下。

- 加权，即允许使用者对每条记录设置权重。例如，一个域名被映射到两个 CName，而这两个 CName 的比例是 3∶7，那么接下来网站用户流量的 30% 会被发送到第一个 CName 上，70%会被发送到第二个 CName 上。
- 地理位置，即让 DNS 服务商根据用户请求的地理位置选择负载均衡。例如，本章开头举的例子，如果用户的请求发自北京，而网站拥有一个靠近北京数据中心的 CName 和一个靠近贵州数据中心的 CName，那么 DNS 服务商在这种策略下会优先选择返回贵州数据中心的 CName。
- 延时和故障转移。更广义地说，这种服务基于各条记录的当前状态。延时策略，即根据当前各个配置记录的响应延时返回最优的记录，通俗地说就是谁处理得快，就把请求发给谁。而故障转移策略则是基于错误率的，即谁的错误率最低就优先发给谁，或者谁的错误率高过某个值就不发给谁。

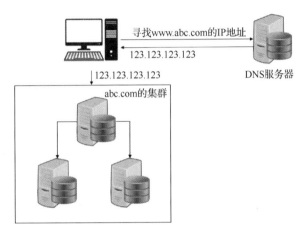

图 8.2　DNS 负载均衡

需要注意的是，不是所有 DNS 服务商都提供 DNS 负载均衡的功能，也就是说如果你所建设的网站不拥有主机和相应的网络服务，那么有可能你根本无法做以上配置。

同样地，即使 DNS 服务商提供负载均衡服务，也不一定支持上述列举的所有策略或算法，因此，笔者建议读者如果确实有实现 DNS 负载均衡的需要，在网站使用云服务之前，请务必衡量、比较各个云服务的优劣，选择支持你最需要的策略的服务。

8.2.5　DNS 负载均衡的优缺点

DNS 负载均衡的优缺点都非常鲜明。

DNS 的优点在于配置和使用简单。只要网站的开发者选择了支持 DNS 负载均衡的服务商，DNS 负载均衡就很容易实现，因为只要在这些服务商的控制面板上进行一些简单的配置，然后测试一下就可以了。

现在业内的一些热门的云服务商提供了非常友好的集成服务，使用者不需要使用任何代码或者配置文件，只需要在网页上选择相应选项即可。设置完成后，DNS 服务商完全负责提供负载均衡，不需要开发者维护或配置服务器。

但是 DNS 负载均衡不是万能的，它具有如下缺点。

更新慢。DNS 服务器安装在全世界的实体机器上，这样当用户发起请求时，它才能最快响应请求并返回最合适的 IP 地址，并且几乎所有的 DNS 服务提供商和 DNS 服务器有时间较长的缓存机制或间隔较长的更新机制。每次 DNS 的更新并不是瞬时更新的，而是要慢慢到达所有服务器。

配置 DNS 负载均衡无论使用的是 A 记录、CName 还是其他的记录形式，只要用户想更新服务器记录，系统都存在一个真空期，在更新期间新的请求会被发送到被更新的服务器实例上。网站开发者面对的问题是，要么请求被发往不存在的服务器实例上，要么就是需要等待所有缓存失效，然后才能将服务器从集群中撤下来。

与上一点还有一个相关且类似的问题：因为更新慢，负载均衡策略在实际操作中未必如配置一般有效。DNS 是一个历史悠久的系统，为了保证其容错性，从客户端到 DNS 服务器这个过程中，不同的人在不同的阶段加了一层又一层的缓存。从浏览器到各个 DNS 服务器（通过 CName 也了解到 DNS 解析一次是不够的，有可能会有多层的嵌套解析），每一层都有缓存，真正抵达 DNS 服务器的请求远没有实际请求的那么多，因此很多缓存策略，如权重策略可能并不能执行到配置的那样精确。

最后，从配置 DNS 负载均衡的步骤读者也可以看到：即使是最先进的 DNS 服务商，他们所支持的策略或算法也是很简单的，而且还不允许使用者自定义。这一点才是 DNS 负载均衡的致命缺点，也是开发者需要使用其他负载均衡手段的最大原因。

出于系统维护和扩容、缩容的需要，在生产环境中，网站经常需要负载均衡更细致地区分各个集群的状态，并根据实际情况转发请求。例如，由于某些故障或者恶意流量，网站不能很好地处理当前用户流量，而 DNS 服务商配置的又是某种简单的故障转移策略，在这种情况下，这些流量会被持续导向尚能正常运作的集群，结果却会导致所有集群或数据中心一个一个倒下，不仅服务商本来就没有办法通过配置预防，而且网站开发者即使意识到了问题也无法快速阻止这一状况的发生。

8.3 硬件负载均衡

硬件负载均衡和负载均衡服务器的基本区别在于，硬件负载均衡所使用的硬件设备是专门负责负载均衡的，由于这类硬件设备是由专业公司负责开发并作为专业用途的，其易用度一般都很高，且性能极佳。

业内常见且著名的负载均衡设备是 F5 公司开发的 BIG-IP 设备。它支持四层负载均衡，且可以起到反向代理的作用，执行反向代理的各种任务，包括检测并拒绝恶意攻击，例如 DDoS、SSL 加速、内容缓存、防火墙等，并且还支持 IPv6，算法也相当智能。

硬件负载均衡的优点如下。

- 功能全面。正如笔者用 F5 的设备举例那样，负载均衡设备往往不仅是负载均衡器，还是一个完整的反向代理，除了具备极为智能的负载均衡算法，还具备防火墙和过滤恶意流量、SSL 加速、缓存等功能，并能为使用者提供监视器功能。
- 性能佳。这些从硬件到整个系统都专门为负载均衡优化的设备，其性能都远远超过其他负载均衡手段，往往能够支持百万级的并发，比数万级并发的软件负载均衡高出了几个数量级。而且工作稳定，在绝大多数情况下运行良好。

其缺点也很明显。

- 价格昂贵。也因为如此，笔者建议读者除非有建立超大型网站且对性能和伸缩性要求极高的需求，并且不愁成本，否则不要考虑使用硬件做负载均衡。例如，F5 的 BIG-IP 设备最便宜的是 20 000 美元一台左右，最贵的可高达 200 000 美元一台。这种价格不是一般的网站拥有者可以承受的，而且对于大多数有业务需求的网站而言，其性能上的收益也远远赶不上花费的成本。
- 扩展和维护困难。硬件设备的本质就是如此，使用者可以根据硬件厂商提供的选项进行配置，但除此之外，想要根据自己的需求定制，可谓难上加难。而且这些硬件都由专业人员建造和维护，需要专业知识维护，尽管很多硬件设备厂商都会提供尽可能高效、及时的维护服务，但硬件设备的维护依然不像软件那样自由灵活。

8.4 软件负载均衡：LVS

LVS（Linux Virtual Server，Linux 虚拟服务器），是一个最早由一位叫章文嵩的技术专家发起的开源项目。它基于 Linux 内核，在 IP 层实现了基于内容分发的负载平衡，将一组服务器构建成一台总体的虚拟服务器，所以叫作 Linux 虚拟服务器。

8.4.1 LVS 架构

读者或许常常还会看见另外一种介绍 LVS 的方法，有的地方称其为"四层调度"（L4 Switch）、"四层负载均衡"或者类似的名字。"四层"在这里的意义是什么？其实，这个四层不是代表有四层转发的意思，而是代表 OSI 协议的第四层，即传输层、TCP/IP 协议层。对此不熟悉的读者可以阅读有关计算机网络和 OSI 协议的技术文章，此处不再赘述。总而言之，LVS 在 TCP/IP 层对网络请求进行转发，因此被称为"四层负载均衡"。出于同样的原因，有的地方也称 LVS 为"IP 层负载均衡"。

LVS 架构如图 8.3 所示。

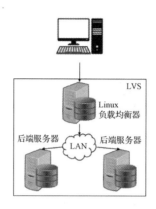

图 8.3 LVS 架构

其中，LAN，即 Local Area Network 的简写，代表当前集群的本地网络。

8.4.2 LVS 的负载均衡方式

在详细介绍 LVS 之前，需要读者了解以下几个概念。

（1）VIP，即 Virtual IP 及其他近义词的简称（有的地方也把该概念叫作 Director Virtual IP、Virtual Server IP 等），中文意思为虚拟 IP 地址，代表的是 Linux 负载均衡器暴露在外、与客户端通信的 IP 地址。

（2）DIP，即 Director IP 的简称，中文意思为调度器 IP 地址，代表的是 Linux 负载均衡器暴露在内、与内部服务器通信的 IP 地址。

（3）RIP，即 Real Server IP 的简称，中文意思为真实服务器或后端服务器 IP 地址，代表的是后端服务器与负载均衡器通信的 IP 地址。

（4）CIP，即 Client IP 的简称，中文意思为客户端 IP 地址，代表的是客户端服务器的 IP 地址。

LVS 大致有三种负载均衡的手段，按照效率由低至高介绍如下。

第一种叫作 Virtual Server via Network Address Translation，中文意思为通过网络地址转换（达到负载均衡目的）的虚拟服务器，一般业内简称 VS/NAT。该手段主要是通过在传输过程中转换请求和响应的网络地址来达到负载均衡的目的。VS/NAT 的执行步骤如下。

（1）负载均衡器或者调度机接收到客户端的请求，此时该请求的源地址是 CIP，目标地址是 VIP，由客户端发往服务器集群，实际接收请求的是调度机。

（2）调度机通过某种算法选定一台后端服务器，然后将目标地址由 VIP 改写为 RIP，源地址依然是 CIP，此时该请求由调度机发往 RIP 所在的后端服务器。

（3）后端服务器处理请求完毕，将响应发回，此时源地址是 RIP，目标地址是 CIP，此时该响应由后端服务器发往调度机。

（4）调度机改写请求，目标地址 CIP 不变，源地址改写为 VIP，再将该响应从调度机发往客户端。

如此一来，就可以看到，Linux 调度机完成了请求和响应的转发，达到了负载均衡的目的，并且向客户端隐藏了响应服务器的真实 IP 地址。

VS/NAT 的优势在于，后端服务器的实现被完全隐藏，这样一来后端服务器就可以使用任意操作系统响应（不必是 Linux），同时，该系统只需要一个公网 IP 地址，因为 RIP 和 DIP 都在私有网络内。劣势则在于，调度机需要转发所有请求和响应，延时增大，并且调度机成了系统的性能瓶颈，它的优劣会影响整个系统的响应能力。

第二种叫作 Virtual Server via IP Tunneling，中文意思为通过 IP 隧道（达到负载均衡目的）的虚拟服务器，业内简称 VS/TUN。该手段在传输过程中将请求通过 IP 隧道转发给后端服务器，但响应由后端服务器直接返回客户端。

它与 VS/NAT 的主要区别在于，VS/NAT 的调度机负责收发，而 VS/TUN 的调度机只负责收。由于大多数情况下网站的响应报文比请求要大很多，所以使用 VS/TUN 的 LVS 集群，请求和响应的吞吐量可以提高 10 倍以上。

VS/TUN 的执行步骤如下。

（1）调度机接收到客户端的请求，该请求的源地址是 CIP，目标地址是 VIP，该请求由客户端发往服务器集群，接收请求的是调度机。

（2）调度机在原有 IP 报文的基础上，再封装一层 IP 报文，该请求的目标地址变成了 RIP。请求由调度机发往后端服务器。

（3）后端服务器接收到请求，解开上一层报文，看到的请求源地址是 CIP，目标地址是 VIP，然后处理请求。

（4）后端服务器处理请求完毕，将响应发回，注意，此处源地址是 VIP，而目标地址则是 CIP。

VS/TUN 的优势在于，这种手段的调度机不必转发响应，节省了步骤，也降低了系统资源的消耗，同时，客户端看到的依然是来自 VIP 的响应。但缺点在于，IP 隧道技术本身需要消耗一部分系统资源，而且后端服务器也必须支持这种 IP 隧道技术才能解开包装的报文。

第三种叫作 Virtual Server via Direct Routing，中文意思为通过直接路由（达到负载均衡目的）的虚拟服务器，业内简称 VS/DR，该手段通过直接改写请求报文中的 MAC 地址，将请求发给后端服务器，与上一种手段相同，响应依然由后端服务器直接返回客户端。

与上一种手段相比,这种手段节省了隧道技术的开销。

VS/DR 的执行步骤如下。

(1)调度机接收到客户端的请求,该请求的源地址是 CIP,目标地址是 VIP,同时目标 MAC 地址是调度机的 MAC 地址。

(2)调度机直接改写当前请求,该请求源地址不变,目标地址也不变,但是将其中的 MAC 地址改写为某一台后端服务器的 MAC 地址。

(3)后端服务器正常处理请求完毕,然后直接将响应返回客户端,不通过调度机。

VS/DR 的优势除了具备 VS/TUN 的优势,还有一条就是节省了隧道技术的开销,性能是这三种手段中最好的。但是它要求调度机和后端服务器由一个网卡连接在同一个物理网段上,对集群的架设有一定的限制。

除了这三种手段,近年来 LVS 还发展出了基于这三种手段的变种,如 FULLNAT 等,此处不再赘述。

8.4.3 LVS 的负载均衡策略

LVS 也有很多与 DNS 负载均衡类似的负载均衡策略和算法,最流行也是从最早版本开始就有的八种策略如下。

- 轮询,或称为轮叫,英文 Round Robin。这种策略平等对待所有后端服务器,不考虑每台服务器运行时的状况,按照客户端发送请求的顺序,将请求轮流分配到后端服务器上。
- 加权轮询,或称为加权轮叫,英文 Weighted Round Robin。这种策略和 DNS 负载均衡中的加权策略一样,按照配置的加权比重,保证开发者希望处理更多请求的服务器能够处理更多请求,并且可以根据后端服务器的负载情况调整权重。
- 最少链接,英文 Least Connections。这种策略优先考虑将请求发往链接数最少的后端服务器,假如每台服务器的处理能力接近且每个请求造成的负载接近,采用最少链接策略可以最大限度保证每台服务器负担最低、处理效率最高。
- 加权最少链接,英文 Weighted Least Connections。这种策略不仅考虑后端服务器的链接数,同时也有权重配置,这种策略一般在每台服务器的处理能力有差异的情况下使用。
- 基于局部性的最少链接,英文 Locality-Based Least Connections。这种策略针对请求的目标 IP 地址找出该目标 IP 地址最近使用的后端服务器,如果该服务器没有超载,则将请求转发给它,否则采用最少链接原则继续选择。

- 带复制的基于局部性的最少链接，英文 Locality-Based Least Connections with Replication，与上一种策略不同的是，上一种策略根据 IP 地址找到一台服务器，而该策略要求调度机维护一个从 IP 地址到一组服务器的映射，防止一台服务器的负载过重。
- 目标地址散列，英文 Destination Hashing，即通过某种算法使用请求的 IP 地址计算出对应的后端服务器并转发请求。这种策略要求散列算法要足够均匀（假如每台服务器的处理能力接近）。
- 源地址散列，英文 Source Hashing，即通过请求的客户端 IP 地址计算出对应的后端服务器并转发请求。同样地，该策略对散列算法有一定的要求。

8.4.4 LVS 的调整升级

在使用 LVS 实现负载均衡之后，调整升级后端服务器的步骤大致如下。

（1）通过升级，系统会在 LVS 的调度机中设置并标记需要从负载均衡中移除的后端服务器。

（2）LVS 调度机会将该服务器从调度策略中移除。例如，轮询系统将从请求顺序表中移除该服务器；基于局部性的最少链接策略则需要将该服务器从 IP 地址的映射表中移除，确保下一次映射中不再包含该后端服务器；而散列策略则需要该服务器被标记为不可用。

（3）对于要移除的后端服务器，我们要让其正常关闭，即首先完成所有还在处理的请求，然后关闭当前系统。

（4）对于需要更新系统的服务器，进行系统更新，对于需要更换硬件的服务器，更换硬件。

（5）将该后端服务器重启。

（6）将该后端服务器重新放回调度机的映射表中。

8.4.5 LVS 的优缺点

LVS 的主要优势在于，它的负载均衡策略是基于第四层也就是 TCP/IP 协议层的，它不像我们接下来要介绍的 Nginx 主要基于第七层，因此能够支持的网站应用范围更广，并且由于 LVS 拥有较久的历史，以及作为开源软件，业内实践经验丰富，其配置也灵活且方便，即使对此不熟悉的读者，如果发现网站需求很适合使用 LVS 负载均衡，也可以很轻松地找到相应资料完成配置。

当然它也存在劣势，由于它不是在第七层，即应用层的，所以不支持应用层，即

HTTP 层的一些特有功能，比如针对域名、目录的分流。并且 LVS 是不支持本地重试的，只能让客户端发起重试，也就是说某请求如果在转发过程中由于某种原因断开了，LVS 只能直接丢弃该请求，等待客户端重试。

8.5　软件负载均衡：Nginx

Nginx 是一个由俄罗斯软件工程师 Igor Sysoev 开发的 Web 服务器，现在也是一个开源软件。

另外，市面上还有一款它的加强版 Nginx Plus，Nginx Plus 是基于 Nginx 开发的功能更强大的收费软件，不过平时一般网站只需要使用 Nginx，而对于有更高需求的网站，开发者也会选择自己开发或者选择一些更成熟的云计算服务。

8.5.1　Nginx 架构

有经验的读者会在许许多多开发项目中发现 Nginx 的身影，因为它有多个身份，可以被当作 HTTP 服务器、反向代理，也可以被当作 IMAP/POP3 代理服务器。此处就讨论一下 Nginx 作为软件负载均衡的用法。

与 LVS 相对的 Nginx 也常常叫作七层负载均衡，因为其处于 OSI 七层协议的顶层——应用层，一般使用 HTTP 协议，因此有时候也叫作 HTTP 网关（Gateway），Gateway 的意思其实就是大门或门口，代表隐藏了内部细节作为请求总出入口的组件，或者有的地方也把它叫作应用层负载均衡，与 LVS 的"IP 层负载均衡"相呼应。

Nginx 和绝大多数应用层负载均衡器的工作原理一样，在收到一个 HTTP 请求之后，通过某种算法确定一台后端服务器，然后把该请求转发给这台服务器，接收该服务器的 HTTP 响应，然后转发给客户端，它的架构如图 8.4 所示。

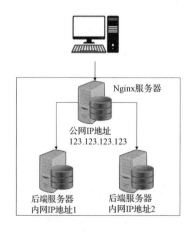

图 8.4　Nginx 架构

8.5.2 Nginx 的工作原理

在介绍 Nginx 的特性之前，让我们先简单看一下 Nginx 的工作原理，这将有助于我们理解 Nginx 的优势。

在 Nginx 出现并流行之前，老一代的 Web 服务器都是基于线程或进程的请求处理，如 Apache。其请求的大致步骤如下。

（1）监听套接字（常见端口如 80、443），等待某个事件触发（通常是新的客户端请求进入）。

（2）接收并创建新的线程或进程，创建新套接字并等待。

（3）执行请求。

（4）创建结果，写入 HTTP 响应。

（5）关闭连接。

在整个过程中，一个线程或进程始终会等待该请求每一步执行的完成，然后进行下一步。

基于线程或进程的服务器模型具有以下问题。

- 内存和 CPU 消耗大。为每个请求创建一个进程或线程，需要创建上下文，也就造成了上下文切换，同时占用了 CPU 时间和内存。
- 阻塞 I/O 和网络操作。没有特殊处理的线程和进程都会阻塞当前网络和 I/O，直到线程或进程的任务执行完毕。

Nginx 采用了一套全新的基于事件驱动的模型，以异步处理、单线程、非阻塞模型处理任务，并成为它的特色和性能优异的基础。Nginx 内部工作流程大致如下。

（1）分配一个进程，Nginx 称之为 "worker"，它等待两类事件，一类事件是监听套接字（Socket），另一类事件是连接套接字。

（2）监听套接字是新的请求，Nginx 接收到事件之后，将它转给内部的处理器（handler），然后将该套接字加入连接套接字。

（3）连接套接字则代表一个请求的下一步，例如，handler 已经生成了数据，根据该事件触发 worker 进行下一步操作。如果需要返回请求并关闭，则关闭。

这样一来，handler 在处理请求的时候，Nginx 就有能力去处理下一个请求。我们可以看到这样的功能与一个理想的负载均衡器极为契合。原因在于：

负载均衡器的主要作用是转发请求，并（在一些架构中）转发响应，既然它的主要任务是转发，那么在理想状态下，它就不应该在转发之后等待后端服务器执行完毕再转发响应，而是应该每有一条请求就直接转发然后等待下一个需要转发的请求，直到上一个请求被执行完毕并通知它时，它再转发响应即可。

例如，办理某证件，理想状况应该是顾客来了之后告诉服务柜台的工作人员要办证件，服务柜台的工作人员记下这个请求，并开始制作证件，接着就接待下一个顾客，等到上一个证件制作完毕通知顾客，而不是让当前顾客一直等着，等到证件制作完毕。这样既节省了双方的时间，又提高了效率。

Nginx 以其异步的特性，完全契合负载均衡器的要求。Nginx 将每个步骤的功能都设计成一个"模块"，允许开发者在 Nginx 的基础上开发自己的功能并作为一个模块插入整体框架中。于是人们就开发了一个叫作 upstream 的模块，它是一个 Nginx 的特殊 handler。与作为普通 Web 服务器的 Nginx 实例相比，我们可以用 upstream 作为一个 handler，这样 Nginx 就不是在本地执行业务逻辑，而是通过 upstream handler 交给一台远程服务器去处理业务了。

upstream 为什么如此得名呢？upstream 的中文意思为"上游"，在讨论网络通信时，假如 A 服务调用 B 服务，那么我们称 A 服务为上游服务（Upstream Service）。

在 Nginx 中这个模块的意思就很明显了，它表示对于 Nginx 而言，这个 handler 仅仅是一个上游，它本身不执行或调用业务逻辑，而是还需要调用一个远程服务或服务器来真正完成当前请求。

8.5.3 Nginx 的负载均衡策略

Nginx 原生支持四种负载均衡策略。

- 轮询。轮询策略之前已经介绍过几次，相信读者应该很容易理解了。只不过 Nginx 将轮询和带权重的轮询看作同一种策略，网站开发者既可以配置权重，使它成为带权重轮询，又可以将权重留空，使用普通轮询，此时流量将被均匀发布到各台后端服务器上。
- 最少链接。与 LVS 相似，Nginx 也提供了基于服务器最少链接算法的负载均衡策略，即优先将请求发送给当前活跃链接数最少的服务器。
- IP 地址散列（IP Hash），又称为源地址散列，这也与 LVS 的源地址散列算法类似，即基于客户端的 IP 地址做一个散列，并且 Nginx 还会保证同样的 IP 地址一定会被散列到同样的服务器上，除非服务器不可用。
- 自定义散列（Generic Hash），除了 IP 地址散列，Nginx 还提供了一种散列手段：自定义散列。开发者可以选择配置一个自定义的散列键，例如，IP 地址+端口的组合，或者请求的 URI 等。Nginx 会确保请求依然被平均发往各台服务器。

除此之外，Nginx Plus 还额外支持以下两种负载均衡器策略。

- 最短延时（Least Time），即服务器会优先将请求发往当前响应延时最短的服务器，或当前活跃链接数最少的服务器。并且 Nginx Plus 还允许用户按照以下三个字段中的一个来决定谁是 Least time。

- ➢ Header：收到第一个字节的时间。
- ➢ Last_byte：收到最后一个字节，即完整响应的时间。
- ➢ Last_byte inflight：收到完整响应的时间，包括不完整的请求。

• 随机（Random）。Nginx Plus 会完全随机地选择一台服务器发送请求。同时，Nginx Plus 还会允许用户添加一个字段，如果该字段被添加，Nginx Plus 会随机选择两台服务器，然后根据以下字段决定这两台服务器中谁优先发送请求。

- ➢ Least_conn：最少链接。
- ➢ Least_time=header：按收到第一个字节决定的最短延时。
- ➢ Least_time=last_byte：按收到最后一个字节决定的最短延时。

8.5.4 Nginx 的错误重试

七层负载均衡一般都支持请求重试。

如果不要求优化，负载均衡器甚至不需要记录哪台后端服务器不可用，而是简单地根据调度算法选择一台服务器，然后将请求发送给该服务器，如果该服务器出现了问题，或者正在升级，负载均衡器只需要再选择一台服务器，然后将该请求转发给这台服务器，直到成功为止。

为了能够重试，当前的这个 HTTP 请求需要被保存下来，根据请求的大小，Nginx 会自动选择保存方式，较大的使用临时文件保存，较小的则直接保存在内存中，等待执行结果返回，如果执行失败，则直接转发给下一台服务器。

8.5.5 Nginx 的调整升级

七层负载均衡系统的服务器调整步骤大致如下。

（1）通过升级，系统首先通知后端服务器正常关闭，即完成当前所有请求，然后根据实际情况进行关闭。

（2）后端服务器标记自身为关闭之后，如果有新的请求依然被转发到该服务器上，只需要直接拒绝即可，拒绝返回的响应必须能够由负载均衡器识别，例如，使用一个特殊响应状态码表示。

（3）对于需要更新系统的服务器，进行系统更新，对于需要更换硬件的服务器，更换硬件。

（4）将该后端服务器重启。

为什么 Nginx 负载均衡器的升级步骤比 LVS 的短呢？因为正如上文所说，LVS 不支持重试，如果出现步骤（2）这样的情况，等于因为系统升级而拒绝了一个用户请求，这种系统行为一般是不推荐的，但这一类负载均衡器支持负载均衡器级别的重试，因此在一台服务器接收请求失败之后，我们可以通过重试将请求转发给另一台没有进行升级的服务器，从而完成请求，对客户端隐藏升级的细节。

8.5.6　Nginx 的主要特点

下面就来总结一下 Nginx 的主要特点。

Nginx 是一款免费的开源软件，尽管其"兄弟" Nginx Plus 是收费的，但 Nginx 本身的功能可以满足绝大多数网站的需求，甚至商用网站的需求。

Nginx 与同类软件相比性能极佳，其事件驱动、非阻塞的原理特点非常适合作为负载均衡器。负载均衡器作为网站请求处理的关键节点，通过使用 Nginx 来减轻负载将是对网站伸缩能力的一个重要提升。

Nginx 支持 HTTP 层面的负载均衡，使得针对域名和目录结构的分流策略也可以被实现。当然，它也支持 TCP/UDP 层面的负载均衡，但在这个层面我们还有其他同样好的甚至更好的选择，此处不再详细介绍。

Nginx 被业内广泛应用且历史悠久，这意味着其具有两个方面的优势。

- 它的稳定性久经考验，开发者可以放心将其作大型业务、关键业务的商业用途。
- 它的配置、问题检测和修复都有大量的教程和实践经验可以参考。

如果没有特殊的技术或业务上的考量，笔者建议读者在应用层使用 Nginx 作为负载均衡器，因为它免费、易用且健壮。

8.5.7　Nginx 配置实战

由于 Nginx 应用广泛且设置简易，读者建立自己的网站之初就使用 Nginx 作为负载均衡器也是一个不错的选择，因而此处笔者就向读者演示一下如何为自己的网站配置一个基于 Nginx 的负载均衡系统，使读者可以快速上手。

注意：以下配置的前提是你已经开发完成后端服务器，并已经有至少两台服务器的域名或者 IP 地址。

下面的例子是基于 Linux 的。

（1）安装 Nginx。很多 Linux 发行版中已经打包发布了 Nginx，如 Ubuntu、Debian 和 CentOS。

如果 Linux 的版本是 Ubuntu 或 Debian，则使用 apt-get 安装，在命令行中输入以下命令：

```
$ sudo apt-get update
$ sudo apt-get install nginx
```

然后使用以下命令验证是否安装成功：

```
$ sudo nginx -v
```

如果看到类似以下的输出结果，则表示安装成功：

```
nginx version: nginx/1.13.8
```

如果 Linux 的版本是 CentOS，则使用 yum 安装，在命令行中输入以下命令：

```
$ sudo yum install epel-release
$ sudo yum update
$ sudo yum install nginx
```

然后使用以下命令验证是否安装成功：

```
$ sudo nginx
$ curl -I 127.0.0.1
```

如果看到类似以下的输出结果，则表示安装成功：

```
HTTP/1.1 200 OK
Server: nginx/1.13.8
```

（2）找到 Nginx 使用的配置文件所在的位置，如果使用的版本是 Ubuntu 和 Debian，则所在位置如下：

```
$ cd /etc/nginx/sites-available/
```

如果使用的版本是 CentOS，则所在位置如下：

```
$ cd /etc/nginx/conf.d/
```

（3）选择一个文件作为 upstream 模块使用的配置文件。你可以选择覆盖默认文件或者创建一个新文件，如果创建新文件，则可以选择使用文本编辑器，如 vim 或 nano 来创建，例如：

```
$ sudo vim /etc/nginx/sites-available/default
```

或者：

```
$ sudo nano /etc/nginx/conf.d/load-balancer.conf
```

（4）添加如下内容至新创建的文件中：

```
01  http {
02      upstream backend {
03          server test1.abc.com;
04          server test2.abc.com;
05          server test3.abc.com;
06      }
07
08      server {
```

```
09        listen 80;
10        location / {
11            proxy_pass http://backend
12        }
13    }
14 }
```

其中，http 表示整个配置文件的根部，upstream 负责负载均衡模块的开始部分。第 3~5 行罗列的网址则是你的后端服务器，即你希望负载均衡请求导向的服务器。

backend 相当于你为你的负载均衡器起的名字，它与第 11 行"http://"后面的内容必须保持一致。

server 则表示 Nginx 本身的配置，它监听 80 端口，并且将所有流量转发给 upstream 所配置的服务器。

（5）清除原有配置。如果不是编辑默认配置，则需要进行如下修改。

在 Ubuntu 和 Debian 中移除默认文件的 symlink：

```
$ sudo rm /etc/nginx/sites/enabled/default
```

在 CentOS 中，把默认配置的名字改成不以.conf 结尾的名字，这样 Nginx 启动的时候就不会加载这个文件：

```
$ sudo mv /etc/nginx/conf.d/default.conf /etc/nginx/conf.d/else
```

（6）重新启动 Nginx，让它可以根据最新的配置进行运作：

```
$ sudo service nginx restart
```

或者：

```
$ sudo systemctl restart nginx
```

到此为止，就用最简单的配置方式完成了 Nginx 的负载均衡！你可以访问这台 Nginx 服务器的公网 IP 地址，它会将请求转发给你所配置的后端服务器。

上文我们介绍了 Nginx 的几种原生负载均衡策略，接下来就进一步看一下如何通过配置使用这几种负载均衡策略。

注意：以下配置基于上文步骤，只是在原有配置文件的基础上进行修改。

首先，我们看轮询的负载均衡策略应该如何修改配置文件。将原有配置文件的第 2~6 行按如下方式修改：

```
02 upstream backend {
03     server test1.abc.com weight=5;
04     server test2.abc.com;
05     server test3.abc.com backup;
06 }
```

其中，我们在第 3 行原域名后面加了一个 weight=5，表示权重为 5，第 4 行没有修改，它将使用默认值 1，我们在第 5 行原域名后面加了一个 backup，表示备用的意思,即这台服务器仅作为备用,除非其他服务器都坏了,否则这台服务器不会接收请求。

修改之后,test1.abc.com、test2.abc.com 和 test3.abc.com 接收到的请求数量的比例正常情况下应该是 5∶1∶0。

其次,我们来看一下最少链接负载均衡策略的配置方式:

```
02 upstream backend {
03   least_conn;
04   server test1.abc.com;
05   server test2.abc.com;
06   server test3.abc.com;
07 }
```

相比原文,我们没有进行其他的修改,只在三台服务器的配置之上加了一行 least_conn,这一行表示负载均衡采用最少链接的策略,Nginx 就会自动使用该策略,不用我们再写其他代码去实现。

再次,我们来看一下 IP 地址散列负载均衡策略的配置方式:

```
02 upstream backend {
03   ip_hash;
04   server test1.abc.com;
05   server test2.abc.com;
06   server test3.abc.com;
07 }
```

与上一种方式相比,就是将 least_conn 改成了 ip_hash,Nginx 就会自动采取 IP 地址散列的方式来做负载均衡。

最后,自定义散列负载均衡策略的配置方式比之前稍微多了一个参数,即散列键。散列键以美元符号$开头,表示变量,修改方式如下:

```
02 upstream backend {
03   hash $request_uri;
04   server test1.abc.com;
05   server test2.abc.com;
06   server test3.abc.com;
07 }
```

hash 表示使用自定义散列负载均衡策略,而后面跟着的就是使用的自定义散列键,在这个例子中,我们使用了 request_uri,即请求的 URI。

如果读者希望对 Nginx 了解更多,可以通过访问其官网进行进一步的学习。

8.6 负载均衡的实践流程

在学习怎么实现网站的负载均衡之前,让我们先回顾一些之前已经讲过的概念,并了解一些新的概念。

8.6.1 回顾流量基本概念

DAU：DAU 是英文 Daily Active User 的简写，即日活跃用户数量，也就是俗称的"日活"，一般用某网站每天登录的用户数量来表示。

QPS：QPS 是英文 Queries Per Second 的简写，即每秒查询率，也就是一秒一台服务器被请求访问的次数，一般用来衡量一台特定服务器能够处理的访问流量。

TPS：TPS 是英文 Transaction Per Second 的缩写，即每秒事务率，也就是一秒一台服务器处理事务的次数。TPS 比 QPS 表示的范围稍微广一些，可以用来代表一台服务器可以处理的几乎所有类型的业务的频率。

IOPS：IOPS 是英文 Input Output Per Second 的缩写，即每秒输入输出率，该指标在衡量网站性能时也有使用但用得不多。

连接数：连接数是指一台服务器在一个特定时间点与其客户端建立起的连接数量，有时特指 HTTP 连接数。该指标非常重要，原因在于，几乎所有市面上的服务器软硬件在各个环节有硬性或软性的连接数量限制，如果一个网站忽视了连接数的瓶颈，即使其处理事务很快，但瞬时连接数达到了最大值，也会造成事务阻塞。就好比某服务店面有 100 个柜台，每个柜台后的工作人员处理事务速度都极快，但是只要有超过 100 个人同时来到该店面，必然会有人无法及时得到服务。

流量：流量是由请求数量与请求大小或响应数量与响应大小决定的，即

每秒输入流量=每秒请求数量×每个请求的平均大小

每秒输出流量=每秒响应数量×每个响应的平均大小

在对以上概念有所了解以后，我们接下来学习负载均衡的实践流程。

8.6.2 实践流程

总的来说，对网站设置负载均衡需要经过两个阶段：第一个阶段，估算流量；第二个阶段，四级导流。

在第一个阶段，网站开发者需要估算网站将来需要承担的流量，在上一节中笔者列举的概念都可以使用，具体使用什么由开发者所要支持的用例及其流量特点和开发者手头所可能选择的技术选项来决定。在一般情况下，若无特殊需求，笔者推荐使用 DAU+连接数，或者 TPS+连接数来进行初步估算，原因有以下几点。

- DAU 和 TPS 能反映请求的频率，可以结合单台服务器的承受力来估算如何设置负载均衡，而连接数则能反映瞬时请求数对服务器造成的性能瓶颈。
- 一般来说请求与响应是一一对应的，而且即使响应大小大于请求大小，大多数

情况下对于开发者可配置的负载均衡器而言也不会造成区别。

现在假如通过商业角度的调查,我们得到某网站未来的 DAU 可能是 1 000 000 个,则平均每秒的用户量约为

$$1\ 000\ 000/24/60/60 \approx 11.6（个）$$

假如每个用户平均在网站上做同一类型的操作 20 次,则 TPS 约为 232TPS。当然也可以通过某些估算直接得到 TPS 约为 232TPS 的结论。

接下来为了得到合理的负载均衡方案,还需要以下几个结果。

- 单台服务器所能处理的最高 TPS。
- 高峰时段网站所能达到的 TPS。
- 高峰时段网站所需要的连接数。

其中,第一条需要通过压力测试得到,具体方法将在最后一章中讨论。而第二条和第三条则需要根据网站业务的经验公式去估算。在此处,笔者提供两个在工作中经常使用的估算公式:

$$高峰时段 TPS \approx 平时最高 TPS \times 3$$

$$所需连接数 \approx 高峰时段 TPS \times 2$$

注意:这只是笔者建议的经验公式,读者可以在对网站未来将要承担的流量毫无概念时试用,一旦有了真实流量,就需要总结出一套适合自己网站的公式。

那么我们可以得到高峰时段 TPS 约为 232×3=696TPS,而所需的连接数最大可能会达到 1392 个。

正如本章所述,从客户端到服务器端,开发者可以使用的负载均衡手段依次为 DNS、硬件、LVS、Nginx。

我们可以简称为四级导流,即四个层次的负载均衡。在实践中,如果不是超大型网站,笔者建议开始时按照 Nginx、LVS、DNS 和硬件的顺序进行架设。其中,硬件仅在网站流量较为确定且网站开发者对稳定性要求极高的情况下采用,否则为了扩展性的考虑,尽量优先使用 LVS。

在架设时,读者需始终记住以上计算出来的两个数字限制:696TPS 和 1392 个连接数,例如,使用 Nginx 并配置了 N 台后端服务器,那么 N 台后端服务器×每台服务器的最高 TPS 数量必须要大于 696,并且 Nginx 代理服务器与后端服务器的最大连接数×N 必须要大于 1392。

除此之外,Nginx 还有一个默认连接最大值的限制为 768,如果开发者不准备对该数字进行手动调整或者不了解调整该数字意味着什么,那么至少需要两台 Nginx 代理服务器才能保证客户端的请求都能被成功处理。

以上就是一个基本的配置负载均衡的操作流程,实际操作中还会有其他的情况需要考虑。此处列举两个方面。

高峰时段 TPS 可能是一个不准确的流量估计。以上直接将高峰时段 TPS 作为负载均衡的目标,但事实上很多时候网站不会达到,从而造成了浪费,这时候可能需要开发者采取某种方式使系统实现自动伸缩或使用一些支持自动伸缩(Auto-scaling)的系统,例如,最新版的 Nginx Plus,可支持自动伸缩。

"异地多活"。对于很多业务关键的大型网站来说,还需要遵守一个原则:保持冗余(异地多活和冗余的概念本书后续还会详细解释)。通俗地说,就是准备多一些服务器预防突发情况。并且,冗余从负载均衡的角度看格外重要。在业内我们一般概括这种思想为"异地多活"。

异地多活是指理想状态下一个网站的服务器应该处于物理上的不同地点,多个数据中心都能提供服务,保持网站活跃。

假设开发者使用 Nginx 作为代理服务器实现负载均衡,并且希望留出冗余,但仅在一台 Nginx 服务器后面放多一些服务器或许是不够的,因为冗余往往是为了防止某个集群或者某个数据中心整体出现问题。显然,如果把多余的服务器放在一个反向代理后面,则不能达到本来的目的。对于 LVS 和硬件而言也同样如此。

因此,如果开发者非常重视网站业务的可用性,并希望减少数据中心和集群级别的灾难性故障对网站的影响,那么在设置负载均衡时就需要额外部署集群或数据中心。一般来说,笔者推荐使用如下公式:

$$需要的服务器数/集群数/数据中心数 = 当前计算所得 \times 1.5$$

即假设开发者架设了 2 个集群,那么应该再增加 1 个集群保障冗余。

第 9 章

异步和非阻塞

当我们刚开始学习编程时所编写的程序，除少数编程语言以外，大多数主流编程语言的程序未经特意编写，都是按部就班地执行任务的，上一步没有执行完成之前，下一步不会开始。

同样地，一个网站在初步建立、完成 P0 需求、实现基础的业务逻辑时，除少数编程语言和框架以外，这些业务逻辑模块也都是按部就班完成任务的。当业务规模变大时，这样的执行模式就会逐渐带来问题，或者反过来说，使用一些其他的任务执行方式，能够提高网站的工作效率。

本章主要涉及的知识点如下。

- 异步和非阻塞及其相关概念。
- 异步和非阻塞的作用及其应用场景。
- 异步和非阻塞的实战演练。
- 异步带来的问题及其解决方案。

9.1 异步及其相关概念

在讨论异步、异步的实现和其他的各种相关问题之前，我们先对一些概念进行辨析。这些概念在本书前文或多或少有一些涉及，但此处从网站设计和实现的角度再进行进一步的解释。

注意：此处的同步和异步、阻塞和非阻塞的概念，会与某些学习过网络编程 I/O 的读者接触过的概念在实际用例中的表现有一些区别。

在一些开发者的理解中，同步和异步、阻塞和非阻塞的概念只存在于 UNIX 网络编程中内核提供的接口调用，而此处的解释可能会与 UNIX 网络编程中的概念有一些区别。在 9.1.2 节中还会详细解释这种区别。

9.1.1 同步和异步

首先我们要辨析的两个概念是"同步"和"异步"。这两个词都不是在汉语原生上下文中出现的，因此仅从字面上看可能会造成一些误解。"同步"或许还比较接近其本意，但"异步"作为一个纯粹的反义词构词，其实并不能很好地反映它的意思。

同步，英文是 synchronous，是指某个调用者调用了某个函数、方法或者模块之后，会要求该函数、方法或者模块执行完毕并给出一个结果，如果没有出现结果，则调用过程不算结束。

从网站的角度看，同步是指客户端调用网站的某个 API 并且期待一个结果，如果该结果没有返回，则此客户端会一直询问或等待结果；或者是指网站内部的模块 A 调用模块 B 并且期待一个结果，如果模块 B 一直在执行，没有返回结果，那么模块 A 会一直等到结果出现为止。

异步，英文是 asynchronous，是指某个调用者调用了某个函数、方法或者模块，然后直接结束调用。当函数执行完毕的时候，被调用者会通过其他的渠道通知调用者调用的结果。

从网站的角度看，异步是指客户端调用了网站的某个 API，然后就直接返回了，无论该 API 有没有返回结果，客户端当场是看不到该结果的，然后网站会以其他形式通知客户端调用的结果；而对于网站内部而言，就是指模块 A 调用模块 B 之后就直接返回了。同样地，模块 B 必须以其他方式通知模块 A 执行的结果。

本书前文在说明 Nginx 的时候已经举过类似的例子，现在我们从同步和异步的角度重温一下这个例子：

假如某个顾客来到一个柜台办理需要数天才能制作完成的证件，同步是指顾客申请办理证件之后一直等到证件制作完毕才离开，或一直询问制作结果直到制作完成，而异步则是指顾客申请办理证件之后就离开了，柜台工作人员会以某种方式通知顾客证件制作完毕，并将制作完毕的证件发给顾客。

9.1.2 阻塞和非阻塞

"阻塞"和"非阻塞"作为两个独立的中文词相比同步和异步更容易理解一些。

阻塞和非阻塞确实与同步和异步经常在同一个上下文中出现，并且它们所表达的内涵很接近，但同步和异步强调的是调用者和被调用者之间的通信方式的区别，而阻塞和非阻塞强调的是调用者在调用过程中的状态不同。

阻塞，英文是 blocking，是指调用者在等待被调用者返回调用结果之前，等待结果的状态。因为其他的任务在结果返回之前都被"阻塞"了，所以这种状态被称为阻塞。

相反地，非阻塞，英文是 non-blocking，是指调用者不用等待被调用者返回结果的状态，此时其他的任务不会因为这个调用结果而被"阻塞"，所以这种状态被称为非阻塞。

一个需要从概念上注意的误区就是，阻塞和非阻塞不代表当前的调用是不是失败或者是不是以某种形式卡住了，而仅仅是指是否等待的这个状态。一个调用虽然只花费 1 毫秒，远远快于其他任务的执行速度，但只要调用者保持等待的时候不处理其他的任务，那么它就是阻塞的。

从理论上看，阻塞和非阻塞与是不是同步或者异步没有关系，与被调用者如何向调用者返回结果没有关系。但既然我们主要讨论的是网站开发，那么就有必要进一步澄清一些概念问题。

结合上一节的解释，我们可以看到同步和非同步、阻塞和非阻塞出现的场景非常类似，只不过是表现在不同层面，并且侧重不同的两组概念。

回到本章最开头的注意点，如果仅看这两组概念，其实这样的解释是有很大争议的，因为从 I/O（如 UNIX 网络编程中的 I/O）的角度看，这两组概念可以自由组合。其中最主要的一个争议点就是：同步是否可以非阻塞？

在 UNIX 网络编程中，这两组概念比笔者在此处定义得更明确。

- 同步是指调用者主动请求结果。
- 异步是指调用者被动知道结果。

阻塞和非阻塞虽然和笔者此处的定义接近，但它们同时还特指线程的状态，即阻塞是指线程被挂起，而非阻塞是指线程不被挂起。

这样一来，同步且非阻塞的情况就出现了：例如，调用者先调用了一个 API，然后不挂起线程，让该线程去处理其他的事情，但是该线程会时不时地通过某种方式查询该 API 是否已经完成任务。这种方式被称作轮询（Polling）。

注意：此处的轮询和第 8 章中的轮询不是一个概念。

第 8 章中的轮询，是指一个对象轮流询问一系列相同或者类似的候选者的过程，而此处的轮询，是指一个对象反复询问另一个对象的过程。

从概念上严格说，这种情况确实是同步且非阻塞的，但是在网站开发中，我们一般可以将其简单地称作异步，或者称作异步且非阻塞。不是因为我们不严谨地混淆概念，而是因为在网站开发的实践中，这种区分的必要性不大，而且可能会造成另外的混淆：例如，当使用 Java 作为业务逻辑语言的时候，除非 Java 使用了一些特殊框架，一般正常执行都是同步且阻塞的。

假如网站的业务逻辑调用了另外一个远程服务的 API，但这个 API 花费时间很长，因此我们使用了 Future，使得该线程可以执行其他任务，并采用了一个循环，不断询问该远程服务调用 API 所要执行的任务是否完成。Future 本身被视作 Java 异步框架中的一部分，并已经被广为接受出现在"异步"的上下文中，但如果现在从概念严格出发称这个过程为同步，其实是会造成不必要的混淆的。

笔者将尽量避免此类概念的反复纠缠，例如，在非阻塞的实现中提到轮询，不会再强调其概念上同步的特性，而是侧重反映这种思想对网站应用效率的提升。

对以上解释不太明白的读者不必紧张，后续笔者还会进行详细阐述。

9.1.3 多线程

当我们讨论同步和异步、阻塞和非阻塞时，往往还会有一个概念插入其中，就是多线程。多线程并不是本书的重点，此处笔者只进行一个简略的介绍和辨析，确保读者不会将多线程与异步的概念相混淆。

多线程的概念很简单，即当前应用使用了多个线程来完成一个或多个任务。那它与同步和异步、阻塞和非阻塞的关系是什么呢？异步或非阻塞是否一定是多线程呢？

一种情况是，一个线程执行了一个任务之后，需要立即执行其他任务，让上一个任务执行结果异步地返回，这时候我们可以选择创建一个线程池，然后在该线程池中创建一个线程去等待执行结果，让当前主线程去执行其他结果，这时候就有多个线程，或者是让上一个任务执行者通过其他手段调用网站应用达到通知的效果。

另一种情况是，主线程需要执行多个任务，而且这些任务没有顺序要求，那么就可以对每个任务创建一个线程，让它们并行执行，这时候任务的执行就是非阻塞的。

我们通过以上分析就可以看出，多线程是异步的一种实现手段，但异步不一定需要多个线程，同时多线程也可以处理其他的工作，从某种程度上达到非阻塞的目的。

最后，从广义的角度看，异步或者非阻塞，其实都存在一个隐含前提，即系统有别的线程、别的远程服务可以依赖，让它们去独立地执行任务。从技术概念上来说，多线程和异步其实完全是两个层次的概念，对于部分初学者而言，可能会出于对线程的工作原理的简单认知而产生困惑：系统没有多个线程，所有的任务都必须在当前线程中完成，系统怎么能做到异步或者非阻塞呢？这种困惑是完全可以理解的。

要实现异步或者非阻塞，都必须要有另一个任务的执行者去独立完成任务，无论它是另外的组件或模块，还是一个远程服务。因此，它不是技术上所说的"多线程"，而是一种广义上的"多个任务执行者"。

9.2 异步和非阻塞的作用

正如前文所说,同步且阻塞的执行逻辑在大多数主流编程语言和框架中很常见,也是未经特意设置时的默认执行方式。那么在什么情况下我们需要将架构改造成异步且非阻塞的呢?改造之后又有什么特殊的优势呢?

9.2.1 异步和非阻塞的应用场景

异步主要适用于满足以下条件的应用系统。
- 系统消息的时效性要求不高,或系统消息可以接受一定时间的延时。

事实上,在绝大多数网站应用和这些应用的大多数用例中,一定时间的延时是可以接受的,只要下游系统接收并处理信息的能力不会太差,系统的整体效能就不会有明显下降。

- 系统对于消息的接收和处理顺序要求不高,或者换一种说法,究其本质,整个系统中的系统时钟没有同步要求。

有的需求对分布式系统中的各个子系统的时钟同步要求极高,例如,金融类应用、高频交易、一些类型的游戏等,如果时间戳出现问题,系统就会紊乱,就可能意味着真金白银的损失和随之而来的现实中的其他问题,这些系统需要跟踪时钟的事件和进程状态,要同步物理时钟,处理全局状态,还要处理系统的时钟漂移等情况,非常复杂,这些系统则不适合大范围采用异步。

除此之外,大多数普通网站应用甚至具有商业需求的网站应用对消息的顺序要求没有那么高,即使有,很多情况也可以通过后端同步完成。

例如,某商用网站想向用户集中展示一个订单的每一步变化,这时候来自订单系统、仓储系统、物流系统的消息顺序可能会出现前后颠倒,经过这些系统和最后显示系统中间的子系统的过程也可能会有不同程度的延时,但总体上是可以接受的,一方面,用户不会因此对订单的有效性产生怀疑;另一方面,客户端可以根据估计的时间完成客户端的重排序。

非阻塞则适用于满足以下条件的应用系统。
- 非阻塞处理事务相比阻塞处理事务更能提升系统性能尤其是吞吐量。这一点可能乍一看有点奇怪,因为非阻塞处理事务仅从业务处理的角度看,理论上一定是比阻塞处理事务要优秀的。

例如,餐馆将前台点餐和后台制作分开,这样用户可连续在前台点单,而不是点一个做一个,结束后才能点下一个。

又如,用户去办事处办理文件,提交申请就离开,等文件审批下来后再取,肯定比一直等在办事处效率要高。

但是这两个例子都对实际情况有隐含的限制：在第一个例子中，餐馆至少需要两个人，专门的前台和专门的后台厨师，以及管理这两组人的机制，并且，前台需要有知道后台厨师菜是否做好的消息渠道，或者后台厨师有能力通知前台。在第二个例子中，办事处同样至少要有通知用户的渠道，或者用户需要有查询办事处是否办妥的渠道。

在系统设计和实现中也一样，非阻塞处理会对系统带来一定的复杂度，无论是从代码的复杂性、实现所花的时间还是从维护需要的资源来看，都或多或少会有所增加，而代码的可读性则有可能下降，这些单独来看可能都是小的取舍，但是如果非阻塞带来的提升不够多，则可能得不偿失。

- 系统的调用者不立即期望事务完成。非阻塞的核心在于，系统被要求办一件事时，它对客户端，即接口的调用者表示"开始办了"，然后让办事本身不阻塞系统运行，再等待下一个客户端的调用。这样做的前提就是客户端并不立即期望事务完成。扩展上文两例，如果用户买完单离开柜台前期望立即拿到食物，或者去办事处办文件就希望当场拿到的话，非阻塞的处理方式就不再适用了。

正如前文所说，异步和非阻塞不完全是一个概念，因此它们的使用场景也不能混为一谈，但同时，也没有必要将它们完完全全割裂开来，看作两个毫不相关的工作模式。它们在很多方面是互相呼应的，例如，一旦一个分布式系统，尤其是一个由多个微服务组成的应用系统，采用非阻塞的方式工作，它的消息传递方式往往就是异步的。

以上叙述对于有经验的读者来说可能是显然的，但对于刚接触这一概念或者设计理念的读者来说可能还是比较抽象的，下面笔者列举几个实例来进行具体说明。

实例一：某电商网站在用户下单后，会向用户发送一个电子邮件确认下单成功。因此，首先需要使用一个微服务或者组件发送该邮件，而为了组织这个邮件的内容，这个微服务又需要向各个拥有这些信息的数据库或其他微服务发送请求来获取信息，包括如下信息。

- 一些表明该邮件来自该网站的基本信息，如网站图标。
- 用户基本信息，包括用户姓名、电子邮箱地址等。
- 产品本身的信息，包括产品名称、描述和图片等。
- 与订单相关的信息，例如，发货地址、付款方式等。
- 其他信息，例如，用户的个性推荐或者一些推广广告等。

这些信息分属不同的系统，并且由不同的方式产生。例如，第一条是一些静态信息，第二条和第三条是保存在用户信息和产品信息数据库或表中的信息，第四条是当前订单的信息，在微服务收集这些信息时，它们可能并不在数据库中，而是随着发送邮件的请求一起被发送到该微服务的，而第五条则是根据一些大数据的计算得到的内容。一般的程序设计语言如果不经过特意编写，依次请求这些信息的话，则所花费的时间是所有请求之和。假如第四条的信息随请求而来，那么依次请求信息所花费的时间如图9.1所示。

图9.1　依次请求信息所花费的时间

一个事务花费1秒左右不算太长，现在的TPS约为

$$1000/950 \approx 1.05（TPS）$$

目前的TPS很显然有很大的提升空间。以上过程假如每个请求本身已经达到平均最快速度，我们依然可以注意到以上执行方式有两个方面的问题。

第一，在等待获取信息1、信息2、信息3和信息5的请求的时候，当前线程无事可做。

第二，信息1、信息2、信息3和信息5之间互相不依赖。例如，我们只需要请求用户ID就可以得到用户的姓名、电子邮箱地址（信息2）和个性推荐（信息5），而不需要根据用户的电子邮箱地址（信息2）去得到个性推荐（信息5）；同样地，我们也不需要从信息3，即产品名称和描述中去获取信息2，即用户姓名和电子邮箱地址。

因此，这样的情景就非常适合将几个连续的阻塞远程调用变成几个并行的调用，使整个过程不完全阻塞，实现过程也不复杂。

例如，假如实现业务逻辑的编程语言使用的是Java，那么开发者可以选择使用多个线程，每个线程负责发送一个请求，或者在主线程中发送请求，然后由Future将剩下的过程转移到一个专门的线程池中，后文还会以Java为例详细解释。这样一来，调用过程如图9.2所示。

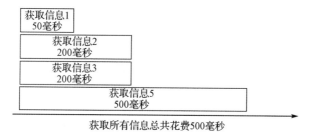

图9.2　分别请求信息所花费的时间

这样长达950毫秒的请求时间就被缩短到了500毫秒，原本只有1左右的TPS被

提升到了 2：

$$1000/500 = 2（TPS）$$

这是将近一倍的系统性能提升，但是我们同时注意到，以上方案需要创建 4 个线程来完成任务，而我们可以进行进一步改进，在保持系统性能不变的情况下，降低资源消耗，如图 9.3 所示。

图 9.3　分别请求信息的另一种方案所花费的时间

通过分析各个请求的延时，我们发现获取信息 1、信息 2 和信息 3 所花费的时间之和仍不会超过获取信息 5 所花费的时间，因此我们只需要创建两个线程来完成以上工作，一个线程负责请求信息 1、信息 2 和信息 3，一个线程负责请求信息 5。这样一来就利用非阻塞的思想在现有条件下达到了最短延时（同时也是最高 TPS）以及最小资源消耗的目的。

实例二：某电商网站与仓储服务和物流系统高度结合并实现了自动化，在仓储中心和物流系统部署了大量机器人，这些机器人负责将货物从仓储服务的对应货架位置上运到物流中心的出发点并自动打上标签。

现在我们希望实现的是拥有这样功能的微服务，在用户下单成功之后，监听下单成功的确认信息，得到该信息后，向仓储服务包装的机器人接口发送请求，在货物进入物流系统之后，更新用户订单状态或者发送通知给用户，告诉用户订单已经在路上。

在这样的情景下，负责通知仓储服务的微服务发出请求后，仓储服务的机器人可能需要花费很长时间（分钟级的时间）找到货物并传递给物流系统。

如果为了完成每个请求，我们都等待仓储服务回复"投送完成"，那么每个请求都需要花费分钟级的时间，系统很快会出现各种瓶颈。

- 服务器包括负载均衡器的最大连接数会很快达到。
- 即使没有连接数的限制，单机的线程数也会达到最大数量。
- 即使线程数没有限制，单机的 CPU 或者内存也是有限的，迟早会被耗尽。

事实上，与上例类似，本实例存在以下资源浪费。

一方面，当一个请求被发往仓储服务之后，当前线程无事可做，仅仅是在等待仓储服务的响应结果；另一方面，当所有线程和服务器连接都被占用之后，尽管内存达到了一个很大的使用值，但其实并没有被充分利用，这些"占用"仅仅是"占用"，当前的微服务并没有在执行业务逻辑，而是用一些无意义的与线程相关的上下文对象挤占了内存。

因此，我们可以将这个同步且阻塞调用转换成异步且非阻塞调用，使得微服务向仓储服务发出请求后，立即结束当前线程，关闭连接，这样可以空出当前服务器接收新的请求，而之前被发往仓储服务的请求在处理完成之后，会由仓储服务通过其他渠道另行通知当前的微服务。

为什么我们不像实例一一样，采用额外的线程池处理等待这些请求呢？因为除同样是要提高系统吞吐量的目的以外，这两个实例有一个重要区别：上一个实例优化的一个重要目的是连续几个阻塞的远程调用花费时间过长，因此我们需要将它们并行发出，减少总体时间；而当前优化的目的是减少线程的占用，所以简单地将主线程未接收到的请求转给线程池去等待并不能完全达到这一目的。当然，我们还有一种综合两种方案的手段，将在下一章具体介绍。

此处，我们注意到将微服务作为仓储服务的客户端的代码会比较简单，因为系统不需要等待和处理响应，但是需要两个额外的条件。

（1）当前微服务需要开通某种渠道，让仓储服务通知自己，例如，创建一个新的 API，该 API 的作用就是让其他的微服务告诉自己，之前发出去的一个调动货物的请求已经完成。

（2）仓储服务需要额外的业务逻辑，在任务完成之后，调用当前微服务的 API，通知微服务货物调动完成。

改造成功后 TPS 将是成倍增长的。假如仓储服务的机器人需要 5 分钟完成任务，而从微服务发送请求至仓储服务本身的延时是 200 毫秒的话，假如微服务的瓶颈是服务器连接数，假如是 100 个，那么改造前该服务最多支持 100 个连接，TPS 只有

$$100/300 \approx 0.33（TPS）$$

而改造后限制我们的只有远程调用本身的延时，1 个连接 1 秒可以处理 5 个请求：

$$1000/200 = 5（个）$$

因此，仅从服务器连接数考虑，该服务单机 TPS 最大达到：

$$5 \times 100 = 500（TPS）$$

当然，在实际情况下，单机应该不能处理这么高的 TPS，因为当我们解决了因阻塞处理而导致的瓶颈之后，下一个瓶颈未必是连接数，可能是 CPU 或者内存，换句话说，在没有到达连接数所决定的最大 500TPS 之前，我们可能会耗尽内存或者 CPU，例如，该服务的单机 TPS 可能在达到 100 的时候，内存使用率就超过了 70%。但无论如何，我们通过异步改造已经大大提升了系统当前服务的性能。

9.2.2 异步和非阻塞的架构

接下来，我们总结一下异步和非阻塞的架构，如图 9.4 所示。

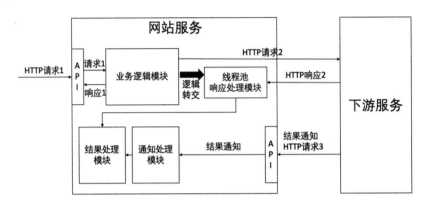

图 9.4 异步和非阻塞的架构

图 9.4 概括了上一节中讨论的两个实例所展示的两种方案。当网站的客户端调用网站的 API 时，出于某些原因：

- 网站的业务逻辑处理需要花费较长时间；
- 客户端不要求立即得到结果。

根据实际情况，我们有两种改造方案。

- 方案一，在接收请求后，原本的业务逻辑模块将剩余的业务逻辑转交给另一个线程池。主线程直接返回客户端一个响应，剩余的业务逻辑将由该线程池中的线程接手处理，该线程池中的线程会调用结果处理模块进行下一步逻辑处理。
- 方案二，在微服务中创建一个新接口，在接收请求后结束当前线程，关闭连接，然后当任务正式执行完成后，完成者会通过该接口通知当前服务，当前服务在处理完该通知之后，调用结果处理模块进行下一步逻辑处理。

下面我们对这两种方案进行一个简略的比较，如表 9.1 所示。

表 9.1 非阻塞两种改造方案对比

	方 案 一	方 案 二
下游服务所需工作	对于下游服务而言，与原先的阻塞调用没有任何区别	下游服务不能将结果通过当前请求的 HTTP 连接返回，而是需要调用另外的接口返回结果
当前服务所需工作	当前服务需要一个额外的线程池进行响应处理	当前服务需要一个额外的 API 来接收响应结果
结果等待方式	同步	异步
线程状态	非阻塞	非阻塞

注意：对下游服务的远程调用不是将一个同步且阻塞的逻辑改造成异步且非阻塞或者非阻塞的必要条件。初始改造的目的完全可能仅仅是网站本地处理业务逻辑时消耗的时间太长，从而需要从同步且阻塞变成非阻塞或异步且非阻塞。

9.2.3 异步的优势

非阻塞的优势很明显，即当前请求的主要处理逻辑不在本系统中时，系统可充分利用这段等待的时间去处理别的事情，对应到生活中很容易理解，此处不再进一步赘述。

下面我们来总结一下异步可以给网站建设带来哪些好处。

（1）通过异步处理事务最大的作用就是提高网站的响应速度。

当前网站组件不再需要用各种方式查询执行结果，而是让执行结果的其他组件负责通知，这样当前网站组件只需要扮演好各个组件的连接者角色，有针对性地对系统吞吐量进行优化。当然正如前文所强调的，要达到这样的目的，双方必须同时配合：当前组件需要提供通知的渠道，而执行任务的组件则需要利用起这个渠道。

（2）异步可以降低某些接口的流量压力，达到技术错峰的目的。

错峰是指在某些情况下，如商品网站进行节日促销时，某些被使用到的组件的接口会在一段时间内被调用很多次，造成一个流量高峰，而错峰则是将这些多次的调用通过某些手段"错开"，从而使得这些接口不在同一段时间内被调用，降低微服务崩溃的可能性，提高总体系统的性能。

错峰可以通过非技术手段，也可以通过非纯技术手段（包括往工作流中添加二次验证步骤等）使得用户的操作被引入原先的一系列业务逻辑的执行中，而用户的人为操作则会将原本挤在一起的流量完全分散。

而将一个同步执行过程变成异步，事实上是将一个组件拆分成两个组件，将一个发往该服务的请求变成多个发往一个或多个组件的请求。因此，原本被一个组件的一个接口接收的流量，现在被多个组件处理，或者从由该组件在同一时间一起处理变成由该组件依次处理，也能很好地达到错峰的目的。

（3）异步可以提高系统解耦的能力。

此处对解耦进行一下简单解释，已经熟悉此概念的读者可以略过：解耦是指让两个互相关联的系统之间不互相直接依赖或借用，这两个相互关联的系统脱离了对方也能独立运作，与别的系统相结合。

例如，2019年9月2日是星期一，是各个中小学开学的日子，但如果我们据此描述开学日就是9月2日，那么开学的日期就与2019年耦合在一起，因为它只能用于保证正确描述 2019 年，其他年份则不能保证，但假如我们描述开学日是 9 月的第一个星期一，那么它既可以正确描述 2019 年，又可以被推广到其他年份。

异步是如何提高系统解耦能力的呢？下面根据 9.2.1 节中的实例二进行分析。

在改造成异步之前，相关微服务的架构如图 9.5 所示。

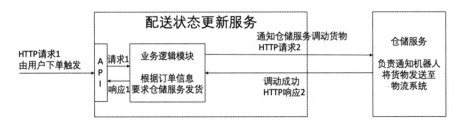

图 9.5　仓储配送服务异步改造前的架构

从图 9.5 可以看出，改造之前，整个系统是耦合在一起的，当前正在开发的微服务与仓储服务的通信过程中，不允许任何其他系统的插足，是一对耗时很长、单次的 HTTP 请求和响应。因此，想要让任何系统与这两个服务中的任何一个结合，都需要重新编写并配置一套逻辑。

改造之后，将实例二代入 9.2.2 节的架构中，如图 9.6 所示。

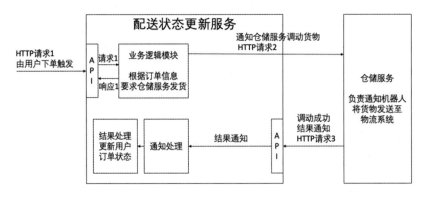

图 9.6　仓储配送服务异步改造后的架构

异步改造完毕之后，发送请求和完成任务的通知分成两个独立的逻辑：负责配送状态更新的服务命令仓储服务使用机器人调动货物和仓储服务通知负责配送状态更新的服务更新配送状态。从技术角度来看，它们已经是两个互不相关的逻辑，因此这两个系统已经解耦。解耦的效果就是别的系统也可以与这两个服务结合。例如，改造之后，我们可以新增以下用例。

本电商网站引入第三方仓储服务或者卖家，允许他们在网站上销售商品，而商品的调动由第三方仓储服务或者卖家完成，并通知配送状态更新，架构如图 9.7 所示。

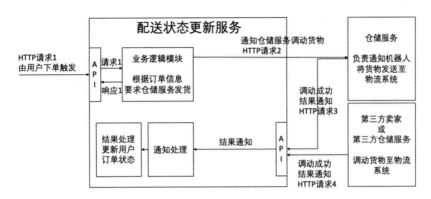

图 9.7 第三方仓储服务整合架构

电商网站在建设了配送状态更新服务之后，不需要做任何改动，只要在引入第三方卖家或仓储服务时，发布这一通知用的 API，第三方卖家或仓储服务就能利用此 API 为用户提供与网站原先同等的配送状态更新服务。

如此一来，可以看到异步改造带来的好处：它解耦了系统，大大地提升了系统的可扩展性，使得由于异步而被拆分的各个子逻辑可以很轻易地与其他外部系统相结合，支持新的用例。

9.3 实战：以 Java 为例

笔者接下来将以 Java 为例，为读者提供一些将一段普通的同步且阻塞的逻辑改造成非阻塞或异步且非阻塞的逻辑的方法。之所以选择 Java，是因为 Java 是在网络应用开发中使用十分广泛的程序设计语言之一，可以帮助初学者迅速上手，应用到平时的学习和工作环境中。

9.3.1 Runnable

在开始编写代码之前，读者先要了解几个概念。事实上，Java 中原生支持的异步和非阻塞写起来一点也不复杂，当我们对这些概念充分了解之后，实际的逻辑其实很短。

首先我们需要了解一个接口：Runnable。Runnable 是 Java 的一个接口，它只有一个方法：

```
public abstract void run();
```

run() 方法没有参数，也没有返回值，非常简单。Runnable 接口的作用是提供给 Java 开发者一个使用线程类的入口，开发者只需要用一个类去实现这个接口和它的方法，并将这个类交给相关的线程类，写在这个方法中的逻辑就将被相关的线程类使用并在定义的时间内执行。

注意：我们经常会看到一些较传统或基础的教材和网络资料中通过比较 Runnable 接口和 Thread 来说明多线程编程的几种手段。需要注意的是，直接扩展 Thread 不是我们在此处需要关注的手段，原因有两点：①我们在此处将使用 Executor 和 ExecutorService（见下文），而它们本身就是线程的包装；②在业内实践中，已经很少直接在 Thread 层面上操作业务逻辑，往往都用 Executor 和 ExecutorService 提供的更方便的线程管理功能。

简单地说：Runnable 接口中的 run() 方法就是将不希望阻塞当前线程的业务逻辑放进去的地方。

9.3.2 Callable

Callable 接口和 Runnable 接口非常相似，我们可以理解为 Callable 接口是 Runnable 接口的功能升级版本。Callable 接口也只有一个方法：

```
V call() throws Exception;
```

其中，V 是在 Callable 接口上声明的泛型。它代表 call() 方法可以返回一个由用户实现该接口时定义的类型。Callable 接口和 Runnable 接口的作用几乎一模一样，此处不再赘述。但与 Runnable 接口相比，Callable 接口多了两个灵活的地方。

- 它允许开发者抛出一个 checked 异常。
- 它允许开发者返回一个自定义的结果类型。

因此，它和 Runnable 接口相比，更适用于用户关心执行结果时的情景。

简单地说：Callable 接口中的 call() 方法就是将不希望阻塞当前线程的业务逻辑放进去的地方，而 V 则是返回结果的通道。

9.3.3 Future

前面两个接口，只是我们在编写异步代码时会接触到的概念，它们也可以在别的情境下独立使用，而 Java 的 Future 接口就与异步和非阻塞密切相关了。事实上，我们可以注意到关于 Future 接口的介绍往往与异步和非阻塞放在一起。

Future 接口代表了一个执行过程的"未来"结果，因此它叫作 Future（"未来"的英文单词）。这个类的实例并不代表这个执行过程已经结束，它只是一条抽象的"线"，牵着那个也许已经执行完、也许还没有执行完的结果，开发者可以根据需要，将它保存在内存中，在必要的时候，要求它执行完并返回结果。

Future 接口有好几个方法，我们在此处需要关注的只有一个，对其他方法感兴趣的读者可以自行查询 JDK 的文档：

```
V get() throws InterruptedException, ExecutionException;
```

其中，V 是在 Future 接口上声明的泛型，它代表 Future 所代表的那个执行过程的执行结果。开发者调用 get()方法时，相当于"催促"这个执行过程执行完毕并返回结果。

以真实生活打个比方：

假如你去一个办事处办理文件，办事处的工作人员表示需要几天文件才能办好，并给了你一个凭证，你可以凭借该凭证来查询状态并领取文件，这个凭证就相当于是 Future 接口。然后当你去办事处使用该凭证领取文件时，就相当于调用了 get()方法。

注意：get()方法是阻塞调用！

继续以上的例子，一旦你使用了凭证去领取文件，你就必须一直等到文件办理完毕才能离去。因此，使用 Future 接口实现异步且非阻塞的逻辑，一定要注意，当你关心结果并调用 get()方法时，它会一直等到结果出现才执行下一步。换言之，如果该执行过程本身耗时很久，那么调用 get()方法有可能需要等待很长时间。

除此之外，我们还会有另一个常见的需求，就是希望为这个 get()方法设置一个时间上限。因为既然我们使用了 Future 接口，那么说明我们有将逻辑变成非阻塞的需求，说明原来的阻塞调用会花费很长时间。需要注意的是，使用 Future 接口并不代表系统在执行了其他逻辑之后，get()方法就能迅速返回执行结果，它依然可能需要等待很长时间。在某些情况下，我们希望等待一定时间，而超出这个时间以后，则抛出异常。

下面是 Future 接口提供的 get()方法：

```
V get(long timeout, TimeUnit unit)
      throws InterruptedException, ExecutionException, TimeoutException;
```

timeout 和 unit 是我们可以定义的超时时间。如果在该时间内执行完毕，则返回结果；如果没有，则会抛出 TimeoutException 异常。

用上面所举的生活例子说明，就是我们使用该凭证前往该办事处，并告诉他们，我们只能等待一上午，如果一上午都没有办理出该文件，则说明办理过程出现问题。

最后，Future 接口还有一个简单的方法可以帮助我们检查执行过程是否完成：

```
boolean isDone();
```

调用 isDone()方法将得到执行过程是否完成的信息，如果返回 true，则表明执行完成，结果可以直接使用；如果返回 false，则说明执行尚未完成，然后调用 get()方法等待直到结果完成或超时。

简单地说：Future 接口代表了可以获得异步执行过程的结果的渠道，而 Future 接口的 get()方法则是获得结果本身。

9.3.4　Executor 和 ExecutorService

Executor 接口和 ExecutorService 接口就是我们平时所说的线程池，从 JDK 1.5 版本开始支持。它们封装了一系列针对线程的操作，让开发者不用关心线程级别的操作，专心于编写业务逻辑。

它们是 Java 线程池类共同实现的接口，提供了线程执行任务和终止线程的几个基本方法。

Executor 接口只提供了一个方法：

```
void execute(Runnable command);
```

读者可能注意到了，我们刚刚学到的东西就用上了：这个 execute()方法接收的参数是一个 Runnable，没有返回值。该方法的实现流程是开发者通过实现一个 Runnable，定义了一个希望线程池去执行的任务，然后将该任务交给线程池，让线程池以其定义的方式去执行。execute()方法执行任务的时间是不确定的：在开发者调用 execute()方法之后的某个时间点。

显而易见，Executor 接口尽管简洁，但缺少了很多我们需要的功能，例如，终止线程、了解任务是否完成、获取任务执行结果、强制任务立即执行并完成等。因此就有了 ExecutorService 接口，它是 Executor 接口的一个扩展接口。

此处我们需要关注的 ExecutorService 接口的方法如下：

```
<T> Future<T> submit(Callable<T> task);
```

其中，T 是声明在该方法上的泛型，它代表 Callable 返回的结果类型。submit()方法接收一个 Callable 作为它要执行的任务定义，并返回一个 Future。与 execute()方法类似，submit()方法也会在未来的某个时间点执行给定的任务，但任务的执行不一定在调用 submit()方法的当时就开始。submit()方法返回一个 Future，代表这个任务的执行状态，并可以用来继续跟踪执行状态以及获取执行结果。

9.3.5　改造同步且阻塞的 Java 代码

有了以上的铺垫，接下来就可以对同步且阻塞的逻辑进行改造了。

注意：以下代码都可以在 Java 7 以上环境中直接运行，只需要进行极少量的包声明（如果读者创建了自己的包）。

我们先看如下的 BusinessLogicClass 类：

```
01 public class BusinessLogicClass {
02     public void doSomething() {
03         try {
04             Thread.sleep(5000);
05             System.out.println("Execute complete!");
```

```
06        } catch (final InterruptedException e) {
07            System.out.println("Something went wrong.");
08        }
09    }
10 }
```

BusinessLogicClass 类的 doSomething()方法做的事情很简单：等待 5 秒，打印出如下内容：

```
Execute complete!
```

之所以要等待 5 秒，是为了模拟实际应用情况中耗时很长、需要将其变成非阻塞的操作。

调用 BusinessLogicClass 类的代码如下：

```
01 public class Test {
02     public static void main(String[] args) {
03         final BusinessLogicClass businessLogicClass = new BusinessLogicClass();
04         businessLogicClass.doSomething();
05         System.out.println("Let's do another thing after doSomething.");
06     }
07 }
```

在没有改造之前，我们运行 Test 类的 main()方法，它会等待 5 秒，然后依次打印出如下内容：

```
Execute complete!
Let's do another thing after doSomething.
```

该过程依次模拟了两件事。

（1）一个耗时很长的操作，例如，一个远程调用（等待 5 秒，打印出 "Execute complete!"）。

（2）在那之后，main()方法还需要做其他的事情（打印出 "Let's do another thing after doSomething."）。

我们需要解决的问题就是让第一步不阻塞第二步，步骤如下。

（1）将第一步的逻辑包装在一个实现了 Runnable 或者 Callable 接口的类中，如果不需要结果（如当前例子），则使用 Runnable，否则使用 Callable。

（2）创建一个 ExecutorService 接口，我们可以使用 Java 提供的 Executors 工具类创建。这个 ExecutorService 接口需要封装在 BusinessLogicClass 类中，以保证 BusinessLogicClass 类的调用者逻辑不受影响。

（3）将 Runnable 或者 Callable 的实现类传至 ExecutorService 接口的 execute()或 submit()方法。

首先将远程调用的逻辑包装在一个 Runnable 的实现中：

```
01 public class RunnableImpl implements Runnable {
```

```
02      @Override
03      public void run() {
04          try {
05              Thread.sleep(5000);
06              System.out.println("Execute complete!");
07          } catch (final InterruptedException e) {
08              System.out.println("Something went wrong.");
09          }
10      }
11  }
```

然后创建一个 ExecutorService 接口，并将其封装在 BusinessLogicClass 类中：

```
01  import java.util.concurrent.ExecutorService;
02  import java.util.concurrent.Executors;
03
04  public class BusinessLogicClass {
05      private ExecutorService executorService = Executors.newFixedThreadPool(1);
06
07      public void doSomething() {
08          final RunnableImpl runnable = new RunnableImpl();
09          this.executorService.execute(runnable);
10      }
11  }
```

这样就将一个阻塞的调用改造成一个非阻塞的调用了。现在再执行 Test 类中的 main()方法，就会先打印出如下内容：

```
Let's do another thing after doSomething.
```

然后间隔 5 秒，打印出如下内容：

```
Execute complete!
```

某些读者可能会有如下疑问：改造的目的是不让执行阻塞，让当前线程快速结束，而在 IDE 中试运行以上代码之后，似乎当前程序打印完两行内容之后并没有像原来一样结束？

这不是因为代码本身出了问题，是因为 ExecutorService 接口是以固定数量创建线程的线程池，它不会在执行之后被销毁，只要该线程池中仍有活跃线程，程序就不会结束。在实际网站建设中，这一般不是我们需要担忧的问题，如果需要，我们可以随时随地销毁该线程池。

注意：以上改造适用于我们不关心执行结果，或者如 9.2.1 节中实例二一般，结果将从另一个不相干的 API 中传递进来的场景。

下面我们利用 Future 接口和 Callable 接口来实现 9.2.1 节中实例一的用例，即在执行完一个任务之后，再从线程池中获取该结果。假如我们现在要执行如下任务：

```
01  public class BusinessLogicClass {
02      public int add(final int a, final int b) {
```

```
03      try {
04          Thread.sleep(5000);
05          System.out.println("Execute complete!");
06          return a + b;
07      } catch (final InterruptedException e) {
08          return -1;
09      }
10  }
11 }
```

然后可以用 Callable 接口来包装这个逻辑:

```
01 import java.util.concurrent.Callable;
02
03 public class CallableImpl implements Callable<Integer> {
04     private int a, b;
05
06     public CallableImpl(final int a, final int b) {
07         this.a = a;
08         this.b = b;
09     }
10
11     @Override
12     public Integer call() throws Exception {
13         try {
14             Thread.sleep(5000);
15             System.out.println("Execute complete!");
16             return a + b;
17         } catch (final InterruptedException e) {
18             return -1;
19         }
20     }
21 }
```

调用的不是 execute()方法,而是 submit()方法,并返回一个泛型参数为整型 (Integer)的 Future,因为 add()方法返回的结果是 Integer (int):

```
01 import java.util.concurrent.ExecutorService;
02 import java.util.concurrent.Executors;
03 import java.util.concurrent.Future;
04
05 public class BusinessLogicClass {
06     ExecutorService executorService = Executors.newFixedThreadPool(1);
07
08     public Future<Integer> add(final int a, final int b) {
09         final CallableImpl callable = new CallableImpl(a, b);
10         return this.executorService.submit(callable);
11     }
12 }
```

Test 类将被改造成接收一个 Future,然后可以检查其状态。我们此处编写以下逻辑：先调用 BusinessLogicClass 类的 add()方法，照常执行，然后可以利用 Future 接口的 isDone()方法检查一下是否已经完成任务（这一步不是必需的），由于这一段 Java 代码的执行速度在绝大多数机器上会比我们设置的 5 秒等待要快，因此第一次调用 isDone()方法一定会返回 false，接下来调用 get()方法阻塞等待，这时候我们会得到两数相加的结果，再次调用 isDone()方法，这时候就会返回 true，表明结果已经执行完成。

```
01  import java.util.concurrent.ExecutionException;
02  import java.util.concurrent.Future;
03
04  public class Test {
05      public static void main(String[] args) {
06          final BusinessLogicClass businessLogicClass = new BusinessLogicClass();
07          final Future<Integer> result = businessLogicClass.add(1, 2);
08          System.out.println("Let's do another thing after doSomething.");
09          System.out.println(result.isDone());
10          try {
11              System.out.println(result.get());
12          } catch (final InterruptedException | ExecutionException e) {
13              System.out.println("Something went wrong.");
14          }
15          System.out.println(result.isDone());
16      }
17  }
```

最后我们运行 Test 类的 main()方法，首先会打印出以下两行内容，一行来自 main()方法，一行则是 Future 接口的 isDone()方法返回的结果：

```
Let's do another thing after doSomething.
false
```

5 秒之后，会再打印出以下三行字，第一行是 Callable 接口中的业务逻辑打印的内容，第二行是来自 Future 接口的 get()方法返回的结果，第三行则是 isDone()方法返回的结果，当时 Future 接口已经执行完成：

```
Execute complete!
3
true
```

9.4 异步和非阻塞带来的问题

异步和非阻塞这么方便，为什么不把所有能改造成异步且非阻塞的架构都改造成异步且非阻塞呢？会带来哪些问题？除了代码实现起来更麻烦，以及理解上更不直观，它还会带来如下问题。

9.4.1 API 定义

如果我们在发布业务或产品之前就已经将同步且阻塞逻辑改造为非阻塞和异步且非阻塞,或者代码诞生之初就已经是异步且非阻塞,那么这一节将不是问题。否则在改造之前,我们首先要注意的问题是 API 的定义会发生改变。

这与其说是一个纯技术或者代码问题,不如说是一个工程问题。假如改造的组件是一个有对外 API 的组件,它原先的定义或者原先客户端对其的期望是调用 API 之后:

- 该组件就会立即开始执行任务;
- 返回结果时,表明任务已经执行完成。

而且这一 API 的行为(API Behavior)往往也在文档中表明得很清楚。有的读者可能会说,如果文档中没有说清楚,是不是就没有这一问题了?

答案是并不是。在软件工程领域有一个实践定律:隐式接口定律(Hyrum's Law)。当用户数量达到一定规模时,合同中的承诺变得不再重要,系统的所有可观察行为都取决于其他人。

换句话说,当用户数量达到一定规模时,系统所有实际表现出来的特性,无论是在文档中写了的还是没写的,甚至是漏洞、问题、局限、瓶颈,都将可能成为系统用户依赖的一部分。

因此,无论如何,将一个原先是同步且阻塞的业务逻辑的 API 改造成异步且非阻塞,有很大可能性会破坏该 API 调用者的业务逻辑。

最常见的解决方案很简单:创建一个新的异步且非阻塞的 API,并保留原先的同步且阻塞的 API 和逻辑。

事实上,对市场上的流行类库或者开源框架有一定使用经验的读者会注意到,很多类库都有相同功能的同步和异步两组 API,这也是一种常见的工程模式。

但是,有的时候我们进行改造是为了改善网站性能瓶颈,因此在这种情况下,服务器端开发者需要强制要求客户端迁移,因为不强制的时候人们往往选择安于现状。在迁移时,需要与客户端沟通清楚,API 的行为已经发生了改变。

9.4.2 线程池的扩容

在以上改造过程中,尽管将当前线程的任务改成了非阻塞,但是,是通过转交任务给一个线程池来完成的,因此线程池本身的扩容依然是一个问题,或者说是一系列问题。下面笔者将按照分析顺序一个一个进行解释。

异步非阻塞的改造只是解决了系统 I/O 的瓶颈,并不会变戏法般地使系统处理这些流量的速度变成非阻塞时的处理速度,也不会使这些流量凭空消失。

在业内实践中，线程池的创建方式一般类似于 9.3.5 节，以固定数量创建并根据需要将任务分派给这些线程，而不是随用随建，因为这样做资源消耗会很大。因此，随之而来的就是两个与扩容有关的问题：

- 这些线程是否会大量闲置？如果不会，是否会有所有线程都被占用而系统仍有新任务需要分派的情况？
- 单机性能是否能够承受线程池中的所有线程？

改造之前，这不是问题，因为很多框架是随请求创建线程并跟随始终，或有类似的机制。改造之后，线程池不会使扩容问题变得更大，或者消耗更多，但是会变得不如原先那样直观。原先当我们要确保系统性能不受流量变化影响时，只需要适时监控单机数据指标，如 CPU 和内存，然后在必要时，添加新的服务器，但要确保这些异步的线程池与系统相得益彰，需要在依然监控单机性能的前提下，额外确保上面的问题。

我们可以通过一些计算来估计最佳线程数，但是更好的办法是使用压力测试（或称为负载测试）直接在实际环境中测试单机最适合的最大线程数。关于压力测试，我们在后续还会详述，此处暂时跳过。假如我们通过压力测试找到了最佳数字，如 50，即每台服务器的线程池会设置 50 个线程，我们又将面临新的问题：如何根据实际情况更新这些线程数量？

一个简单但效率不够高的方法就是按照 9.3.5 节设置，直接在代码中放入配置的数字，这不需要额外的代码，但是一个最大的问题在于，每次需要调整数字的时候，都需要修改代码，然后进行一次部署。当网站业务规模很小时，一次部署可能不算什么，但当网站用户很多、业务规模很大的时候，每次部署都意味着未知风险，而我们不想每次都因为这样的修改而承担一次风险。

因此，最佳方法是将这一类数字当作配置。在商业应用中，生产环境的配置最好是放在外部的独立存储环境中，并用一个组件封装起来。使用外部存储配置的线程池架构如图 9.8 所示。

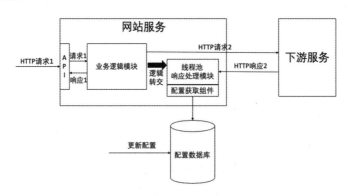

图 9.8　使用外部存储配置的线程池架构

该组件由两部分组成：一部分是外部存储数据库；另一部分是应用中的封装组件。一方面，外部存储数据库接收更新的配置，另一方面，组件会从该数据库中定期获取最新配置。该组件需要满足如下条件。

- 在可以接受的时间范围内定期接收更新。配置更新不必是即时的，但是必须是在现实的时间范围内，如 10 分钟、30 分钟等。
- 不应该额外消耗过多资源，且不应该影响主线程的工作。换句话说，当该组件出现问题，或者正在获取最新配置时，不应该让业务逻辑速度变慢或出现错误。
- 封装层在外部存储出现问题时，应有能力返回一个默认值或最近缓存的值。例如，本来存储的线程数量值是 50，然后我们更新配置为 60，出于某些原因数据库无法存储最新值，或者出现读取错误，这时候组件不应该崩溃，而是依然使用 50 作为当前值，直到它能确定获取 60 为止。

第 10 章

队　列

网站应用的组件之间不只有简单的请求——响应通信方式。还有一种自通信技术发展以来就存在的技术和设计理念——队列（Queue），从其诞生之初就一直被广泛应用于服务开发的各个领域并且经久不衰。随着时间的推移，它本身存在的一些缺陷也由新产生的设计和技术解决方案逐渐弥补或解决，变得更加实用和不可或缺。它与上一章中讨论的异步也有密切的关系。

本章主要涉及的知识点如下。

- 队列及其相关概念。
- 队列与网站的整合方式。
- 队列的应用场景。
- 队列的原理，以及存在的问题和解决办法。
- 常见的队列产品和系统。

10.1　队列及其相关概念

在深入介绍队列的实现原理及应用之前，笔者先介绍队列及几个相关事物的概念。

10.1.1　队列

相信有数据结构知识基础的读者应该都学习过队列的概念。

在数据结构中，队列是一种"先进先出"的数据结构。队列，即一系列有顺序的数据，只允许在其中一端加入数据，而只允许从另一端取数据，每取一次数据，队列中的数据就好像往取的一端"移动"一般，就好像我们平时排队的队列，因此，先进入队列的数据一定先出来，简称"先进先出"，如图 10.1 所示。

图 10.1　队列数据结构示意

队列作为一种数据结构，在编码尤其是算法中应用非常广泛，例如，图的广度优先搜索（BFS），实现类似于十字路口、停车场、贪吃蛇之类的结构等。但队列其实是一种抽象概念，它不仅可以应用于微观的数据结构或算法中，也可以作为一种系统设计的结构理念，应用于大型系统的搭建中。

有时候队列也叫作消息队列（Message Queue）。有的技术书籍和资料中会将队列分成几种类型，消息队列是其中的一种，其他种类还包括请求队列等，但实际上它们是一类系统，无论队列中的数据是消息、请求还是任务，并不改变队列的本质，也不改变其他系统与队列的整合方式以及整合后产生的特性。

请求队列或者消息队列的数据结构与图 10.1 相同，其中的数据可以是任何类型的数据，进行出入队列操作的组件都是微服务。

10.1.2　生产/消费、发布/订阅与主题

队列本身不难理解，尤其对于对数据结构有一定了解的读者而言。但是队列在网络服务的应用中，还有几个概念需要介绍。它们往往与队列一起出现，分别是生产/消费、生产者/消费者、发布/订阅和发布者/订阅者四组概念。

生产/消费模式是设计队列的一种形式，也是最早出现的一种形式。

生产（Produce）是指往队列中发送消息，即入队列操作。相应地，消费（Consume）是指从队列中获取消息并删除的动作，即出队列操作，如图 10.2 所示。

图 10.2　生产/消费模式

相应地，完成这两个动作的组件，分别是生产者（Producer）和消费者（Consumer）。

注意：从概念的角度看，生产/消费模式中一个非常重要的点在于，消费者在接收队列中的消息之后，会执行删除动作。牢记这一概念，有助于读者理解下文的概念辨析。

这种模式下，假如一个队列有两个消费者，一个显而易见的问题就在于，一个消

息一旦被一个消费者获取了，另一个消费者就不可能再看到了，除非同样的消息被再次放回同一个队列。而且就算放回这个队列，在没有经过其他配置的情况下，也依然不能保证另一个消费者接收到该消息。

因此，为了解决这个问题，在生产/消费模式下，如果要保证每个消息都能被所有消费者接收，一个生产者必须复制多份消息，对应多个队列，每多一个消费者，则增加一个队列，在运行时多复制一份消息副本，如图 10.3 所示。

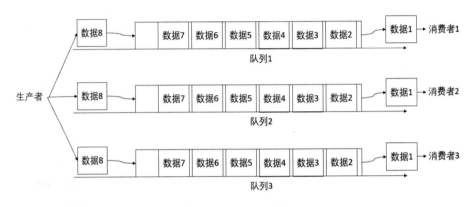

图 10.3　多个消费者的生产/消费模式

显然这种方式并不经济，为了保证每个消息都能被所有消费者接收，每有一个消费者，就需要增加一个队列，并且在发送时由生产者复制一份消息。同时，我们下文会介绍到队列的应用场景，其中之一就是我们需要解耦消息的发送者与接收者，而在这种情况下，发送者知道有多少接收者，甚至一定程度上知道它们都是谁，这就无法达到解耦的目的。因此，另一种模式应运而生：发布/订阅模式。

在发布/订阅模式中，发布（Publish）是指发送消息，而订阅（Subscribe）是指对消息感兴趣并接收消息，发布的组件称作发布者（Publisher），订阅的组件称作订阅者（Subscriber）。而这时候，严格来说，保存消息的组件不再称作队列，而称作主题（Topic）。

主题在逻辑上依然是一个"先进先出"的结构，只是当接收者接收消息之后，不会删除消息，或者说不会立即删除消息。主题与发布者/订阅者的关系如图 10.4 所示。

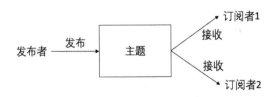

图 10.4　主题与发布者/订阅者的关系

生产/消费模式和发布/订阅模式在很多场合常常被并列提起，因为它们非常类似。对于消息的接收者而言，即生产/消费模式中的消费者和发布/订阅模式中的订阅者，其实二者没有区别，对于消息的发送者而言，当生产/消费模式中的消费者有多于一个时，生产者需要发送多次消息，因此，我们可以看到，关键区别在于：一个数据能否被多次接收？如果可以，就是发布/订阅模式，如果不可以，就是生产/消费模式，二者并没有根本的区别。

因此，在必要的时候，我们可以区分这两种模式，但在一般情况下，读者需要记住，这两种模式并没有本质的区别，不必过度纠结概念。事实上，很多业内流行的类库要么在概念上不进行严格区分，要么主要使用发布/订阅模式，因为它兼容生产/消费模式。

同时，出于习惯，我们一般称队列中的数据为"消息"。当然，有的技术资料上会说，只有"消息队列"中的数据才是"消息"，但正如我们前文所说，无论是消息队列、事务队列，还是其他类型的队列，它们没有本质的区别。区别在于它们处理的数据类型和解决的需求。因此，为了统一起见，本章下文都称队列中的数据为"消息"。

10.2　队列与网站的整合

队列的设计思想特征鲜明，工作方式也非常独特。那么它是如何通过架构设计被整合到网站搭建中的呢？笔者下面通过发布者和订阅者两个角度进行介绍。

10.2.1　发布者

队列与网站是如何整合的呢？队列与其他网站组件并无本质上的不同，它也是一个由业务逻辑层和数据访问层组成的应用，它可能是传统的类库，也可能是云服务。

对于消息的发布者而言，无论是传统类库还是云服务，队列都和普通组件没有任何区别，发布者只需要调用某个 API 来发布消息即可，如图 10.5 所示。

图 10.5　发布者与队列的整合

如果队列是传统类库，那么这个调用就是在本地调用了该类库的某个 API；如果队列是云服务，那么这个调用就是往该队列服务发送了一个 HTTP POST 请求。总的来说，从发布者的角度来看，队列与其他网站组件相比没有任何特殊之处。

10.2.2 订阅者

对于消息的订阅者而言,队列有不少细节需要读者了解和注意。接下来本节要讨论的所有问题,本质上都源于计算机的工作方式与人脑的不同。

例如,人可以完成如下工作:监视消息队列,当消息队列中有消息时,发出通知。

但是对于计算机而言,却有一个小小的问题:"当消息队列中有消息时"这句描述是模糊的。人可以持续监视一个消息队列,但是计算机需要连续不间断地进行如下操作:

- 检查一次消息队列,有消息吗?如果没有,等待 N 毫秒后重新检查。
- 检查一次消息队列,有消息吗?如果没有,等待 N 毫秒后重新检查。

……

计算机并没有"持续监视"这种功能,它只能通过一次次地检查来确认队列中是否有消息。以上操作并不是不可以,但是存在如下问题。

- N 毫秒的间隔有多大合适呢?设置过大,是否会造成队列中的消息积压过多?并且,如果我们希望所有消息的处理都是实时的(在保证 TPS 达到合理上限的情况下),那么无论设置多少的间隔是不是都不合适呢?
- 如果完全不设置间隔,而是接连不断地检查,即发现没有消息之后立即发起一个新调用或请求检查消息是不是就可以了呢?这样是否会对队列造成不必要的压力?即使队列系统非常健壮,假如在一段时间内队列完全闲置,没有收到新消息,不断查询是不是也是一种资源浪费呢?

由此可见,简单粗暴地不断询问不是一定不行,但是存在很大问题。为了解决以上问题,两种解决方案就应运而生了。我们一般将它们概括为推送模式或推送模型(Push Model)和拉取/轮询模式或拉取/轮询模型(Pull/Poll Model)。

10.2.3 订阅者:推送模式

推送模式是指在通信过程中,有消息的一方将消息主动传递给关注消息的一方的通信模式。在队列中是指队列将接收到的消息主动推送给订阅者。

在以 HTTP 协议进行通信的服务器端和客户端之间,服务器端是永远不能主动联系客户端的,只能由客户端主动向服务器端发起请求并得到所要的响应。因此,推送模式从技术角度讲,在两个互相独立的微服务之间是不能实现的。

但如果开发者使用的队列不是云服务,那么某些类库就可以使用推送模式。例如,RabbitMQ 在队列和客户端之间建立的就是一个 TCP 长连接,每次队列中有新的消息时,队列就会主动将消息推送给客户端,不需要客户端再次发起连接,每个客户端建立了订阅之后，就可以建立起一个专属连接，工作方式如图 10.6 所示。

图 10.6　队列主动推送消息给订阅者

在实现上，这些类库一般会通过定义一个回调函数（Callback）接口，让开发者实现该接口，然后将该实现传递给接收消息的调用来完成消息的推送。例如，RabbitMQ 订阅和接收消息的实现如下：

```
01 import com.rabbitmq.client.Channel;
02 import com.rabbitmq.client.Connection;
03 import com.rabbitmq.client.ConnectionFactory;
04 import com.rabbitmq.client.DeliverCallback;
05
06 public class Consumer {
07
08   private final static String QUEUE_NAME = "test";
09
10   public static void main(String[] argv) throws Exception {
11     ConnectionFactory factory = new ConnectionFactory();
12     factory.setHost("localhost");
13     Connection connection = factory.newConnection();
14     Channel channel = connection.createChannel();
15
16     channel.queueDeclare(QUEUE_NAME, false, false, false, null);
17     System.out.println(" [*] Waiting for messages. To exit press CTRL+C");
18
19     DeliverCallback deliverCallback = (consumerTag, delivery) -> {
20         String message = new String(delivery.getBody(), "UTF-8");
21         System.out.println(" [x] Received '" + message + "'");
22     };
23     channel.basicConsume(QUEUE_NAME, true, deliverCallback, consumerTag -> { });
24   }
25 }
```

其中，第 11～17 行，客户端建立了与 RabbitMQ 的连接。而第 19～22 行，实现了 RabbitMQ 所定义的回调函数 DeliverCallback()，并在第 20 行读取了消息 delivery 的消息体。

推送模式在当前微服务与队列有超过两个独立微服务之间的紧密关系时，效率比较高且比较节省资源。但有的情况下，例如，开发者使用的队列是云服务时，这种模式就不太现实了，于是就要使用我们接下来介绍的拉取/轮询模式。

10.2.4 订阅者：拉取/轮询模式

与推送模式恰好相反，拉取/轮询模式是指在通信过程中，消息的接收方主动向消息的提供者询问并获取消息的模式。其中，英文 Pull 与 Push 是一对反义词，而 Poll 我们在前几章中介绍过，它是轮询的意思，指的是一方向另一方循环询问的过程，两个词都可以用来表示拉取/轮询模式，前者侧重于与推送相反的意思，而后者侧重于询问方需要反复询问的过程。

拉取/轮询模式需要一个持续运行的线程池，其中的线程一直发出获取消息的请求，因为服务器端框架本身不会自动为队列消息像对发往该服务器的请求那样创建线程，如图 10.7 所示。

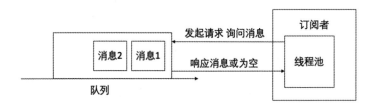

图 10.7 拉取/轮询模式的线程池

同上一章讨论线程池时所涉及的方面一样，拉取/轮询模式的线程池同样要解决以下三个问题。

- 这些线程是否会大量闲置？如果不会，是否会有所有线程都被占用而系统仍有新消息需要获取的情况？
- 单机性能是否能够承受线程池中的所有线程？
- 如何根据实际情况更新这些线程数量？

同样的问题我们已经在 9.4.2 节中仔细分析过，此处不再赘述。希望读者能够在此处灵活运用 9.4.2 中的解决方案。

拉取/轮询模式在队列处于云服务上时是唯一获取消息的手段，因为使用队列的服务和队列服务是两个独立的服务，通过 HTTP 协议进行通信。这种手段和我们在 10.2.2 节对计算机获取消息的举例中提到的方法有什么不同呢？答案是在没有经过特殊设置的情况下，拉取/轮询模式就是 10.2.2 节中的执行步骤。但是，在实际生产实践中，服务器端往往会对这个 HTTP 请求进行特殊处理。

普通的 HTTP 请求在到达服务器之后，服务器处理完就会返回，队列的云服务用于检查客户端请求的队列是否有消息，如果没有，则通过响应告知客户端没有消息。但作为一种优化，队列的云服务对该请求暂时不返回响应，直到超过某个开发者设置的时间（例如 5 秒、10 秒，任何秒级的时间对于一般只耗时几十毫秒或几百毫秒的

HTTP 请求而言，响应时间都很长了）才返回，如果中间任何时候出现了新的消息，则队列不会等到超时而是直接返回消息，如图 10.8 所示。

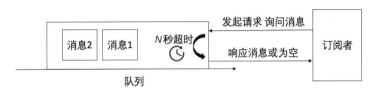

图 10.8　队列端保持连接的拉取/轮询模式

这种消息传递模式是双赢的，因为对于服务器端（队列）而言，它可以接收更少无谓的请求，减轻自己的压力，而对于客户端而言，由于这一类云服务往往都是按照客户端往云服务发送的请求数量来收费的，更少的请求也可以减少客户端的成本。

当然，这么做也不是毫无成本的，因为服务器端每保留一个请求不返回，就会占用一个连接，而我们通过前几章的学习也了解到，每个 Web 服务器的连接数也是有限的。因此，一般云服务商不会提供过长的超时时间配置，一般上限为 60 秒。

10.3　队列的应用

在介绍了基本概念，了解了队列及其整合方法后，我们来看一下在网站建设中，应该如何合理利用队列来进一步增强系统的各方面性能。

10.3.1　流量控制

乍一看，队列只是在消息的发送者和接收者之间增加了一层媒介，并没有关键区别，没有队列时，同样的消息从发送者直接发送到接收者，有队列时，消息只是经过队列发送到接收者。但正是这一层转发，为系统增加了大量的自由度。

增加的这一层转发，使得控制流量成为可能。

在这一意义上，队列就好像水坝，水坝建设前后都是同样的水量经过这一流域，但水坝下游却可以通过水坝的开闸、关闸来进行水量的控制。

没有队列的时候，所有发往消息接收者的消息都必须被立即处理，中间没有缓冲区域，接收者必须时刻准备好接收任何上游的流量变化，如果没有准备好，系统一定会性能下降甚至崩溃。

有了队列之后，一方面，当消息过多时，它们只会积压在队列中，不会影响接收者的性能；另一方面，接收者可以自己控制每分钟接收消息的数量，想多就多、想少就少。

队列与异步的关系非常密切。很多异步的逻辑都可以借助队列实现，并且应用队列后比一般的异步逻辑性能更强。

让我们一起回顾一下第 9 章中关于电商网站和仓储服务整合的实例。

在该实例中，我们开发的当前微服务用于接收用户下单的请求，然后发送消息给仓储服务将货物运送到物流系统，运送完毕后，更新用户的订单状态。从异步的角度出发，将这一过程改造成两步。

- 当前微服务接收请求，将消息发送给仓储服务，调动货物。
- 仓储服务调动货物完毕，通知当前微服务，当前微服务更新订单状态。

改造后的架构如图 10.9 所示。

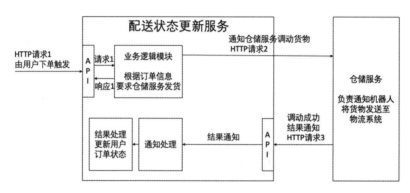

图 10.9　异步的微服务架构

但改造之后可以发现，其实两步并不相关：第一步是调动货物；第二步是根据某种情况，更新订单状态。而我们确实也使用了两个独立的 API 来完成这两个任务。这就有两个潜在的问题。

第一，我们现在命名该服务为配送状态更新服务，但第一步真的是更新配送状态吗？其实不是。第一步是在调动货物，只有第二步是真正的"更新"状态。该微服务的职责是混乱的，而混乱的组件职责，表明系统的功能之间有耦合，在未来扩展系统时可能会遇到麻烦。

第二，既然是两个独立的功能，那么它们的流量特征就不一定相同。

对于每个货物，它们被调动到物流系统的时间不一定相同，例如，有的货物离物流系统近或者小，又或者容易移动，可能只需要 3 分钟，而有的货物相反，可能需要 5 分钟或更多，这种情况下，来自用户下单通知的 TPS 就不能很容易地 1∶1 反映到订单通知上。

假如在第 1 秒和第 2 秒，系统分别收到了 3 个用户下单通知，TPS 在这 2 秒内就是 3。总共 6 个订单中，第 1 秒的其中 1 个订单花费 60 秒时间被运送到物流系统，而另外两个花费 61 秒，第 2 秒的 3 个订单全部花费 60 秒。这样一来，用户下单 60 秒后，更新订单的 API 先收到 1 个请求，此时 TPS 是 1，61 秒时，该 API 收到 5 个请求，此时 TPS 是 5。

如果我们在扩容系统时，估计用户下单的最大 TPS 是 3，然后简单地 1∶1 对应到另一个接收仓储服务通知的 API 也是 3，而系统以最大 3TPS 进行了针对优化，那么在 TPS 为 5 时，就可能造成系统的性能下降甚至崩溃。

更不用说，接收仓储服务通知的 API 可能还有别的用例，例如，我们在 9.2.3 节展示异步帮助解耦的例子中，添加了一个新的用例。这时候该 API 接收的流量模式就更不稳定了。

因此，异步的改造就给该系统带来了上述两个问题，其中，问题一不属于本章的讨论范围，我们跳过，而问题二就可以利用队列来解决了。

既然需要控制的流量是物流系统对配送状态更新的微服务的通知，那么就可以在这两个系统之间插入一个消息队列，如图 10.10 所示。

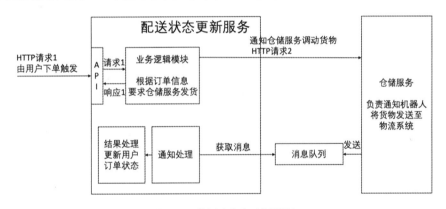

图 10.10　使用消息队列传递通知

插入了一个消息队列之后，我们不再需要微服务接收通知的 API，而是通过消息队列来传递所有消息。假如通知以 10TPS 发送，而配送状态更新服务只能接受 8TPS，在使用消息队列之前不可能完成此操作，但使用了消息队列之后，该服务只需要以 8TPS 的速度从消息队列中拉取消息，如此即可保证当前服务可以承受的流量。

可能读者会有疑问：发送消息比接收消息快，那消息队列中的消息岂不是越来越多？会影响网站的业务吗？

对于这一问题，有两种解决手段。

首先，几乎所有网站尤其是商用网站，处理的流量都不是一成不变的，流量在一天内是不断波动的，周中和周末的流量也有所不同，一般来说，网站中几乎任何组件的流量在一天内都会呈现出类似如图 10.11 所示的波动（以 TPS 表示）。

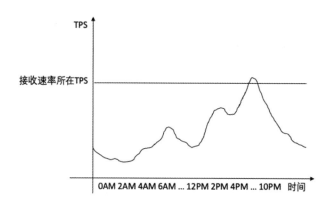

图 10.11　一天内网站流量以 TPS 表示的波动示意

显然，就算像上例那样，在最高 10TPS 时只按 8TPS 接收消息，肯定只是很短一段时间内接收速率小于发送速率，否则说明网站能承担的流量远远不够。因此，假如在某些特异流量高峰中接收速率小于发送速率的前提下，多出来的消息是可以马上在非高峰期被逐渐消化的。

除此之外，从技术的角度对于消息积压还有专门的解决办法，将在 10.4.1 节中详细叙述。

10.3.2　服务解耦

消息的发送者和接收者之间增加了一个组件，发送者不和接收者直接通信，反之亦然，因此，利用队列，消息的发送者和接收者完成了解耦。队列两端的组件不必知道互相的身份，这样一来系统的扩展会变得容易很多。

继续深入上一节中讨论的实例，只是我们现在不关注已经深入讨论过的微服务本身，而是关注它的开始：有关用户下单的请求发到微服务之前。

在该实例中，用户在电商网站上下单后，通过订单消息向仓储服务和物流系统发送指令，请求货物调动，开始配送。不使用队列时，订单系统会直接调用仓储服务和物流系统，请求货物调动，如图 10.12 所示（省略了前几章中有关配送状态更新服务内部实现的架构）。

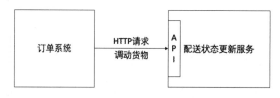

图 10.12　订单系统通知配送

假如有了新的用例，例如，电商网站在用户下单时，会发送确认邮件给用户，这时候就需要订单系统再发送一个请求给邮件系统。换言之，订单系统在同一个组件中，需要先发送一个请求给调动货物的服务，再发送一个请求给通知服务，如图 10.13 所示。

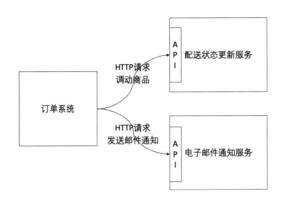

图 10.13　订单系统通知配送并请求电子邮件发送通知给用户

需要注意的是，这两个请求是不一样的：
- 第一个请求是从订单系统发送至仓储服务，要求调动某货物至物流系统；
- 第二个请求是从订单系统发送至邮箱系统，要求发送通知给用户。

请求都是有对应的 URI、HTTP 方法和请求体的，这两个请求描述的是完全不同的两个用例，因此，订单系统不仅需要知道自己向哪些系统发送请求，还需要知道如何组装这两个请求。而这一现象最大的问题在于，这两个请求所满足的需求，不属于订单系统的需求！

调动货物的系统和通知系统，只是借助了订单系统"用户下单"这一事件，完成了自己的用例。更进一步的问题是，当有新的系统需要通过"用户下单"事件完成任务（例如，收集用户下单消息进行数据分析）时，又要往订单系统上绑定订单系统完全不需要承担的更多责任。

如果创建一个新的队列（或者严格地说，是"主题"），然后订单系统每次接收到一个订单时，就往队列（主题）中发送某用户下单的消息，所有感兴趣的组件都可以作为订阅者接收该消息，然后各自负责自己的工作，责任分工明确，如图 10.14 所示。

使用队列后，这一通信过程的语义也发生了变化。

在使用队列之前，订单系统请求系统 A 调动货物，然后请求系统 B 发送电子邮件给用户，确认下单成功。

在使用队列之后，订单系统将用户下单的事件通过消息队列广播到整个系统中，供所有感兴趣的系统使用。其中，系统 A 因为需要根据下单事件调动货物，所以对该类消息感兴趣，订阅并根据下单事件的出现调动货物；而系统 B 因为需要向用户发送下单成功的邮件，所以也对该类消息感兴趣，订阅并根据下单事件的触发发出电子邮件。

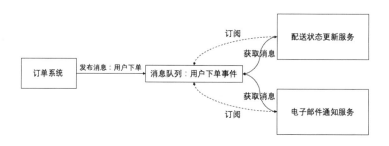

图 10.14　订单系统向队列发布消息并由其他服务订阅

通过对使用队列的架构进行解释，读者应该明白了：使用队列后的语义解耦了消息的发送者和接收者，并且未来任何对该事件感兴趣的新服务，都可以在不干预消息发送者的前提下，自行订阅感兴趣的队列并完成自己的业务逻辑。

10.4　队列存在的问题与解决方案

在本节中，笔者会介绍队列在使用和实现上的一些问题和解决方案。尽管其中一部分问题可以通过客户端的努力解决，其余一部分只能取决于类库或者云服务的功能和限制，但了解它们依然是有意义的，因为这样可以帮助我们在使用队列时根据需求进行更有效的选择，并且在出现问题时能够更好地理解问题的本质，以及能够从客户端的角度去缓解和规避这些问题。

10.4.1　消息积压

无论是推送模式还是拉取/轮询模式，都有一个现实问题：消息的订阅者获取和处理消息的速度可能慢于消息的发送者发送消息的速度。对于推送模式而言，可能会由于订阅者的处理速度不够快，导致连接被占用而使得回调函数不能被及时启用，而对于拉取/轮询模式而言就更显然了：线程池中的线程数量不够、处理速度太慢，或者网络速度太慢，都可能会造成消息积压在队列中。

上文中我们提到过，如果有消息积压，只要服务可以处理的流量不是过小，高峰一过，就能清理掉这些积压消息，并正常处理之后接收的消息，但是除此之外，我们依然希望在不改变服务器处理能力的前提下，有技术手段解决该问题。解决方案的思想很简单：先快速将这些消息拉取下来并存储，然后慢慢处理。

读者可能会有疑问：将这些消息快速保存下来，不就是要求系统的处理能力提升吗？其实并不尽然。这一处理方案的思想，在本质上与非阻塞改造的思想类似。处理队列消息的过程其实分为两步：①将消息从队列中保存下来；②根据该消息执行业务逻辑。

在绝大多数情况下，第二步所执行的逻辑的复杂度、消耗的资源、花费的时间都远远高于第一步，如果将两步绑定在一起执行，则必然会造成大多数时间在执行第二步的业务逻辑的同时有很多消息堵塞在队列中。

因此，从解决消息积压的角度来讲，我们需要解决的问题并不是整个服务处理消息的能力瓶颈，而仅仅是提升消息的获取速度，在思想上和异步且非阻塞的改造是为了提升系统吞吐量而不是系统处理请求本身的能力是一致的。基于这样的思想，获取队列消息的"两步走"方案就诞生了，如图 10.15 所示。

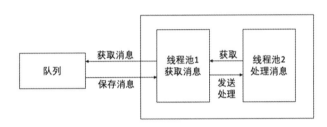

图 10.15　使用两个线程池处理队列消息

该方案在处理消息的业务逻辑之前额外添加了一层，该新组件也是一个线程池，只是它要处理的事情很简单：从队列中获取消息，保存在内存中，等待系统中的另一个线程池获取消息并处理。

这样做有效地解决了消息积压的问题，但是它有着自己的问题。

一方面，它使得当前系统的扩容变得更复杂、更不直观。在前几章中，笔者解释过线程池相比普通的请求线程在扩容方面更麻烦的地方，在修改架构之后，系统有两个线程池需要处理，而且这两个线程池还互相通信。它们显然不应该使用同一个线程数量，否则就失去了添加这一层新线程池的意义。而分别确定两个线程池所应该用的线程数量需要考虑的因素有很多。

- 线程池 1 中需要有足够的线程数来获取队列中的所有消息。
- 线程池 2 中的线程能够保证稳定地从线程 1 中获取消息，并在一定时间内保证处理掉所有消息。
- 线程池 1 和线程池 2 中的所有线程在满负荷运作时，不应该超过服务器单机稳定情况下 CPU 和内存的占用上限。

另一方面，也是更大的问题：线程池 1 将所有消息都获取到了本地，一旦本地服务器出现问题，这些消息就彻底消失了。这一问题在采用上述方案之前是不存在的，因为如果该服务器出现问题，当时它不能处理的消息只会继续待在队列中，等待被其他服务器获取走，但当线程池 1 已经将消息都保存到了本地服务器内存中，这时候再出现问题，队列是无法获知并再次发送的。这一原因也使得一部分从业人员并不推荐这种方案。

当然，该问题并非不可解决。在下一节中，我们会讨论如何尽可能地保证消息的可靠传递。消息被获取但没有被处理成功的情况是可以被系统检测到并且尝试解决的。

如果不采用这种方案，那么还有什么手段可以提高系统从队列中获取消息的能力呢？答案非常简单：增加新的服务器。但是正如本书从开头就一直强调的那样，架构的设计必须贴合网站的需求和当前的资源情况。增加新的服务器会增加更多的成本，并且在有的情况下（如非高峰时）会造成一定程度的资源浪费，如果读者想通过新增服务器来解决问题，那么需要综合各方面因素进行考虑。

10.4.2 消息的可靠传递

在没有使用队列的时候，消息的发送者直接联系接收者，如果接收者出于某些原因没有收到消息，或者处理失败了，发送者一定会知道，因为这是一个失败的 HTTP 请求。

但是使用队列之后，事情就变得复杂起来。队列的本意就是隔离发送者和接收者，一个消息发送出来的时候，发送者理论上不应该知道有多少人在期待接收它，如果中间没有任何保障手段，发送者不知道有多少订阅者成功接收了它，而当一个接收者没有收到任何消息的时候，发送者也不能确定究竟是它没有发送消息，还是中间出了什么问题，导致接收者没有收到消息。因此，这就需要队列提供一套完善的机制，并由整合队列的开发者正确使用，才能保证所有消息被正确、可靠传递。

这里的"可靠传递"事实上分为两个子问题。

- 队列如何确保它发出去的消息都被订阅者成功接收并且处理了。
- 接收者如何确保它收到的消息就是队列中的所有消息并且保留了正确的顺序。

首先来看如何解决第一个问题。正如本书一直在强调的，程序不是戏法，在只有一对请求和响应的前提下，队列是无论如何无法做到自动确认订阅者成功接收并处理消息的。因此，业内流行的主流队列产品，无论是不是云服务，都有专门的确认功能，前文所说的 RabbitMQ，它有一个专门的确认 API，示例代码如下：

```
01 channel.basicConsume(queueName, false, "tag",
02     new DefaultConsumer(channel) {
03         @Override
```

```
04        public void handleDelivery(String consumerTag,
05                                   Envelope envelope,
06                                   AMQP.BasicProperties properties,
07                                   byte[] body)
08            throws IOException
09        {
10            long deliveryTag = envelope.getDeliveryTag();
11            channel.basicAck(deliveryTag, false);
12        }
13    });
```

其中,第 2~13 行定义了一个简单的消费者,第 4~12 行则实现了接收并消费消息的方法,而中间的第 11 行,则是在接收到消息时向队列确认"我已经收到了该消息"。

同样地,队列云服务也有向队列服务确认并删除消息的 API,为了确认消息,客户端需要专门再发一个 HTTP 请求表示接收成功,也就是说,对于每条消息,事实上客户端发送了两个 HTTP 请求,一个表示接收,一个表示确认。以 AWS SQS 为例,以下是向队列发送接收消息的请求的代码:

```
01 final ReceiveMessageRequest receiveMessageRequest =
02 new ReceiveMessageRequest(myQueueUrl);
03 final List<Message> messages = sqs.receiveMessage(receiveMessageRequest).
04 getMessages();
05 for (final Message message : messages) {
06     System.out.println("Message");
07     System.out.println("MessageId:" + message.getMessageId());
08     System.out.println("ReceiptHandle:" + message.getReceiptHandle());
09     System.out.println("MD5OfBody:" + message.getMD5OfBody());
10     System.out.println("Body:" + message.getBody());
11     for (final Entry<String, String> entry : message.getAttributes().
12 entrySet()) {
13         System.out.println("Attribute");
14         System.out.println("Name:" + entry.getKey());
15         System.out.println("Value:" + entry.getValue());
16     }
17 }
```

但是,仅仅接收消息是不够的,以上代码仅表示消息收到了,但是该消息会依然停留在队列中,SQS 不会自动将其标记为成功接收。我们还需要编写以下代码,手动删除消息,表示接收成功:

```
01 final String messageReceiptHandle = messages.get(0).getReceiptHandle();
02 sqs.deleteMessage(new DeleteMessageRequest(myQueueUrl, messageReceiptHandle));
```

注意:客户端要求队列删除消息,就代表客户端已经成功接收并处理了该消息,反之亦然,当所有感兴趣的客户端表示成功接收并处理该消息时,队列就一定会删除该消息。

总结一下:通过以上实例可见,所有主流队列在实现上,在消息存储区和消费者之间还有一个专门用于确认的暂存区，如图 10.16 所示。

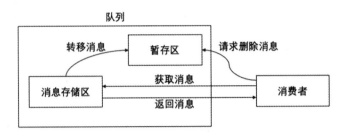

图 10.16　队列消息暂存区

队列中的消息在被消费者请求后，会被标记为不可见，或被移动到暂存区，此时它没有被删除，但也不能被新的消费者请求并获取到。直到消费者确认成功之后，消息才会被从暂存区中删除。

以上是成功的情况，那失败的情况又如何处理？

如果客户端在处理消息时出现了错误，在使用回调函数的情况下，客户端可以根据情况直接抛出定义的异常，队列的类库一般会对其进行处理并反馈回队列。

而云服务则一般会提供一个超时机制，队列会在该时间段内等待客户端回复删除，如果该时间段内客户端没有通知队列删除消息，则队列会将该消息标记为失败。

失败之后，无论是哪种队列，都会有重试机制，由开发者自定义。在定义的重试次数之内，队列会将消息重新回收分发出去，如果失败次数超过了配置的可重试次数，则消息会进入另一个队列：死信队列（Dead letter queue）。该类队列会与常规队列形成一一对应的关系，常规队列中处理失败的消息会被自动转移到该队列。

加上失败重试和死信队列之后的队列架构如图 10.17 所示。

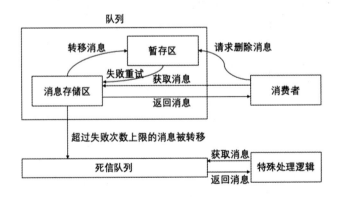

图 10.17　加上失败重试和死信队列之后的队列架构

死信队列的作用主要有两个方面。

其一，供开发者手动诊断用。消息基本上都是由程序生成的，连续处理失败的消息（一般队列都会有重试次数）都有其典型性，值得开发者花一些时间研究，因此，死信队列可以作为这些错误案例的存放处。

其二，有时候开发者可以为死信队列设计重试或者其他的处理手段，例如，正常逻辑不能处理，但是可以采用特殊逻辑进行一些损坏事务的清理。又如，开发者可以选择将死信队列中的消息重新放回普通队列，尝试再次处理。

对于消息的可靠传递来说，我们要解决的第二个问题是：接收者如何确保它收到的消息就是队列中的所有消息并且保留了正确的顺序。解决方法就是消息的发送者为消息添加连续的编号，而接收者则在自己的业务逻辑之上添加一层检查逻辑，如果发现编号不连续，则说明检测到了消息丢失。

为消息添加连续的编号，需要注意以下几点。

首先，对于接收者而言，它需要一个专门的检查模块，一方面这个检查逻辑不属于消息的业务处理逻辑；另一方面，如果接收者使用的是线程池，线程之间接收到的消息也不一定是连续的编号，因此，在处理之前先交给一个专门的检查模块是最方便的。

其次，有的消息队列，例如，RocketMQ 在总体上是不保证消息顺序的，只能在更小尺度，如分区上保证顺序，因此如果要进行消息的连续性检查，只能要求消息的发送者在发送时指定分区，并由接收者在分区上检测编号。

最后，如果同一队列上有多个发送者，要确保每个发送者在编号之外有各自的识别码，否则如果仅仅为了保证消息的安全首发和编号的连续性而进行多服务之间的同步，则是得不偿失的做法。

10.4.3 消息重复

消息重复的根源其实与队列本身的关系并不紧密，但在队列的使用中会出现这一个问题。想象以下情景。

某队列中有消息 A，消费者成功从队列中获取了该消息，并且执行了一次业务逻辑，然后向队列申请删除该消息。但是，这个删除的 HTTP 请求失败了。此时，消费者既得到了消息，又成功处理了消息，但是队列却认为没有处理成功，因此，通过重试机制，又将消息发了回来。这时候会发生什么？

这就是一种"消息重复"的情况。它对系统会有什么损害呢？答案是看情况。情况如何，取决于业务逻辑的特点。考虑以下三个用例。

- 用户购买某商品。
- 用户往购物车中添加了一个商品。

- 用户获取自己的购物车列表一次。

这三个用例存在着明显的区别。其中：

哪个用例被额外执行造成的后果最严重？答案是用例 1。

哪个用例执行一次和执行多次没有区别？答案是用例 3。

因此我们可以总结：我们不允许用例 1 的情况出现，可以忍受用例 2 的情况出现，但最好所有消息的业务逻辑都像用例 3 一样。

这里引入一个新的概念：幂等性（Idempotency）。所谓幂等性，是指某个事务或者某段逻辑，执行一次与执行多次造成的后果相同。我们给出的三个用例中，用例 3 就是幂等的，而用例 1 和用例 2 不是。

解决消息重复的最佳手段就是：确保在消费者中执行的所有业务逻辑，都是幂等的。如果在实现上过于麻烦以至于可能得不偿失，那么我们至少要确保这些逻辑都像用例 2 一样，而不能像用例 1 一样。

确保所有业务逻辑都幂等有两种可能：其一，其本身就是幂等的，如我们举的用例 3，但是这种情况太理想化；其二，如果业务逻辑本身不是幂等的，我们需要通过一些手段将业务逻辑改造成幂等的。

最容易想到，但实现上却并不容易的思路是：采用全局 ID，即创建一个数据表，然后使用该数据表保存某种全局 ID，利用该全局 ID 跟踪这条消息看是否已经经过业务逻辑处理。这个全局 ID 可以是消息本身的 ID，也可以是消息中业务逻辑的 ID（如用户 ID、商品 ID 或者用户与商品 ID 的组合等）。

这一逻辑本身不难理解，但是实现上非常复杂，因为要保证这个读/写过程本身没有竞态条件（Race Condition），在分布式系统中就不是一件简单的事情。

当然，我们可以利用某些关系数据库的唯一约束特征，例如，在用户 ID 与商品 ID 的插入上加上唯一约束，一旦执行就进行插入，后面的插入操作都会失败，通过这种方式达到幂等的目的。

10.5 常见的队列产品和系统

下面笔者将简单介绍几款业内常见的队列产品，当读者需要为自己的网站使用队列时，可以有所借鉴。

10.5.1 RabbitMQ

RabbitMQ 是由 Rabbit 科技有限公司初始开发的，是一款基于 Mozilla 公共许可证的开源软件。其支持的协议众多，包括 AMQP、XMPP、SMTP 等，因此，灵活度非常高，适用多种需求，同时，由于其支持插件，因此，可以通过插件使用 HTTP 协议，与普通的网络应用无缝对接。

RabbitMQ 由 Erlang 开发，这是其主要缺陷之一，因为部署服务器上还要安装 Erlang，并且 Erlang 本身比较冷门，所以，即使它是开源软件，在开发者有二次开发的需求时，也很难上手进行修改。

RabbitMQ 支持的客户端语言多种多样，包括 Java、Ruby 等，并且都非常成熟，因此，尽管其二次开发困难，但对于大多数开发者而言在使用上没有太大问题。

RabbitMQ 支持消息推送模式和拉取/轮询模式，适应不同的扩容需求。它采用了 Master/Slave 模式，Slave 主要用作备份，保障了数据的安全性。

RabbitMQ 的主要特色是实现了代理架构（Broker），因此消息队列和客户端之间还有一层逻辑，开发者可以利用此逻辑实现消息的重新排队和负载均衡，但是也正是因为此逻辑，使得队列的效率不够高，延时较长。

10.5.2　ActiveMQ

ActiveMQ 是由 Apache 开发并出品的开源软件，支持 XMPP、AMQP 等多种协议，因此适用的需求也非常广泛，但是总的来说应用范围不如 RabbitMQ 广泛。

ActiveMQ 由 Java 开发，支持的客户端语言众多，包括 Java、C++、Python、PHP 等，因此，它适用于大多数网站开发环境。

ActiveMQ 支持消息推送模式和拉取/轮询模式，利用 ZooKeeper 实现了 Master/Slave 模式，Slave 主要用作备份，保障了数据的安全性。

ActiveMQ 的性能一直不出众，并且丢失消息的情况时有发生，因此，笔者不推荐优先考虑这款产品。

10.5.3　RocketMQ

RocketMQ 是阿里巴巴开发的开源软件，由于其在阿里巴巴的服务架构中应用广泛，例如，被用于"双十一"活动的服务中，所以其稳定性和健壮性是值得信赖的。

RocketMQ 是由 Java 开发的，因此其部署非常容易，而且二次开发也容易。其主要支持的客户端语言是 Java，其他语言，如 C++仍在开发完善中，但是，由于 Java 本身就是流行的网络应用开发语言之一，所以这一点一般来说不成问题。

RocketMQ 也支持消息的推送模式和拉取/轮询模式，并且支持数据的有序性，其适合的用例非常广。

RocketMQ 的主要特色是性能强、吞吐量高，并且支持 Master/Slave 模式，以及异步复制、同步双写等模式，因此，其不仅性能强，数据的可靠性也极高。

10.5.4 Kafka

Kafka 是一款由 LinkedIn 开发并开源的消息队列，现在也属于 Apache。它主要是由 Java 和 Scala 开发的，官方支持 Java 作为客户端语言，同时开源社区已经提供了 PHP、Python、C++等几乎所有市面上的主流应用层语言支持。

Kafka 使用的协议是自定义的协议，但开源社区提供了封装的 HTTP 协议支持，因此，Kafka 也可以和网络应用无缝对接。

Kafka 只支持消息拉取/轮询模式，它也提供了代理架构的支持，原生支持分布式部署，并可以用于负载均衡，支持消息的有序性。

Kafka 的性能也非常强，且稳定性高，因此也是很多网站应用消息队列的优秀选择。

10.5.5 AWS SQS 和 SNS

最后笔者介绍的是两款云服务产品：AWS SQS 和 SNS。

SQS（Simple Queue Service）是 AWS 推出的一款完全托管在云上的消息队列服务。而 SNS 则是一款消息发布订阅服务。事实上，对应到我们之前介绍的概念，SQS 就是队列，而 SNS 就是主题。

SNS 允许用户定义一个主题，然后可以选择往 SNS 上发送消息，而 SNS 则可以和 AWS 的包括 SQS 在内的许多云服务对接，从而触发事件。例如，当 SNS 与 SQS 对接时，开发者就制造出了一个只有一个订阅者的主题（SNS），该主题遵守发布/订阅模式，该订阅者就是 SQS，而 SQS 本身则完全遵守队列的生产/消费模式。

SQS 与前面几款产品最大的区别在于，它部署在云上，因此开发者不必关心其部署安装和扩容，只需要根据其提供的 API 调用即可，并且只要开发者能负担得起开销，可以无限制地从 SQS 检查并拉取消息，而不必对服务器端的负担担忧。

SQS 是云服务，因此只支持拉取/轮询模式，但是 SQS 支持长连接拉取，开发者不必高频调用收取消息的 API，而是令服务器等待一段时间没有消息后再返回。

SQS 的性能也非常优异，并且稳定性极高，可以保证消息至少送达一次。而相比以上产品使用 SQS 的最大优势是 SQS 与 AWS 的监控系统相结合，开发者只需要简单设置一些警报就可以监控当前消息队列的性能和问题，例如，检查消息队列中的积压消息数、检查死信队列中的消息数、检查消息队列中的消息积压最长时间等，这些都是消息队列最重要的性能指标。

第 11 章

高 可 用

本书开篇，笔者提到了包括高性能、高可用、伸缩性和扩展性在内的多个架构设计原则。笔者提出，高性能涵盖了各个方面，扩展性与具体实现细节有紧密关系，而伸缩性事实上和高可用有着不可分割的关系，它们的很多实现手段都是互利的。笔者认为，对于绝大多数大型网站服务而言，高可用是最重要的设计原则，它确保用户可以持续不断地与网站及其商业组织产生连接。本章将总述高可用的相关概念和指导原则。

本章主要涉及的知识点如下。

- 什么是 CAP 原理。
- 服务可用性的标准。
- 冗余和隔离。

11.1 CAP 原理

CAP 原理是计算机领域对分布式系统设计的一套理论，可以说是所有设计分布式系统的人都必须知道的"金科玉律"，但它不是一种实现方案，也不是指导思想，而是一种思考方向。

11.1.1 什么是 CAP 原理

CAP 原理认为在分布式系统中，一致性（Consistence，即 C）、可用性（Availability，即 A）和分区容错性（Partition Tolerance，即 P）三个设计目标不可能同时达到。在最佳状况下，最多只能达到其中两个目标，在达到其中两个目标的时候，另外一个目标一定会被牺牲。

一致性是指作为同一个特定的客户端，它对该系统进行的读取操作，一定能够返回最新的结果。在一个分布式系统中，数据总是会处于系统中的多个节点，尤其是在应用缓存和分布式数据库的情况下，每次数据的更新都需要在各个节点中同步，如图 11.1 所示。

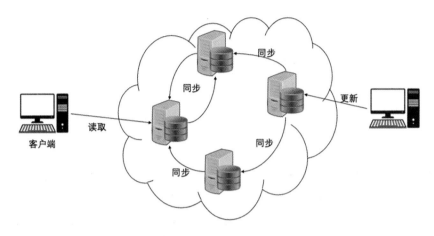

图 11.1 分布式系统中节点数据的同步

一致性强调的是同一个特定客户端无论什么时候发起读操作，最终结果一定是最新结果。

可用性是指一个没有出现故障的节点一定能够返回一个非系统错误、非超时的响应结果。该定义并没有强调一个节点一定要返回一个符合预期的结果，例如，对于一个电商网站而言，用户对购物车进行了一些操作，最终购物车中应该有 6 个商品，而某节点在被请求时返回了 5 个，该结果不是一个正确的结果，但是该节点并没有在运行时出现系统故障，也没有因为超时而没有返回逻辑结果。

分区容错性又称为分区容忍性，是指当网络出现分区（Partition）时，系统能够继续工作。此处的网络分区可能对有些读者来说有点抽象，其实这是一种为了表述严谨同时涵盖范围宽泛的说法，它泛指所有的网络故障现象，例如，网络的连接中断、丢包或者网络拥堵，都是网络分区。

11.1.2 CAP 原理与网站服务

我们可以用一个三角形来表示 CAP 原理，如图 11.2 所示，CAP 原理表示分布式系统的设计一定会落在这个三角形上，而这意味着这个三角形上没有一个点可以集合三个点的优势。

CAP 原理为什么成立？在 2002 年，有两位学者给 CAP 原理做出了严格的正式证明，此处笔者不再详述该证明，而是通过说明，希望能够解释清楚为什么三个设计目标无法同时达到。

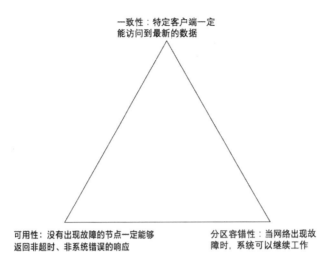

图 11.2 CAP 原理示意

首先我们需要明确的是，网站服务事实上是一个分布式系统，大型网站的分布式系统特征则更加明显。无论是网站业务逻辑的部署、数据库、负载均衡、缓存还是其他的服务和组件，都处于互联网的各个角落，现代的大型网站没有单服务器全技术栈部署的情况了，因此网站服务一定是一个分布式系统。

作为一个分布式系统，一定不可能放弃 P，因为网络的可用性永远不可能达到 100%（否则我们也没有必要花大篇幅讨论高可用了），如果一旦出错就不能正常工作，那么分布式系统就没有多少时间可以正常工作了。

在 P 必须成立的情况下，一个请求需要对某个分布式系统的节点获取数据，这时候由于网络故障，该节点不能保障其他节点与其数据是一样的，即为了 C，我们需要阻止这一读取操作，而阻止读取操作就违反了 A，因为 A 规定节点不能返回非超时、非系统错误的响应，而在请求本身没有问题的情况下，拒绝获取数据就是一个系统错误。

因此，CAP 原理的三个设计目标对于网站系统而言必定不可能同时成立。

现在我们了解了 CAP 原理对网站系统必然为真之后，它在网站系统上又有哪些可能的组合呢？它与高可用又有什么关系呢？

既然我们确定了一定有 P，那么接下来就是两种组合的可能了：CP 和 AP。

CP 即保持一致性和分区容错性，上述的例子就是保证 CP 而拒绝 A 的例子，如图 11.3 所示，虚线代表通信出现问题的节点关系，该通信问题造成了网络分区；而实线则代表动作正常的节点关系。

而 AP 则正好相反，尽管客户端读取的节点由于网络原因无法获知其他节点的最新情况，但为了满足可用性，该节点接受了读取请求，并返回了自己当前所拥有的数据，这种情况下，该节点不能满足一致性，但是可以满足可用性。

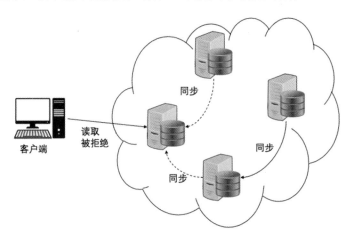

图 11.3　网络分区后的 CP

CAP 原理和可用性有什么关系呢？仔细思考 CAP 原理就会发现，A 和 P 都明显是对网络现实状况的妥协，但 C 是一个理想状态。再近的节点之间也有距离，再快的网络也快不过光速，因此只要有一个节点比别的节点先收到了数据更新、创建、删除的操作（而这是永远无法避免的），在它将该操作同步出去之前，系统是无法满足 C 的。因此，换一个角度，我们可以将大型网站系统，即分布式系统看作一个首先满足 AP，并通过手段接近满足 C 的系统设计。

从广义的角度看，尽管 A 就是"可用性"这一单词而 P 是另外的词组，但 AP 本身就是高可用，因为 A 要求单个节点能够做出合理的响应，而 P 要求整个系统在网络状况不佳的情况下能够正常工作。

因此，从 CAP 的原理看，网站的高可用性是架构设计应该侧重并首先满足的方面。

而从现实的角度看，高可用性也确实应该是大部分网站追求的首要目标。高并发、高性能的网站需求不是没有，例如，抢票、抢购、微博的热点话题等，但多数情况下，从网站的类型来看，假如网站业务本身就和组织业务结合紧密，例如，新闻门户、论坛和贴吧、微博、电子商务、网络授课、图片、视频分享等网站，其性能未必是最重要的，用户能够浏览和使用上面的信息才是第一位的。

假如网站的作用是线下业务的辅助和延伸，例如，技术支持、网络病历、医院内部网络等，它们的可用性更是高于其他方面的；而那些起到组织介绍作用的网站更无须多说。

11.2 服务可用性的标准

在第 1 章中，我们讨论过网站可用性的标准，那时笔者建议将较为容易计算的指标，即 API 错误率作为服务可用性的标准，其实服务可用性标准有其正式定义：

$$可用性 = 平均故障间隔 / (平均故障间隔 + 平均修复时间)$$

其中，平均故障间隔是指两次故障之间的平均时长；平均修复时间是指修复故障所消耗的时间的平均时长。

其实稍加思考就可以看出该公式是对系统正常运作时间的一个估计，只是用故障间隔代表了正常时间，用修复时间代表了故障时间。

一般来说，根据计算出来的可用性数据，可以将可用性分为几个等级，如表 11.1 所示。

表 11.1 可用性分级

可用性数值	可用性分级
99%	基本可用
99.9%	较高可用
99.99%	高可用
99.999%	极高可用

一般推荐关键业务和关键节点的可用性需要达到极高可用，即可用性达到 99.999%以上。

当然，尽管我们知道这些是标准定义，但实际生产中收集这类数据较为麻烦，尤其是当服务器内部出现故障时，要使其准确地记录故障时间并不容易。

因此，笔者还是推荐采用一些适合计算的指标，对于第 1 章中笔者给出的推荐，此处根据 CAP 原理可以再细化一点，因为 CAP 原理中的 A 定义的是节点返回非超时、非系统错误的响应，因此，在实际生产环境中，我们可以区分服务返回的响应，将超时、服务器内部错误的响应归为一类，其他响应归为一类，因此，估算服务可用性的公式就出来了：

$$可用性 = 非超时、非服务器内部错误的响应数 / 总请求数$$

需要注意的是，这一指标是从服务的客户端出发的，如果我们拥有的是一个网页应用，那么可以令前端发送这一类数据；如果我们不拥有客户端，那么我们可以长时间运行一套集成测试，并用集成测试的数据估算可用性。

11.3 冗余和隔离

笔者认为，冗余和隔离是整个分布式系统高可用设计目标所追求的两个本质。以一辆车为例，车上的备胎是冗余，而开关窗、雨刮、音乐播放系统与油门、刹车、方向盘的互不干扰则是隔离。所有高可用的设计方法和实现手段归根结底要么是资源的冗余，要么是对错误的隔离，以这两个标准去理解所有实现高可用性的内容，思路就会非常清晰。

11.3.1 扩容中的冗余

我们先讨论狭义的"冗余"。所谓"冗余"，用在分布式系统的扩容时，特指部署了多于最小需求的服务器数量。例如，通过计算或压力测试，得到了某网站服务需要 10 台服务器的结论，然后实际部署了 15 台，这种扩容方式就是冗余。冗余的目的是当一部分服务器出现问题时，别的服务器可以发挥作用。如果没有设计冗余，在需要 10 台服务器的时候正好部署了 10 台，那么任意一台出现问题，系统就会立即处于无法承担高峰流量的风险之中。

在实践中，冗余都是有计划、有目的的，不是无谓地多部署一些服务器。为了让冗余达到目的，在实际操作中一般都会将服务器部署在不同的数据中心，或者部署在不同的集群，或者在各地的均衡集群后平均增加冗余的服务器，绝不会将冗余的服务器全部放在一个集群后面。

原因很简单：冗余的目的不仅是防止单台服务器出现问题，也是防止集群出现问题，如果整整一个集群都出现了问题，那么在其他集群部署的冗余服务器才会最大限度发挥作用。

11.3.2 广义的冗余

冗余是一个看似笨拙实则简单易行的提高系统可用性的方法。现代网站应用都构建在坐落于世界各地互联网的不同微服务和组件的基础之上，网络通信在用户量和请求量达到一定程度时，其错误率是很高的，因此，增加资源的副本数，可以极大提升资源的可用性。除了服务器冗余，还有数据的冗余，即备份，故障后重试是请求资源的冗余，之前讲述的缓存和动静分离也是数据存储的一种冗余形式。

11.3.3 隔离

隔离是指采取手段将系统的错误部分与没有错误的部分分割，使其不会影响系统的其他部分。就好比某些强传染病的患者会被放到一个消毒封闭的空间中，生活用具也不与他人共用一般。

隔离的设计思想主要体现在以下几个方面。

- 服务降级,即网站服务中的一部分服务出现问题之后,退而求其次,继续运行没有问题的部分。
- 限流,即出现异常流量时,将它与正常流量隔离,使其不影响服务器的性能,从而不影响正常流量。
- 与主业务逻辑没有关系的逻辑,例如,日志、数据的收集和处理线程,应该独立于主线程,并且在失败出错之后在后台关闭,而不会影响主线程的逻辑。

第 12 章

异地多活

一个大型商用网站一般都会面对全国各地甚至世界各地的用户，需要让各地的用户都能够随时随地享受到网站的同等服务。当业务规模逐渐增加的时候，仅靠一个数据中心集群的服务器是很难满足如此多的各地用户的请求的。

因此，异地多活方案对业务规模较大的网站可以说是必需品。但异地多活又涉及网络和数据的一致性，以及事务的多地转换和一致性等，对于业务而言是一个难度较高但又意义很大的架构问题。

本章主要涉及的知识点如下。

- 异地多活的基本概念。
- 异地多活的类型。

12.1 异地多活的基本概念

本书前面提到过异地多活，但此处还是有必要深入介绍一下其概念，以及它的内涵和外延。除此之外，我们还会简单介绍一下它的应用，以及它和负载均衡之间的概念辨析。

12.1.1 基本概念

异地多活是一个复合词组。"异地"是指物理上的不同地点，一般至少大于一个数据中心内的距离，例如，一个城市的不同城区，一个省内的不同城市等；"多活"是指多个活跃点，此处的活跃，指的是可以正常、活跃提供服务的服务器或服务器集群。

因此，异地多活指的就是在不同物理地点的多个可以提供同一个网站的服务器或服务器集群。它们的节点之间是互相平等的，并通过定期的同步来保证数据的一致性，如图 12.1 所示。

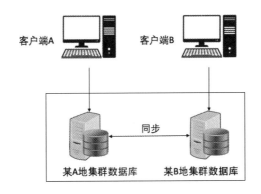

图 12.1 异地多活的服务集群

12.1.2 作用

异地多活背后的指导思想,就是"冗余"。只是与一般情况下冗余的备份思想不同,异地多活这个词中的"活"字体现了它与备份的不同。异地多活的每个数据中心,都是与其他数据中心地位平等、可以处理业务逻辑、可以更新和修改数据的后端服务器和集群。

异地多活的作用就是冗余的指导思想:防止在意外变故中,某些服务器集群或数据库受到影响,从而破坏网站拥有者组织的现实业务。因此"异地"的意义也体现出来了:如果这些服务器集群隔得不够远,那么它们就不能达到异地多活的终极目的。

异地多活主要用来防备以下这些情况。

- 某地区的网络运营商出现问题,使得该地区发生网络故障。
- 某地区的电力系统出现问题。
- 自然灾害,如火灾、洪水、地震等。
- 人为对机房发起的攻击等。

这些情况多半都不是纯代码或技术问题,而是现实世界中的问题,使用异地多活才能避免在现实中出现这些问题时网站彻底宕机。这些灾难的影响都是集群级乃至数据中心级的,尽管这些情况不多见,但对于有上万级、上亿级资产与网站服务息息相关的大型商用网站而言,这些灾难都是不可承受之痛,例如,"9·11"事件中,摩根士丹利金融服务公司在世界贸易中心的办公场所和相应数据系统遭到毁灭,但第二天就利用自己的灾备系统恢复了业务,而一个反面例子,就是纽约银行在世界贸易中心的数据中心同样遭到毁灭,而他们没有其他的冗余集群和数据库,因此不得不破产清算。

12.1.3 应用场景

异地多活的作用乍一看非常美好:从物理上为服务制造了冗余,可以说是最健壮的一种"备份"方式了，但它绝对不是"看着不错，可以试试"或者"不一定需要，但有总没错"类型的架构设计方案。异地多活的架构设计有巨大的挑战。

- 它要求网站开发者拥有更多的物理数据中心，这意味着整套软硬件设备的重新配置，成本要求极高。
- 支持异地多活的网站需要在数据和事务的同步上做出很大努力，使得异地的各个集群之间始终保持数据一致。我们上一章刚刚说过分布式系统的 CAP 原理，此处，异地多活建设的是一个分布式系统，因此必须有分区容错性 P，而它的目的是解决可用性 A 的问题，最后，它只有最大程度做到一致性 C 才能真正发挥有效作用，难度可想而知。

因此，异地多活是一个成本极高、难度也很大的架构设计方案，在应用之前，开发者务必先分析清楚网站的系统用例，确定值得采用异地多活，才能着手开始设计方案。

笔者认为异地多活的应用场景有以下三个。

第一，业务规模要大。这一点很简单，如果网站一共只有几千个或几万个用户，或者网站用户都集中于一个地区，那么设计异地多活花费的时间、精力、金钱成本肯定远远多于收益。

第二，只对核心业务设计异地多活。这是重中之重。即使一个网站要采用异地多活，也不代表它应该直接将所有业务都设计成异地多活。不要忘了异地多活的目的是提高网站的可用性。不核心的网站业务，自然使用的人就不多，那么提高它的可用性又有什么意义？

举个例子，假如一个网站有注册和登录业务，开发者希望将其全部设计成异地多活。但注册的异地多活问题是非常多的。假如该网站有甲地和乙地两个集群，用户在甲地集群使用手机号注册了一个账号，然后甲地集群就出现了问题，数据没有同步到乙地，然后用户登录时又被要求注册，在乙地注册完之后，甲地恢复正常，这时候甲地和乙地的同步就会出现问题。

注意：这时候是不能简单挑选一条记录的，因为这种情况也可能是由于竞态条件没有捕获重复注册手机号。而重复注册手机号则可能是一个需要注意的安全问题。更不用说有可能存在用户已经在甲地办理了业务，然后又在乙地办理了业务，这时候同步、合并两个账号就更复杂了。

但其实仔细一想，注册账号是没有必要设计成异地多活的，因为相比登录，注册账号的用户少之又少，使用频率也极低。而登录的异地多活在同样情境下就没有这样的问题，因为登录会话挑选最新的覆盖之前的是很常见的一种业内实践。

第三，网站用户或用例对网站的响应速度有一定要求。例如，博客网站的用户从这个角度看就不一定需要异地多活，因为一旦加载文章，用户可以在不发起新的网络请求的情况下阅读很久，而聊天软件的用户的延时要求可能就很高，这时候通过异地多活，尽可能将两个离得近的用户连接到同一个近的服务器集群就非常重要了。

12.1.4 异地多活和负载均衡

对第 8 章有印象的读者可能会有疑问：异地多活和负载均衡有什么区别？它们又有什么联系？下面笔者通过自己的理解，谈一谈它们的联系和区别。

首先，异地多活和负载均衡侧重的是两个层面的问题。

异地多活，侧重的是解决同一种服务和同一份数据，在不同的物理地点对用户的可访问和可使用程度。而负载均衡，指的是通过某种中心化的机制，将发往网站服务的海量请求以某种平均的方式分摊到各个服务器集群，最终分摊到各台服务器上。异地多活的重点在于各个"活"，即服务器之间的协同，而负载均衡的重点在服务器之前的均衡器上。

看了以上分析，有的读者可能还是对较高层次的负载均衡，尤其是像 DNS 负载均衡和异地多活的关系有点困惑。事实上，异地多活可以通过 DNS 负载均衡来帮助导流，也可以通过某种中心化的网站服务进行导流，而 DNS 负载均衡仅仅侧重于对 DNS 的解析和流量的分配。

换句话说，即使 DNS 负载均衡和异地多活都有一个共同的目的，即令用户能够连上离他最近的服务器，它们也依然有两个重要区别。

- DNS 负载均衡纯粹由 DNS 服务器和服务商处理，而异地多活可能是由网站服务的中心服务器二次分配的。
- DNS 负载均衡不管用户的事务状态，只是连接最近的服务器，而异地多活在用户有事务型请求、有数据操作的前提下会有更复杂的逻辑。

12.2 异地多活的类型

异地多活按数据中心之间的距离可以从近到远分为同城异地多活、跨城市异地多活和跨地区异地多活三种类型，虽然它们的区别是距离，但量变产生质变，距离变长之后，技术挑战就大相径庭了。

12.2.1 同城异地多活

同城异地多活顾名思义，就是指将网站服务部署到同一座城市不同城区的数据中心或机房,然后使用专门的高速网络连接。

同城异地多活是常用的一种异地多活的方案,究其原因,在于它具备的两个优势。

- 第一,同城的两个数据中心距离非常近,最多就是几十千米,这个距离在高速网络下的速度和在同一个数据中心中没有区别。部署逻辑上可以参考很多同一个集群之内的部署方法,极大地降低了异地多活中的种种架构设计的复杂度。
- 第二,这个距离对于避免被同一个灾难"一锅端"已经足够了,虽然可能如地震这样的自然灾害依然难以避免,但是对停电、火灾、人为攻击这类问题,已经足够应付。

总的来说,同城异地多活既拥有异地多活的优势,又没有异地多活的短板,出于提升网站服务可用性的考虑,是设计上的第一选择。

12.2.2 跨城市异地多活

跨城市异地多活是指将数据中心架设在不同城市的异地多活方案。跨城市异地多活有两个目的。

- 主要目的是规避风险,正如上文所说,类似于地震、水灾,或者更大规模的停电的灾难就可以通过使用跨城市异地多活来避免。
- 次要目的是可以向邻近的用户提供服务,提高这些用户的用户体验。

因此,两个目的实际上都指向多活的两个或多个数据中心的距离一定要远,例如,北京和广州,而不是类似于上海与苏州、北京与天津这样的距离。

但距离变远就使得异地多活的劣势或者问题开始显现出来了:之前同城异地多活由于数据中心离得近,几乎可以当作同一个数据中心,并且数据同步也是瞬时且安全的,但离得远的异地之间存在着诸多隐患。

- 距离很远,同步数据再快也会因光速的限制而需要一定时间。
- 中间跳转的路由很多,丢包、网络波动导致连接中断的可能性增加。
- 其他不确定性增多,例如,网络运营商的中转路由出现问题。

于是它们之间的数据同步问题就出现了。

例如,某电商网站在北京和广州各有一个数据中心,某用户购物车内有一个价值100元的商品,在这之前,北京数据中心和广州数据中心的数据是同步的,此时用户连接北京数据中心,下单成功,然后北京数据中心和广州数据中心的连接出现了问题,数据没有同步成功,然后用户连接广州数据中心,广州数据中心的数据依然是下单前的,然后用户发现购物车里还有商品,以为请求不成功,于是又下了一单。这样用户额外花费了100元,额外购买了一件商品。

因此，和之前笔者提出的"只为核心业务进行异地多活改造"相比，我们发现了一条相对的原则：即使是核心业务逻辑，如果是直接与资产相关的核心业务逻辑，最好不要进行异地多活改造。

12.2.3 跨地区异地多活

跨地区异地多活是指跨不同国家或地区的两个数据中心，或者网站本身的业务分类于不同地区的两个数据中心。

跨地区异地多活和跨城市异地多活其实又是两码事了。跨城市异地多活，提供的是完全一样的服务，而跨地区异地多活，其实代表的是同一个网站对用户提供同一种服务类型，但未必是同一个服务。例如，淘宝在美国有美国站，许多艺术类和游戏类专业网站在中国都有特制的中国版等。

这些也是异地多活，但要解决的问题可能反而没有跨城市异地多活多。因为在这种情况下，出于公司商业计划、国家和地区行政法规等种种原因，网站可能提供了一套类似但数据完全独立的服务，这时候，网站的业务逻辑可能依然是跨地区部署的，但数据不是跨地区共享的。

在这种情况下，这一类异地多活其实除具有服务本地化、延时短、性能强的特征以外，和我们本章讨论的异地多活有着本质的区别，既不是同一个目的，又没有同样的问题。

12.3 如何进行异地多活改造

接下来，就讨论一下实践步骤：如何按部就班完成异地多活改造。在实际操作之前，我们要做大量的准备工作，针对自己网站的系统用例进行仔细的分析。异地多活是一把成本很高昂的双刃剑，不能随意挥舞，必须谋定后动。

12.3.1 业务分类

正如前文所强调的一样，异地多活的应用场景没有那么广泛，我们应该锁定一部分适合进行异地多活改造的业务。

一般来说，适合进行异地多活改造的业务都具有以下特征。

- 与资产、钱财不相关的业务。这一点通过之前的例子已经说明。有的读者可能会有疑问：与资产、钱财相关的业务不是风险更大、更需要实现异地多活来保障网站的可用性吗？其实，当业务核心到了这个程度的时候，数据的安全性又高于业务的可用性了。而数据的安全性不必采用异地多活就能做到：备份就可以了！

- 核心业务。每个公司都有自己的核心业务，每个网站也有自己的核心用例，例如，微博的微博浏览功能、微信的聊天功能、饿了么的食物浏览功能，等等。换句话说，可以这么思考：核心业务就是作为一个用户，打开一个网站或者一个手机应用，在网速很慢、手机很破的时候，仍希望能够正常使用的功能。
- 使用流量大的业务。使用流量大的业务一方面需要保证其可用性，另一方面也需要提高它的延时。这些用户经常使用的业务，用户既希望能一直使用，又不希望它速度慢，例如，网站用户登录、微信朋友圈刷新等。

并不是说不满足这些条件的业务就不适合进行异地多活改造了，落实到实践上，还是要具体问题具体分析。但是业务分类的目的是降低我们进行异地多活改造时需要解决的问题的复杂度和减少额外耗费的精力。越不符合以上条件，则越需要花费更多精力进行异地多活改造。

12.3.2 数据分类

异地多活不仅是业务运作系统的备份，也是数据的备份，因此，进行数据的分类是必需的。

一般来说，适合异地多活的数据要满足以下条件。

- 不要求唯一性。从 CAP 原理的原则出发，我们之前已经得到结论，我们设计的分布式系统都是首先满足 AP（可用性和分区容错性），尽量满足 C（一致性）的，而究其原因则是一致性在一些极端情况下不容易做到，笔者在前文也举过例子。因此，尽管我们会尽量保证数据的一致性，但在进行异地多活改造时，我们需要保证当数据不一致时不会出现系统无法处理的情况，因为我们已经知道异地多活存在一些数据冲突的隐患，所以更加要避免那些绝对不能冲突的数据出现。
- 容错性高。总的来说，容错性是指异地多活系统由于数据同步问题造成业务逻辑或者数据错误之后，后果有多严重，恢复起来有多容易。容错性包含两个方面。
  - 同步的速度要求有多高？是几毫秒、几十毫秒就能同步完成，还是可以以分钟、小时计算？
  - 数据在同步过程中出错甚至丢失，有没有可能恢复？如果不能恢复，后果有多严重？
- 数据量低。一个用户的家庭地址和他的相册的同步速度的差距是不言而喻的，家庭地址的大小最多几千字节，传输和更新的时间都花不了多少，相册可能会达到几十吉字节，耗时会很长，耗时越长，出错的可能性就越大。

与业务逻辑类似，并不是说不满足以上条件的数据就一定不能使用异地多活了，只是越不符合以上条件，系统引入的复杂性和不确定性就越多。

12.3.3 数据同步

在选定了需要进行异地多活改造的业务逻辑并选定了其中要同步的数据之后，就可以着手设计同步方案了。

数据同步是异地多活的核心所在，但它与开发者应该使用的方案没有关系。事实上，异地多活的数据同步最重要的是按需选择技术，根据数据和数据储存技术的特点，使用不同的同步技术，综合各方面的优势，达到同步的目的。

第一种方案是数据库系统自带的同步方案。很多存储系统，如 MySQL 都有自带的跨节点的同步方案，易配置、易使用，不需要开发者自己实现。而且这些系统的同步方案都是广泛使用的商业产品，久经考验，非常稳定。但是它们也有自己的缺点，例如，MySQL 的同步是单线程同步，因此，在数据量大的情况下，延时很高。

除此之外，这些存储系统的方案都是通用方案，无法按照数据类型特点进行定制，从而达到延时和稳定性最优化。

这种方案适合更新次数少及数据量偏少的数据。

利用数据库系统进行数据同步的异地多活架构如图 12.2 所示，不需要节点层面的沟通。

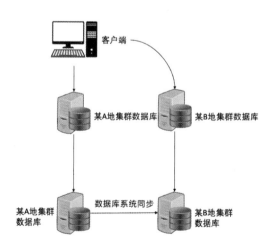

图 12.2　利用数据库系统进行数据同步的异地多活架构

第二种方案是利用消息队列，前面几章我们学过，消息队列在扩容方面具有自由灵活的特点，不会对系统节点造成压力，需要同步数据的 A 地集群数据库只需要将数据全部发送到消息队列中，等待 B 地集群数据库慢慢获取消息并同步，达成数据的最终一致性。

利用消息队列进行数据同步的方案对延时没有保障，尽管经过筛选之后，我们不会要求数据的实时性，但是这依然是一个缺陷，另外，消息队列本身的特点决定了它的消息在没有进行客户端或服务器端验证的情况下顺序不能保障，这也是我们在队列一章中分析到的内容。

因此，对更新速度要求不高，并且对接收同步的顺序要求也不高的业务逻辑可使用消息队列对数据进行同步。

利用消息队列进行数据同步的异地多活架构如图 12.3 所示。

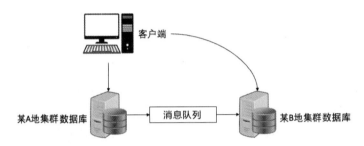

图 12.3　利用消息队列进行数据同步的异地多活架构

第三种方案是采取一种叫作回溯读取的方法。该方法不当场同步数据，而是在用户连接当前数据中心时根据数据中的信息选择去其他数据中心读取并同步。优点是减少同步次数以及相应的潜在错误；缺点是对数据类型要求较为苛刻，只有特殊类型的数据才能使用，并且对其他节点产生了额外的流量压力。

利用回溯读取方法同步的数据也必须对更新速度要求不高。

回溯读取的一个例子是：用户在 A 地集群数据库登录，A 地集群数据库的业务逻辑生成了一个会话，然后用户连接了 B 地集群数据库，这时，用户的请求 Cookie 中包含了该会话的 ID 和生成节点，因此 B 地集群数据库可以使用这些信息向 A 地集群数据库发起一个远程调用获取整个会话信息。

利用回溯读取进行数据同步的异地多活架构如图 12.4 所示。

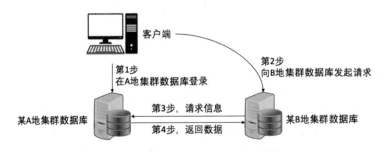

图 12.4　利用回溯读取进行数据同步的异地多活架构

在某些情况下，节点可以选择自己重新生成数据，这种方法的最大优点是不用依赖数据同步，但是缺点是对数据类型要求苛刻，并且要求数据对丢失和修改不敏感。

最后，数据同步还有一个原则，即应该尽量保证异地多活核心数据的最终一致性。最终一致性是与实时一致性相对的，最终一致性的意思就是其字面意思：这些数据最终会变得一致，但需要等待一些时间，这些"时间"可能是几十毫秒、几秒、几分钟，甚至以小时计算。

而实时一致性是指一旦更新，就实时更新所有节点的数据。显然，实时一致性的要求很高且理论上难以达到。追求实时一致性会导致很多问题。但最终一致性不难实现，结合以上的数据同步方式，我们只需要保证核心数据最终一致，在数据已经经过筛选的情况下，业务逻辑不会出现重大问题。

12.3.4　异地多活的数据同步提升方案

有了以上这么多可采用的方案，但异地多活依然存在很多问题，而导致数据不能同步成功，此处笔者推荐两种进一步提升的方案。

（1）双通道数据同步。

所谓双通道数据同步，是指同时使用两种方式同步数据，例如，既使用数据库系统自带的同步方案，又使用消息队列；或者既使用数据库系统自带的同步方案，又使用回溯读取。这种方案就是上了双保险，但是需要注意以下几点。

- 同步数据的特点必须同时满足两个通道的数据要求。
- 除同时满足两个通道的数据要求以外，同步的数据必须可以覆盖。这点不难理解，因为同一个数据会被同步两次，如果它不能被覆盖，显然就存在引入额外漏洞的风险。
- 两个通道尽量不使用同一个网络，假如是同城异地多活，那么一个同步渠道可以使用两个数据中心之间的高速网络，另一个同步渠道可以使用正常的外网渠道。这么做的主要目的在于，如果其中一个网络通道出现问题，至少另一个还有可能完成同步，否则两个都会失败，双保险也就没有意义了。

双通道数据同步的方式如图 12.5 所示。

（2）同步和调用并行。这一思路与双通道数据同步很像，区别在于，另外一条保险不是使用同步，而是使用节点的公共接口。使用公共接口的目的与前一种使用两种网络访问的目的是一致的，为了分散风险，采用两种截然不同的方式访问数据。

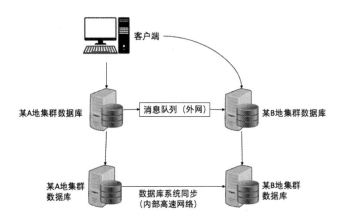

图 12.5　双通道数据同步的方式

采用这种方案需要注意以下几点。

- 同步的数据必须可以覆盖，原因与上一种方案相同。
- 公共接口渠道必须能够访问到想访问的节点。由于 DNS 解析和负载均衡的特点，如果 A 地集群数据库仅仅是像其他 API 一样开放了一个公共接口，那么 B 地集群数据库直接使用 URL 未必可以访问到 A 地集群数据库。A 地集群数据库开放的接口必须仅仅指向它自己才行。
- 两个通道尽量不使用同一个网络，原因与上一种方案相同。

同步和调用并行的数据同步方式如图 12.6 所示。

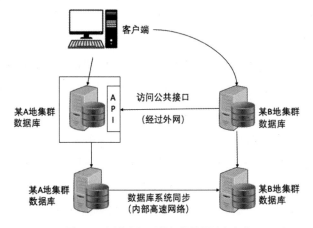

图 12.6　同步和调用并行的数据同步方式

最后，即使有很多种方案可以选择，依然会有一些数据无法进行正确同步，那么应如何处理？答案是容忍这些情况的存在。当网站用户量达到一定程度时，用户所遭遇的情况中会有一些极为少见的极端情况，在概率上可能少于 0.001%，这时候系统要适配这样的情况可能会非常困难。

例如，我们使用数据库系统同步了一些更新频率不高同时量也很少的数据，但是某些用户的数据量巨大，导致同步时间异乎寻常得长，这些用户只占 0.001%，但是这种情况就会导致异地多活对这些用户无效，因为这些用户在连接其他节点的时候，始终无法及时得到最新数据。这时候应该改为使用消息队列、回溯读取这些方案吗？

事实上，如果改为使用消息队列和回溯读取方案，结果可能会更糟。使用消息队列，可能会导致这几个用户的访问速度提高了，但是大多数用户的访问速度降低了；而使用回溯读取可能会极大地增加原节点的流量压力，反而导致节点的性能变差。

在这种情况下，接受无法保证 CAP 同时满足的现状是最好的办法。我们可以通过某些方式联系这些用户，做出解释和赔偿，但是要保证大多数用户的用例的稳定性。只要能够保证核心用例和多数用户的数据一致性和可用性，异地多活改造的目的就达到了。

第 13 章

服务降级

一个人的脚崴了,依然可以做数学题;一辆车的音响坏了,依然可以在路上行驶;做菜撒多了盐,还是能填肚子的,我们希望开发的网站也是如此。无论架构的设计多么精妙、代码写得多么小心,网站总会有出现问题的时候,有时候甚至是非常严重的问题,但除一边诊断问题并修复问题以外,我们最希望的是没有出现问题的那一部分网站依然可以使用。如何做到这一点,就是本章的重点:服务降级。

本章主要涉及的知识点如下。

- 服务降级的基本概念。
- 如何做到服务降级。
- 什么是系统分级。

13.1 服务降级的基本概念

在讨论服务降级的具体准备工作和操作之前,笔者先介绍一下服务降级的基本概念以及它包括哪些类型。除此之外,介绍一种系统设计的大忌:单点故障。它不仅是一个系统在进行服务降级之前必须解决的"拦路虎",也是所有大大小小类型的系统中最严重的隐患。

13.1.1 什么是服务降级

服务降级(Service Degradation)是指在网站服务因技术原因出现重大危机的时候,服务器端通过主动或被动地关闭非核心功能、降低性能、降低用户体验等方式,保证核心业务和核心体验不受影响的技术手段。

服务降级是保证网站高可用的重要手段之一,它体现了高可用架构设计中的"隔离"思想。

服务降级的思路是通过分割和解耦系统内的组件,以达到系统故障被隔离的目的。需要注意的是，服务降级会降低某些单体组件的可用性并保障核心组件的运作，但是这两者之间没有必然的因果关系。

服务降级可以是主动的，也可以是被动的。

主动的服务降级会通过牺牲单体组件的方式来达到保障核心组件的目的。被牺牲的单体组件未必仅仅是出现故障的组件。主动的服务降级有两种情况。

一种情况是关闭故障组件的功能。考虑如图 13.1 所示的组件调用链。

图 13.1　某组件调用链

出现故障的是组件 C，但是它并不是完全宕机，而是出现了较长时间的延时。假如这条调用链是全部同步且阻塞的调用链，即组件 A 调用组件 B，组件 B 在执行业务逻辑的时候调用组件 C，那么组件 C 的高延时就会导致组件 A 调用组件 B 的链接一直在等待中。因此，假如组件 B 调用组件 C 的延时超时，那么组件 A 调用组件 B 的链接也很危险。假如组件 C 的业务不是核心业务而组件 B 的其他逻辑才是核心业务，这时候 A 看到的现象就是 B 也开始超时报错了。

这时，组件 C 的错误就"传染"到了组件 B，并且这种故障还有继续向上蔓延的趋势。如果将组件 C 彻底关闭，让组件 B 跳过调用组件 C 的逻辑，组件 A 调用组件 B 也就不会受到影响了。

在实践中还有许多比这更复杂的情况，例如，错误的用户体验、数据内容的破坏、内网带宽的占用等。

它们有一个共同点，就是出现故障的系统会以各种原因影响其他没有出现故障的系统，一传十、十传百，有时还会恶性循环，这种情况我们统称为雪崩。我们在 6.6.3 节中专门介绍过缓存雪崩，它就是雪崩的一种情况。在整体系统的设计中，防止雪崩最快、最有效的方式就是通过隔离错误组件使得服务降级。

另一种情况是关闭没有故障的组件的功能。这种情况往往出现在网站流量有爆发式增长，但网站没有预料到一些全新用例或者用户行为发生改变的时候。

例如，某组件 A 和组件 B 都会使用数据库，其中，组件 B 的主要任务是进行线下数据分析，从数据库中读取数据，并生成一些用户推荐，而组件 A 则是用户使用的核心逻辑，会对数据库同时产生读/写操作。

某一天，组件 A 突然收到了爆发式的流量，这种流量对数据库形成了很大压力。在平时的流量下，组件 A 和组件 B 同时读取数据库是没有问题的，但是在这种情况下，组件 B 的流量就可能使得数据库存在风险，这种时候，就应该关闭组件 B，从而保证组件 A 的流量可以完全占用数据库的带宽。

说一句题外话，这种架构有很多值得提升的地方，而它的缺陷也正是网站不得不面临主动进行服务降级的原因。

组件 A 和组件 B 不应该读取同一个生产环境中的数据库，因为组件 B 的功能不是核心功能而且需要一定的线下计算，这时候比较好的选择有两种（均利用前几章的知识），由于不是本章重点，所以简略介绍一下。

- 对数据库进行读写分离的改造，分出一个从数据库专门给组件 B 读取用。
- 令数据库或组件 A 发送消息到队列中，然后组件 B 从队列中慢慢读取消息。

被动的服务降级，指的是一种现象，当一个系统服务的子组件的解耦做得非常优秀的时候，某些组件就算出现故障，网站总体依然可以使用。这时尽管单体组件的可用性下降了，但核心组件的功能依然保证可用。

13.1.2 单点故障

单点故障（Single Point Failure）是指一个系统中存在一个服务、一个组件、一个功能，甚至一小段代码，其出现故障会导致整个系统宕机，因此我们称其为单点故障。有时候也简称为单点。

单点故障可以说是高可用架构的完全反面：它一旦失败，整个服务就不可用了，谈何"高可用"？之前我们说过，高可用的两个指导思想就是"冗余"和"隔离"，而单点故障对这两点都不满足，它出现故障之后，既没有备选方案，又会影响其他所有的组件。

注意：单点故障中的单点与它是不是核心业务没有关系！

刚接触该概念的读者可能会以为单点故障一定是核心业务或者与核心业务相关的资源，但其实单点故障可以是系统中的任何问题。举个简单的例子，下面一段 Java 代码模拟了一个用户下单的过程（这段代码只是示意，使用的类都是空的接口，不能正常运行），读者观察一下哪一步是单点故障？

```
01  public void placeOrder(final String customerId,
02                         final List<String> itemIds) {
03      // 获取用户资料
04      final CustomerProfile customerProfile =
05          customerProfileServiceClient.getCustomerProfileById(customerId);
```

```
06          // 从用户资料中获取付款信息
07          final PaymentInfo paymentInfo = customerProfile.getPaymentInfo();
08          int paymentSum = 0;
09          for(final String itemId : itemIds) {
10              // 从库存中减去1,并得到商品价格
11              final int price = inventoryServiceClient.reduceInventory(itemId, 1);
12              // 将商品价格加到用户要付款的总量上
13              paymentSum += price;
14          }
15          // 发送统计数据
16          metricsRecorder.record(customerId, itemIds, paymentInfo, paymentSum);
17          // 通知银行使用用户付款信息支付款项
18          bankServiceClient.pay(paymentInfo, paymentSum);
19      }
```

答案是处处都是单点故障!整个过程是一个没有经过任何调制的同步且阻塞过程,并且没有故障处理,因此,中间任何一步失败都会导致整个功能失败,如果该功能是网站的核心功能,那么这一段代码就是网站的单点故障。

更重要的是,看第16行代码,它发送了一行统计数据,但是没有进行任何故障处理而且以阻塞的形式与主业务逻辑绑定,也就是说,如果统计数据发送失败,也能造成事务失败!

单点故障从小范围看,在核心业务中是可以接受的,但一般也不把这种情况叫作单点故障。例如,上例的第8~18行代码中扣库存、下单都是业务的核心,如果真的其中一步有错误,令整个过程失败,这倒是一个优势。单点在很多情况下指的是从宏观的角度看,系统中有多个组件的情况下,其中一环出错,我们希望其他部分依然可以正常运作。

解决单点故障和拥有服务降级的能力可以说是互为因果,解决单点故障是拥有服务降级能力的前提,而改造架构以获得服务降级的能力的时候,又能解决某些单点故障。因为单点故障解决之后,有的服务就可以被拆分了,在需要服务降级的时候就可以关闭隔离,而完成服务降级改造的服务,则可以将任何一个组件宕机的影响降到最小。

那么,单点故障的解决思路是什么呢?

单点故障分为两种:数据的和业务的。

十几年前有一个关于可口可乐的传说:据说可口可乐的配方是珍贵且绝密的,全世界只有三个人拥有可口可乐的配方,而他们不会一起坐同一架飞机。这一传说虽然无凭无据,但有趣的是它很好地反映了数据单点故障的现象及其解决思路:冗余。数据单点故障的唯一解决思路就是冗余,在关于读写分离的介绍中我们已经提过,在进行读写分离时我们会创建从数据库,而从数据库就是数据备份的主要手段。

除此之外,数据库还可以进行线下备份,各个数据库和云数据库都有自己官方支

持的备份手段，此处不再赘述。

业务单点故障的解决思路主要有以下两个方面。

一方面，创建多个业务节点，比如我们之前介绍的异地多活就是一种主要方案，用于应对业务逻辑之外的故障。

另一方面，如果某组件的业务逻辑本身有问题，那么设置多个集群或者数据中心是不能解决问题的，此时就需要从业务逻辑方面出发，将该组件改造成有能力从其他组件获取必要信息，或者能够为用户提供一个精简版、简化版的用户体验，这也是我们接下来要说的重点。

13.2 微服务与服务拆分

不是所有服务都可以不经任何改造就进行服务降级。服务降级的必要条件之一是所有子组件已经解耦完毕。

13.2.1 什么是微服务

所谓服务（Service），是指一个在服务器设备上运行的软件，它会听取来自网络的请求，并能通过对各种数据的处理而完成请求中指定的任务，或者返回数据给请求者。网站系统就是一种服务。

而微服务（Micro Service）其实指的也是和服务很像的软件，只是相比服务，这个名称更加侧重于这类软件的三个方面。

第一，它的规模不大，这也是为什么叫"微"服务的原因。例如，谷歌搜索肯定不是一个微服务，因为它背后有成千上万个组件为之服务，但提供谷歌账号个人信息的服务可能就是一个微服务。

第二，它的功能单一，责任明确。所有 Web 服务都可以叫作服务，但是当我们称一个服务是微服务的时候，隐含的意思是它的责任非常明确，往往只会有几个 API，或者所有 API 处理的都是一类业务。

第三，使用它不一定要有一个远程调用。这一点可能会有一些争议，但是笔者认为，微服务可以被用来泛指一切在 Web 服务器上运行的、逻辑独立的、有封装好的 API 的组件。有时候当我们进行服务改造时，出于种种原因，暂时没有将一个组件单独部署出去，它没有自己的独立 DNS 和负载均衡，但调用它完全是通过它自身包装的 API，逻辑上与远程调用没有任何区别，这时我们可以将它当作一个微服务。

当然，这样的组件与真正独立部署的微服务还是有区别的。例如，服务降级的一个原因就是防止问题出现在机房、数据中心，而没有独立部署的组件在出现这一类问题的时候会和其他组件一起宕机，如果我们在规划服务降级的时候将它当作一个微服务处理，这时候就会出现一些不一致。

微服务与服务降级的联系在于，在进行服务降级之前需要将一个服务切割、解耦，而所有被解耦出来的组件，都会成为一个微服务。当我们讨论服务降级的时候，很多时候是在讨论微服务级别的关闭和开启操作。接下来，就讨论一下如何将一个服务拆分成多个微服务。

13.2.2 流量模式

流量模式是指请求通过各个微服务时表现出来的流量特征，包括以下几点。
- 平均 TPS 或 QPS。
- 峰值 TPS 或 QPS。
- 每日的流量波动规律。
- 每周的流量波动规律。
- 年度的流量波动规律。

通俗地说，流量模式可以用时间-TPS 的流量图表示，而在同一个时间段内，如果两个微服务用时间-TPS 所表示的流量图有很大不同，我们则认为这两个微服务的流量模式就是不同的，如图 13.2 所示。

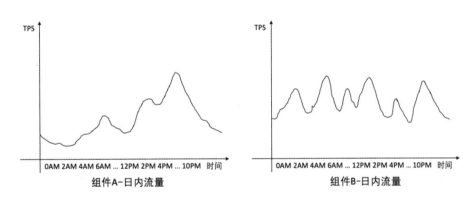

图 13.2　两种不同的流量模式

不同业务逻辑的流量模式基本是不同的，而两个不同的微服务的流量模式多半也是不同的。但此处笔者更想指出的是：服务拆分的一个重要参考，就是寻找流量模式不同的组件，将它们拆分为一个个独立的微服务。以流量模式入手拆分组件的优点主要有以下两个。

第一，通过流量模式拆分组件是最容易且有标准可循的手段。

如果一开始设计和开发系统的时候没有注意直接从一个个小的微服务开始，则会逐渐慢慢滚雪球变成一个庞大的系统。以业务为出发点拆分一个庞大的系统是很难做到准确的，因为"业务"的拆分很难成为一个实用指导思想。例如，电商网站的下单服务从普通用户角度看是一个很明确的业务，但是从技术角度看，它却涉及订单生成、扣库存、付款三个复杂的步骤，其中还涉及诸多操作缓存和数据同步的问题，肯定还需要进一步切分，而进一步切分就没有了业务层面的指导。

而仅从技术角度出发可能很难找到出发点，流量模式就是一个很好的出发点。流量模式能够反映几个看似属于同一个业务的组件究竟是不是承担同一个业务责任。当然，流量模式相同的组件也未必不能继续解耦，但是根据笔者的从业经验，仅从流量模式出发，就能找到很多可以拆分、解耦的点。

第二，根据流量模式拆分的结果，对网站扩容大有益处。在本书开篇笔者就提过，网站伸缩性的最理想状况，就是可以仅仅通过添加或减少服务资源来完成扩容和缩容，但是如果有一个微服务中包含了两个流量模式不同的组件，就一定会出现以下两种情况中的至少一种。

- 一个组件的流量极大，另一个组件的流量极小，所有服务资源不得不按照流量大的进行扩容，从而造成了极大的资源浪费。
- 一个组件的流量很稳定，另一个组件的流量的波动很大，服务资源不得不为了波动很大的那个组件时刻伸缩，非常麻烦。

根据流量模式拆分之后，各个微服务各自独立伸缩，压力测试和伸缩计算都非常直观和方便。

13.2.3　如何拆分服务

下面就来讨论一下如何拆分一个大型服务。

（1）我们可以将一个被多个组件访问的数据资源包装起来。

这种资源通常是数据库。多个组件同时访问一个数据库的示意如图 13.3 所示。

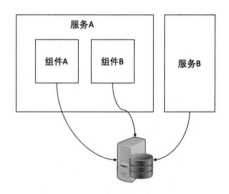

图 13.3　多个组件同时访问一个数据库的示意

我们可以将该数据库包装成一个独立的组件,将读和写操作封装成 API,这种方式不仅明确了数据资源的所属权,而且可以在包装层之后添加诸如缓存和读写分离这样的优化架构,如图 13.4 所示。

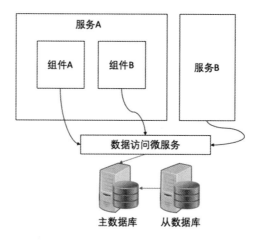

图 13.4　封装成独立组件的数据库

(2) 将不是核心业务并且不必要的业务逻辑全部改造成异步且非阻塞架构。

我们在第 9 章中已经整整花了一章叙述异步且非阻塞的好处和改造步骤,此处不再详细叙述。笔者只想在这个基础上指出一点。

我们在 10.3 节中对第 9 章的一个实例进行了进一步的改造,将一个异步的回调改成了队列,并且有详细的论述,希望读者能够对这一实例有深入思考,结合自身遇到的需求,研究回调 API 和队列哪种是更好的改造方法。笔者此处指出最关键的点,具体使用哪种方法交给读者决定。

回调 API 的好处是不用处理队列有关的扩容和服务降级问题,包括队列本身和拉取队列消息的线程;而队列的好处在于对流量处理收放自如。

(3) 寻找循环调用的逻辑,能够拆分的服务往往就隐藏在其中。所谓循环调用,是指服务 A 调用服务 B,服务 B 又调用服务 A。这种调用存在两个主要问题。

- 这种情况下,服务 A 要进行扩容非常困难,因为服务 A 的流量模式会受到自身流量和服务 B 的综合影响。
- 既然是服务 A 调用服务 B,服务 B 调用服务 A,那么服务 A 肯定身兼两职。

细心的读者可能注意到了,第 9 章和第 10 章中的仓储货物调用实例不就是一个循环调用的例子吗?一点没错!因此,最理想的状态是让通知仓储服务调动货物的服务不负责接收仓储服务的回调,而是再拆分出一个微服务,如图 13.5 所示。

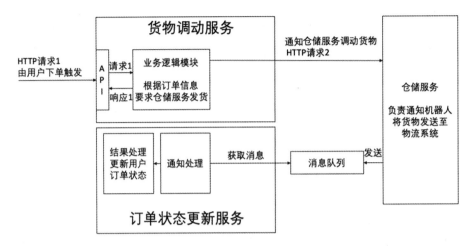

图 13.5　拆分后的订单状态更新服务

这样我们马上就可以看出服务拆分和服务降级的好处。

假如获取仓储服务通知的业务逻辑出现了严重问题,例如,影响整个服务器性能的内存泄漏,如果没有拆分服务,我们除马上诊断并修复问题以外束手无策(这可能会花很长时间而且紧急部署也存在风险),而且又不能关停货物调动,否则整个公司的业务都会受到影响;如果已经完成了拆分,那么就可以关停订单状态更新服务,并通知用户"现在您的订单状态没有更新,但您的货物都已经发出"。

同时,我们在这种情况下还看出了队列的优越性。

我们关停订单状态更新服务之后,消息会积压在队列中,不会出现信息损失,当我们完成修复之后重新开启服务,积压的消息又能被成功处理。如果是直接调用 API,这些请求丢失了就丢失了,假如仓储服务没有另外的数据备份,要恢复用户信息并不容易,要将那个时间段内货物调动服务收到的用户信息与仓储服务调动过货物的物主进行比对并回填数据,而使用队列时,我们什么额外工作都不用做。

(4)将有状态的服务都尽量改造成无状态的服务。

状态是指一组数据被多个组件一起使用来完成一个事务,则这组数据是一个状态。因此,通俗地说,无状态的服务指的就是当前服务器本身不会保存数据,数据会被专门存放在存储结构中。如果有任何保存数据的服务,都一定要将其中的数据转移到专用的数据存储结构中。

(5)所有在服务降级中可能被关闭的服务,都必须要通过配置服务器端的默认返回值来保证这些服务的调用者逻辑不会出错,或这些服务的调用者必须有在调用失败时跳过该步的逻辑。

这个不难理解,服务降级通俗地说就是将一些服务从业务逻辑中移除,如果没有默认值或跳过的逻辑，移除这些服务岂不是会造成更大的问题？例如，有的服务原先只是部分超时，移除之后则变成100%失败，那么这些服务的调用者没有经过处理的逻辑会彻底崩溃。

拆分完服务之后，我们就可以很轻松地根据需要进行服务降级了。服务降级在完成准备后，在操作上没有复杂的技术手段：一种是手动；另一种是自动。

手动的服务降级主要包括以下几种手段。

- 通过调整负载均衡配置，将遇到问题的服务器、集群、API 或整个微服务从负载均衡中移除，这里的小技巧是，如果被移除的服务有替代品，或者有一些友好的提示信息，我们可以将这些流量导向这些替代品或重定向页面。
- 通过部署工具直接将需要停止的微服务根据需要在特定服务器上、集群上关停或者整个关停。
- 调整灰度发布，令用户回到旧的用户体验上。我们在第 17 章中还会具体介绍。

自动的服务降级包括以下两种手段。

- 限流。
- 熔断。

限流是指拒绝一部分请求，熔断（Circuit Breaker）则是指通过一种自动的机制将整个微服务从架构中暂时移除，我们在第 14 章中会专门介绍。

13.3　系统分级

系统降级时应该"牺牲"哪些服务？出现系统报错或可能宕机的危机时，我们应该对哪些微服务的情况保持警惕？只有完成了系统分级，我们才能回答这些问题。

13.3.1　分析系统流程图

系统流程图就是表示系统组件之间互动逻辑的示意图，它对开发者分析系统和进行服务拆分非常重要。

当我们为了进行系统分级而画系统流程图的时候，不必过于拘泥标准，只需要能够表达意义即可，本书所画架构示意图都可以当作系统流程图，如图 13.5 所示的就是一种流程图。但是画系统流程图需要注意以下几点。

- 不需要标准地画出所有数据的流向，但是关键业务数据的流向必须要有。这一点可以用来识别关键组件。

- 数据存储组件和业务组件必须使用不同的图标。这一点对选择关键组件、决定降级后恢复工作是否涉及数据非常重要。
- 相互独立的微服务要标明。同样地，不相互独立的组件一定不能画成独立的图示。这一点之前说到微服务的概念时也提过，假如有逻辑独立、有自己 API 但和其他组件部署在一起的服务，在画系统流程图时务必不要画成独立的微服务，这对以服务降级为目的的系统分析会造成严重影响。
- 在描述服务和存储结构时，适当使用业务描述。业务描述不属于技术范畴，也不属于系统设计范畴，但对服务降级的分析至关重要。

画好系统流程图之后，就应该对系统进行分析并分级，大致来说，我们可以按照以下标准将系统分为 4 个等级。

（1）不属于业务逻辑。例如，数据分析和挖掘、日志分析等服务。

（2）属于业务逻辑或直接面向用户，但与核心业务逻辑不在同一个工作流上。例如，各种网站的推广广告、邮件等。

（3）属于业务逻辑且与核心业务逻辑在同一个业务逻辑链条上或在同一个页面上。例如，购物车页面的商品推荐、下单页面的商品详细说明等。

（4）属于核心业务逻辑。例如，下单页面。

分级的目的很明显，就是在需要进行服务降级时，除错误页面以外，知道可以"丢卒保车"哪些微服务，其中我们要保护的就是第（4）条，而第（1）条和第（2）条是必然可以在必要时关停的，而第（3）条需要格外小心，第（3）条也是可以关停的，但需要对第（3）条中的微服务全部检查一遍，确认它们符合以下 2 个条件。

- 产品经理和交互设计师确认了它们的关停不会对用户的使用造成很大的影响。
- 它们的微服务已经彻底与核心业务解耦了。

13.3.2 一级系统

一级系统或一级微服务是笔者用来称呼满足以下条件之一的微服务的。

- 直接面向用户且是功能入口的前端微服务，例如，电商网站的下单页面。
- 核心业务逻辑的微服务。

在进行服务降级时绝对不可以对一级系统降级，因为它们是系统的核心。一级系统出现任何问题，都必须触发高级别的警报并通知开发者诊断问题。

除此之外，一级系统不仅需要高度的投入，还需要有最严格的监控标准。例如，网站首页的前端微服务一般都算一级系统，它的故障率最好不要超过 0.0025%，而平均延时最好控制在 200 毫秒以内，这些值可以根据公司业务特征进行调整，重要的是它需要最严格的监控标准，这样当系统出现问题时开发者能第一时间做出反应。

需要注意的是，不是所有系统都一定要有一级微服务，尤其是在网站和公司的规模很大、不同组件由不同团队管理时，一些团队中的所有微服务都不直接面向用户或者不涉及公司的核心业务，这时候就可以认为这些微服务都不是一级微服务。

第 14 章

限　　流

所有网站服务都有能够承受的流量上限，一旦超过该上限，系统性能将会下降、变得不稳定，有时候超过上限流量仅仅是因为网站太火爆了，访问的普通用户很多，有的时候则是因为一些恶意攻击，试图使用垃圾流量淹没正常流量，使网站服务宕机。

无论哪种情况，网站开发者都需要设计一种专用手段来保护自己网站的正常运作，这就是限流。

本章主要涉及的知识点如下。

- 限流的基本概念。
- 限流算法的介绍。
- 服务限流需要考虑的问题。
- 使用 Nginx 配置限流功能。

14.1　限流的基本概念

限流在现代网站服务中非常常见。本节主要介绍限流的基本概念和为什么网站服务需要限流，以及限流的几种流量判断标准和限流思路。

14.1.1　什么是限流

在 Web 开发中，限流（Rate Limiting 或 Throttling）是指限制客户端以超过某个频率调用自身服务的一种行为。

例如，某服务可以设置自己的 API 一秒最多可以被调用一次，假如有两个客户端同时调用一个 API，或者一个客户端在一秒内发出了两个调用该 API 的请求，那么至少有一个请求会被该服务拒绝。

需要注意的是，限流与我们平时所遇到的论坛上某用户被封号不同，也与无法访问某些网站的现象不同，限流一般情况下不是针对客户端、用户 ID、IP 地址或者类似可以用于识别请求的特征的。限流与封禁（Block）不同，它的目的既不是针对某个特定的用户或客户端，也不是针对某种特定的行为的，而是对自身服务被调用频率的一个总体保护。

同时，限流系统也与安全系统的功能不同，如果网站开发者为自己的服务器安装了一些安全保护系统，某些情况下它会拒绝一些特殊请求和访问模式，但它也不是限流系统，因为它拒绝访问是基于请求中的某些特殊元素的，并非访问频率本身。

总而言之，只有基于频率拒绝访问的行为才属于限流。

14.1.2 为什么需要限流

我们在本书开篇提到，网站在设计和实现之前，会有收集需求的环节。需求中会指明一点：网站应该达到什么样的流量规模。流量规模一般会用以下两个标准描述。

- 平时的平均流量或 P50（即中位数）流量是多少 TPS 或 QPS。
- 最大峰值流量是多少 TPS 或 QPS，并且会持续多久。

峰值流量一般持续时间很短，从几秒到几分钟不等。例如，微博在发布热点话题时会持续很多天的高频更新，以及电商网站在年底、年初时的高流量，我们不视作普通需求中的峰值流量，而视作特殊需求，并专门为之配置资源。

在网站服务上线之前，业内实践一般都会对服务进行压力测试（本书最后一章会详细介绍），然后根据网站系统需求，准备好足够的服务器资源，包括服务器、数据库、下游组件和其他服务资源等。

在这之后，网站就会上线，但所谓计划赶不上变化，在生产环境中，我们很难指望实际收到的流量永远符合需求中描述的流量规模，原因有以下三点。

（1）错误估计的商业需求。这不属于技术方面的问题，但也很常见，即产品或数据科学家错误估计了网站的商业需求，用户对某功能的使用热情远远高于或者远远低于预期，以及用户使用某些 UI 的交互方式完全出乎产品的意料等，这些都会造成预期流量异常，使网站实际接收到的流量与为之配置资源的流量迥然不同。

（2）错误计算的流量映射。这一般就是开发者的失误了。这种情况指的是网站前端的用户行为和流量估计正确，服务器最外围的 API 接收到的也是大体正确的流量，但由于业务逻辑或架构设计，这些流量映射到网站内部组件或者微服务组件之间的互相调用流量却出乎意料。例如：

- 网站内部组件 A 会调用组件 B，但组件 A 处理请求的延时波动很大，导致请求到达组件 B 时扎堆，组件 B 可能在瞬时会收到大于预期的流量；
- 网站内部组件 A 在某些情况下会多次调用组件 B，但计算组件 B 的流量时忽略了这些情况，只按照 1∶1 流量进行了设置，而在实际运行时，组件 B 收到的流量会远大于计算流量。

（3）恶意攻击流量。这种情况也不少见，当网站的业务规模达到一定程度时，可能就会有竞争对手或黑客对网站发起恶意攻击，其中一种手段就是 DDoS 攻击。

DDoS 攻击的原理很简单，即攻击者向被攻击网站发送大量无意义的流量，当超过某个阈值之后，网站服务就会出现问题，无法接收新的无论是正常还是恶意的请求，这样攻击者就达到了破坏网站业务的目的。就好像某办事处正常办理业务的时候，突然涌进一群闹事人员，挤占了有需求的用户的空间，这时候办事处就无法正常运作了。

需要注意的是，DDoS 攻击无法简单通过限流来阻止。前文指出过，限流系统不是针对某种特定请求类型或者客户端的，它针对的是请求的访问频率。DDoS 攻击尽管会被限流系统过滤掉大多数请求，但是仍然会有一部分请求占据正常信道。

例如，某限流系统只允许 100TPS 的访问频率，平时正常用户使用的 TPS 只有 50，这时遇到 DDoS 攻击，它的 TPS 肯定远远高于这些 TPS，假如是 10 000TPS，在没有额外防护系统的前提下，限流系统看到的是 10 050TPS 的流量，它自己无法识别谁是恶意的、谁是正常的，只能简单地进行限流，这时候就算恶意攻击的 9910 个请求都被过滤掉了，剩下的 90 个请求依然会挤占正常流量的位置，由于限流系统只允许每秒接收 100 个请求，正常用户的 50TPS 中就只剩 10 个请求可以通过。

DDoS 攻击的真正防护还要靠安全人员的介入，例如，设置恶意流量监测、封禁有特征的客户端(但一般 DDoS 攻击的流量都是通过世界各地的客户端和代理发送的)等，这是另一个宏大的话题，本书不深入探讨。但这并不意味着限流系统不能起到作用。同一种模式的恶意攻击流量在第一次试图访问某网站服务的时候，限流系统就能起到作用，这是一个自动的过程，在安全人员意识到并采取人工介入之前，限流系统可以为服务提供基本的保护，另外，有时候 DDoS 攻击的规模比较小，这时候我们也不必启用或搭建安全系统，简单的限流系统就能完成保护工作。

注意：限流系统绝不是开发者不为网站好好扩容的理由！

限流系统的功能容易给人一种错觉：有了这样令人放心的"保镖"，我们可以在网站扩容方面松口气了，因为即使网站的服务资源不够，高峰期依然不会瘫痪，因为有限流系统的保护。尤其有的限流系统还支持请求的缓冲，即在流量过大时，不直接拒绝服务，而是将这些多余请求放到一个缓冲区，在后端服务空闲之后，慢慢发送给后端服务，这就更加给人限流系统可以被用作系统扩容的备用手段的感觉。

注意：限流系统和系统扩容是两码事。系统扩容是网站开发者为应对流量增长和流量高峰必须做的事情，而限流系统仅仅应该被用作对计划之外的流量提供系统保护。

14.1.3 限流的几种标准

限流有很多种标准，笔者按照它们限制流量的类型，将它们分为以下四大类。
- 基于时间窗口内的请求数。
- 基于瞬时的请求数。
- 基于当时连接数。
- 基于服务器或系统指标。

需要注意的是，这几种标准和我们后续要讨论的限流算法有一些不同，因为这些标准只描述了一个大致的范围，具体到实现上，由于不同的人有不同的理解，不同的人对流量有不同的考虑，会延伸出很多种不同的算法。例如，后续要介绍的时间窗口和令牌桶（事实上它们也是总称，具体也有好几种不同思路的算法）就都是基于时间窗口内的请求数的标准的算法。

下面以办事处为例进行说明。

基于时间窗口内的请求数的标准，即在给定的一个时间范围内设置一个请求数的上限，在该时间范围内的请求数量高于该上限时，剩下的请求都被全部拒绝或缓冲。这种标准在各大限流系统的实现中最常见、最成熟，也比较实用，因为它与网站扩容的思路接近，使开发者可以很容易将自己系统的性能对应到所需的限流阈值。

该标准就好比办事处规定今天只接待 1000 人，然后门口的管理人员数今天进来多少人，第 1000 人之后的都拒之门外。

基于瞬时的请求数的标准，即在每个瞬间的请求数不能超过设置的某个值的上限。与上一种思路的区别在于，它只关注一个瞬间进来的请求数量，而不关注过去一段时间内（即使再短）的请求数量之和。

该标准就好比办事处的门口有一个宽度限制，例如，不允许 10 人同时并排进入。

基于当时连接数的标准，即时刻关注系统当时已经被占用的连接数，在系统所有连接都被占用并且没有一个连接被释放的情况下，拒绝新的请求进入。该连接数的限制不一定在系统最前端的 API 上，它可以指系统的任何子组件互相连接的部分，因为系统连接数的瓶颈不一定在最前端的 API 上。

该标准和上一种标准最主要的区别在于，当所有连接数被占用之后，即使后面一段时间内都没有新的请求进入，只要没有连接被释放，新的请求进入就一定会被拒绝，而上一种思路只需要保证一个瞬时没有超过阈值，后面的请求就依然可以进入。

该标准就好比办事处一共有 10 个办事窗口，当 10 个办事窗口都有人在办理业务时，办事处就不允许新的顾客进入了。

基于服务器或系统指标的标准比较理想化，它指的是限流系统时刻监控某一种指标，当该指标超过或低于某个阈值时，限流系统拒绝新的请求进入，直到该指标恢复正常。例如，限流系统可以监控服务器单机 CPU 的使用率，当使用率高于某个阈值时，就暂时拒绝服务；或者限流系统关注某个系统内部组件的延时，当延时超过某个阈值时，就暂时拒绝服务。

该标准看似非常美好，因为理论上开发者只要找到系统的瓶颈所在，然后监控该瓶颈，根据该瓶颈指标决定系统是否可以服务新的请求即可，但是实际操作中这种标准问题很多，因为这种监控机制对于限流系统而言并不直观，它要限制的东西（请求数）和它要监控的东西（某个系统指标）不是同一个，在实现的瞬时性能上会有影响，而这点影响可能就决定了限流系统是否有效，而且绝大多数情况下，网站开发者不会自己去实现限流系统，而主流限流系统是很少允许这一种标准定制监控项目的。

该标准就好比办事处决定，当办事处室内温度高于 30 度时，就不再允许新顾客进入了；当办事处的计算机都出现故障的时候，就不再接待顾客了；等等。

可以看出，限流系统的不同标准之间并没有优劣之分，实践上网站应该使用采用了哪一种标准的限流系统应该取决于网站自身的业务特点和扩容瓶颈，例如，每个事务耗时较多的应该采用基于当时连接数的限流标准，事务办理快但处理线程有限的应该采用基于瞬时的请求数的限流标准，而没有特殊需求的服务则可以采用久经考验的基于时间窗口内的请求数的限流标准等。

14.1.4　限流的几种思路

下面我们介绍一下限流的几种思路。不同的人对"限流"这个词的理解是不一样的，不同的系统对限流的需求也是不一样的。当限流系统根据以上标准对请求进行了初步筛选，发现了多余的流量，这时候应该怎么做？

我们之前主要讨论的都是直接拒绝多余的请求，这只是一种思路，当然，它也是业内最常见、被实现和实践最多的思路，而在实践中还有一些其他不常见，但在某些情况下比拒绝请求更合适的思路。限流的所有思路如下。

- 拒绝请求。
- 区分优先级。
- 缓冲。
- 熔断。

拒绝请求之前已经介绍过了，监控请求访问的频率，凡是超过该频率的，新的请求都一律拒绝。如果服务使用的是 HTTP 协议，那么这时候在响应中最应该使用的状态码是 429，代表请求过多，这样客户端就知道该请求被拒绝不是因为它本身的请求出错，也不是因为服务器出现故障，而是因为当时的流量过大。

拒绝请求的优缺点都很鲜明，它的优点就是简单且安全，容易实现。缺点则是由于直接拒绝了请求，客户端的体验无论如何不会太好。

区分优先级则是对客户端或请求的区分，在流量过大时，优先处理核心的请求，拒绝不核心的请求。有的读者会觉得这种思路非常有用，因为它有效地阻止了无意义的流量对系统的破坏，并在高峰时不仅像拒绝请求思路那样保障了一部分业务的正常运作，而且保障的还是核心需求！但是这种思路有三个重大缺陷。

- 它要求开发者和产品对业务需求有所分类。这看似简单，但操作起来是很不容易的，因为它区分的不是不同业务的核心与不核心，而是同一个 API 调用请求的优先级，这就不如前者那样显然，可能还需要进行一些数据挖掘和处理才能识别。
- 优先级的标准需要是动态的。例如，某 API 的限流阈值是 100TPS，当 TPS 达到 150 的时候触发了限流，筛掉了低优先级的请求，但当 TPS 是 105 的时候，同样也要限流，这时候应该筛掉同样标准的低优先级请求吗？筛选完毕，可能剩下的请求数反而少于 100。因此，优先级标准必须是动态的，以保证根据流量大小，筛掉合理比例的低优先级请求，这又增加了限流系统的复杂度。
- 它将一部分和业务相关的逻辑带入了限流系统。限流系统的本来目的是让请求到达业务逻辑之前有所筛选，以保护业务逻辑不受影响，这样一来，限流系统也处理了一部分业务逻辑应该处理的任务。而且，限流系统从其用途上来看，就应该在极大流量下也能正常运行，否则如果流量很大时限流系统宕机，那么它存在的意义又是什么？为了达到这一目的，限流系统的逻辑必须尽可能简单，才更加能保证其高性能和稳定性，加入了请求的筛选，就增加了它的复杂度。

缓冲的思路与拒绝请求相反，它不直接拒绝多出来的请求，而是利用某种快速存取的结构，或者队列结构，将多余的请求暂时存储，然后当后端服务器可以接收新的请求时，将这些请求传送过去。

基于缓冲思路的限流系统的架构如图 14.1 所示。

缓冲相对于直接拒绝请求，对于客户端的体验而言有着根本的区别，拒绝请求状态下，多余的请求会被直接拒绝，而缓冲时客户端不会感受到限流系统的存在，只会观察到较高的延时，因为请求最终还是会被处理的。

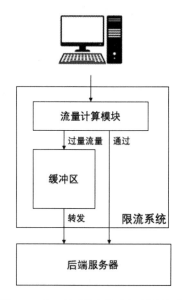

图 14.1　基于缓冲思路的限流系统的架构

缓冲和拒绝请求相比，存在如下问题。

- 缓冲本身是占用资源的。无论是保存请求所使用的存储资源，还是转发时的逻辑占用的计算资源，在大流量下都是不小的开销，因此，在发生超大流量访问和大规模的恶意攻击时，缓冲依然不能正确处理请求，甚至缓冲系统有自己宕机的风险。如果为了解决这一风险而使缓冲系统扩容充分，那么我们为什么不干脆将同样的资源花在后端服务器本身呢？
- 缓冲会增加客户端的延时，有的客户端会因为请求最终被处理而满意离开，但有的客户端可能会因为该服务以往花的时间很短而设置了一个较短的超时时长，而请求被缓冲的时候，客户端可能已经超时报错或者重试了，因此可能缓冲服务器执行了业务逻辑，客户端却不知道，一定程度上就失去了缓冲的意义，因为如果客户端无论如何都要报错或者重试，那么为什么不直接拒绝请求呢？

熔断这个词原先来自电路。电路中会有保险丝，在电路异常的时候，保险丝会先熔断，保证不会出现更大的危险。熔断用在此处，指的就是当流量变得非常巨大或者出现异常时，系统直接暂时关闭，拒绝所有请求，等待流量恢复正常之后再恢复工作。

熔断逻辑的状态机表示如图 14.2 所示。

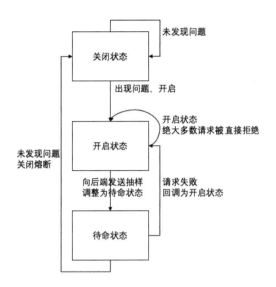

图 14.2　熔断逻辑的状态机表示

熔断系统会用三个状态表示：关闭、开启和待命。其中，关闭表示熔断系统关闭，即正常系统流量可以通过；开启表示熔断系统开启，流量无法通过；待命则表示熔断当前正在运作，需检测是否需要关闭。图 14.2 描述了以下逻辑。

- 当处于关闭状态时，只要请求或流量没有问题，就不进行修改。
- 当发现请求或流量出现问题时，设置系统状态为开启。
- 当处于开启状态时，大多数流量被直接拒绝，少部分请求抽样尝试向后端发送，此时将系统状态设置为待命。
- 如果请求成功，则从待命状态调整为关闭状态。
- 如果请求失败，则回调为开启状态。

熔断的优缺点也很明显。优点在于比较简单，不用担心系统大流量状态下的运作，而且对于系统而言绝对安全。而缺点也很明显，当流量超过一定限度的时候，所有请求都被拒绝，而不像前几种一样至少可以部分工作，这就部分违背了可用性的原则。

可能有的读者会感到困惑：熔断与拒绝请求比较，明显不如拒绝请求，因为拒绝请求至少能保证一部分请求正常执行，而在熔断情况下一个请求都不能正常执行，为什么还要采用熔断呢？仅仅是因为熔断比拒绝请求（看起来）逻辑更简单吗？

答案是熔断的应用场景和拒绝请求的应用场景是有一些区别的。

拒绝请求可以被用在系统的各个位置，但大多数情况下用在系统入口处，用于保护系统总体被访问的频率。而熔断则被用在系统的各个内部组件的连接点上，较少被用在总的对外接口中，如图 14.3 所示。

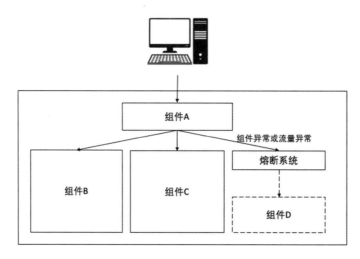

图 14.3　子组件应用熔断的系统

我们在上一章中讨论过服务降级并提到过熔断，熔断是自动服务降级的重要手段之一，即系统在被合理切分之后，如果出现流量过大、异常流量或者系统问题导致内部组件沟通流量出现问题时，出于保护系统不受某些脆弱子组件影响的目的，熔断机制会自动关闭这些子组件，将它们从系统流程中暂时移除，这样就100%确保了这些组件不会影响核心业务逻辑。

因此，熔断尽管会导致它背后的系统整个不可用，却是系统整体高可用的手段之一。作为服务降级的自动化手段，熔断体现的是"隔离"的高可用设计目标。

总而言之，读者可以选择其他手段作为系统总体入口的限流手段，而熔断则可以作为一个非常有效的子组件限流手段。

14.2　限流算法

下面笔者将介绍几种常见的限流算法。大多数情况下，我们不需要自己实现一个限流系统，但限流在实际应用中是一个非常微妙、有很多细节的系统保护手段，尤其是在大流量时，了解你所使用的限流系统的限流算法，将能很好地帮助你充分利用该限流系统实现自己的商业需求，并规避一些使用限流系统可能带来的大大小小的问题。

14.2.1　令牌桶算法与漏桶算法

令牌桶（Token Bucket）算法是指设计一个容器（即桶），由某个组件持续运行往该容器中添加令牌（Token），令牌可以是简单的数字、字符或组合，也可以仅仅是一个计数，然后每个请求进入系统时，需要从桶中领取一个令牌，所有请求都必须有令牌才能进入后端系统。当令牌桶空时，拒绝请求；当令牌桶满时，不再往其中添加新的令牌。

令牌桶算法的架构如图 14.4 所示。

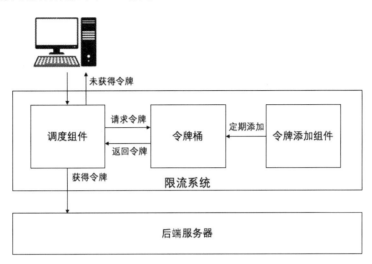

图 14.4　令牌桶算法的架构

令牌桶算法的实现逻辑如下。

首先，定义一个时间窗口的访问次数阈值，例如，每天 1000 人，每秒 5 个请求。一般限流系统的最小粒度是秒，再小就会因为实现和性能的原因而变得不准确或不稳定，假如 T 秒内允许 N 个请求，那么令牌桶算法则会使令牌添加组件每 T 秒往令牌桶中添加 N 个令牌。

其次，令牌桶需要定义一个最大值 M，当令牌添加组件检测到令牌桶中已经有 M 个令牌时，剩余的令牌会被丢弃。反映到限流系统中，可以认为是当前系统允许的瞬时最大流量，但不是持续最大流量。例如，令牌桶定义的令牌最大值是 100，每秒会往其中添加 10 个新令牌，当令牌桶满的时候，突然出现 100TPS 的流量，这时候是可以承受的，但是假如连续出现 2 秒的 100TPS 流量是不行的，因为令牌添加速率是每秒 10 个，所以添加速度跟不上使用速度。

因此，凡是使用令牌桶算法的限流系统，我们都会注意到它在配置时要求具备两个参数。

- 平均阈值（rate 或 average）。
- 高峰阈值（burst 或 peak）。

通过笔者的介绍，读者应该意识到，令牌桶算法的高峰阈值是有特指的，并不是指当前限流系统允许的最大流量。因为这一描述可能会使人认为只要低于该阈值的流量都可以，但事实上并不是这样，因为只要高于添加速度的流量持续一段时间后都会出现问题。

反过来说,令牌桶算法的限流系统不容易计算出它支持的最大流量,因为它能实时支持的最大流量取决于当时整个时间段内的流量变化情况,即令牌存量,而不是仅仅取决于一个瞬时的令牌存量。

最后,当有组件请求令牌的时候,令牌桶会随机挑选一个令牌分发出去,然后将该令牌从桶中移除。需要注意的是,此时令牌桶不再进行其他操作,令牌桶永远不会主动要求令牌添加组件补充新的令牌。

令牌桶算法有一个同一思想、方向相反的变种,被称为漏桶(Leaky Bucket)算法,它是令牌桶的一种改进,在商业中应用非常广泛。

漏桶算法的基本思想是将请求看作水流,用一个底下有洞的桶盛装,底下的洞漏出水的速率是恒定的,所有请求进入系统的时候都会先进入这个桶,并慢慢由桶流出交给后台服务。桶有一个固定大小,当水流量超过这个大小的时候,多余的请求都会被丢弃。

漏桶算法的架构如图 14.5 所示。

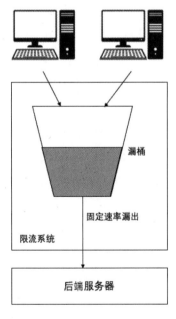

图 14.5 漏桶算法的架构

漏桶算法的实现逻辑如下。

- 首先,用一个容器存放请求,该容器有一个固定大小 M,所有请求都会先被存放到该容器中。
- 该容器会有一个转发逻辑,该转发以每 T 秒 N 个请求的速率循环发生。

- 当容器中的请求数已经达到 M 个时,拒绝所有新的请求。

同样地,漏桶算法的配置也需要具备两个参数:平均阈值和高峰阈值。只是平均阈值这时候用来表示漏出的请求数量,高峰阈值则用来表示桶中可以存放的请求数量。

注意:漏桶算法和缓冲的限流思想不是一回事!

同样是将请求放在一个容器中,但漏桶算法和缓冲不是一个用途,切不可搞混,它们的区别如下。

- 在漏桶算法中,存在桶中的请求会以恒定的速率被漏出给后端服务器,而在缓冲思想中,放在缓冲区域的请求只有等到后端服务器空闲下来了,才会被发送出去。
- 在漏桶算法中,存放在桶中的请求是原本就应该被系统处理的,是系统对外界宣称的预期,不应该被丢失,而在缓冲思想中,放在缓冲区域的请求仅仅是对意外状况的尽量优化,并没有任何强制要求对这些请求进行处理。

漏桶算法和令牌桶算法在思想上非常接近,而实现方法则恰好相反,它们有如下的相同和不同之处。

- 令牌桶算法以固定速率补充可以转发的请求数量(令牌),而漏桶算法以固定速率转发请求。
- 令牌桶算法限制的是预算数,漏桶算法限制的是实际请求数。
- 在有爆发式增长的流量时,令牌桶算法在一定程度上可以接受,漏桶算法也可以,但当流量爆发时,令牌桶算法会使后端服务器直接承担这种流量,而漏桶算法的后端服务器感受到的是一样的速率变化。

因此,通过以上比较,我们会发现漏桶算法略优于令牌桶算法,因为漏桶算法对流量控制得更平滑,而令牌桶算法在设置的数值范围内,会将流量波动忠实地转嫁到后端服务器上。

漏桶算法在 Nginx 和分布式的限流系统,如 Redis 中都有广泛应用,是目前业界十分流行的算法之一。

14.2.2 时间窗口算法

时间窗口算法是比较简单、基础的限流算法,由于它比较简单,所以不适合大型、流量波动大或者有更精细的流量控制需求的网站。

时间窗口算法根据确定时间窗口的方式,可以分为以下两种。

- 固定时间窗口算法。
- 滑动时间窗口算法。

固定时间窗口算法最简单，相信如果让初次接触限流理念的读者去快速设计实现一个限流系统的话，也可以很快想到这种算法。这种算法的思路为在固定的时间段内限定一个请求阈值，没有达到让请求通过，达到则拒绝请求，步骤如下。

（1）先确定一个起始时间点，一般就是系统启动的时间。

（2）从起始时间点开始，根据我们的需求，设置一个最大值 M，开始接收请求并从 0 开始为请求计数。

（3）在时间段 T 内，请求计数超过 M 个时，拒绝所有剩下的请求。

（4）超过时间段 T 后，重置计数。

固定时间窗口算法的思路固然简单，但是它的逻辑是有问题的，它不适合流量波动大和有精细控制流量需求的网站。让我们看以下例子。

假如我们设置的时间段 T 是 1 秒，请求最大值是 10，在第 1 秒，请求数量分布为第 500 毫秒时有 1 个请求，第 800 毫秒时有 9 个请求，如图 14.6 所示。

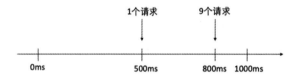

图 14.6　固定时间窗口限流第 1 秒的请求分布

对于第 1 秒而言，这个请求分布是合理的。

此时第 1200 毫秒（即 2 秒中的第 1200 毫秒），又来了 10 个请求，如图 14.7 所示。

图 14.7　固定时间窗口限流第 2 秒的请求分布

单独看第 2 秒的请求分布依然是合理的，但是两个时间段连在一起的时候，就出现了问题，如图 14.8 所示。

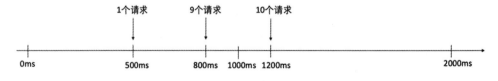

图 14.8　固定时间窗口限流前 2 秒的请求分布

从 500 毫秒到 1200 毫秒，短短 700 毫秒的时间内后端服务器就接收了 20 个请求,这显然违背了一开始我们希望 1 秒最多接收 10 个请求的初衷。这种远远大于预期的流量添加到后端服务器上,是会造成不可预料的后果的。因此,人们改进了固定窗口的算法,将其改为检查任何一个时间段都不超过请求数量阈值的时间窗口算法:滑动时间窗口算法。

滑动时间窗口算法要求当请求进入系统时,回溯过去的时间段 T,找到其中的请求数量,然后决定是否接收当前请求,因此,滑动时间窗口算法需要记录时间段 T 内请求到达的时间点,逻辑如图 14.9 所示。

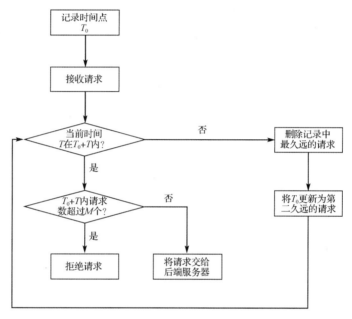

图 14.9 滑动时间窗口限流系统的逻辑

解释如下。

(1)先确定一个起始时间点,一般就是系统启动的时间,并记录该点为时间窗口的起始点。然后创建一个空的列表作为时间窗口内请求进入的时间戳记录。

(2)当请求到来时,使用当前时间戳比较它是否在时间窗口起始点加上 T 时间段(从起始点到起始点+T 就是时间窗口)内。

- 如果在,则查看当前时间窗口内记录的所有请求的数量。
  - ➢ 如果超过,则拒绝请求。
  - ➢ 如果没有,则将该请求加入时间戳记录中,并将请求交给后端服务器。
- 如果不在,则查看时间戳记录,将时间戳最久远的记录删除,然后将时间窗口的起始点更新为第二久远的记录时间,再次检查时间戳是否在时间窗口内。

滑动时间窗口算法尽管有所改进,但依然不能很好地应对某个时间段内突发的大量请求。而令牌桶算法和漏桶算法允许指定平均请求率和最大瞬时请求率，所以它比滑动时间窗口算法控制得更精确。

滑动时间窗口算法可以通过多时间窗口来改进。例如，可以设置一个时间窗口为 1 秒、阈值为 10TPS 的时间窗口限流和一个时间窗口为 500 毫秒、阈值为 5TPS 的时间窗口限流，二者同时运行，就可以保证更精确的限流控制。

14.2.3 队列法

队列法与漏桶算法很类似，都是将请求放入一个区域内，然后后端服务器从中提取请求，但是队列法采用的是完全独立的外部系统，而不依附于限流系统。队列法的架构如图 14.10 所示。

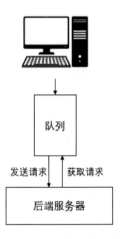

图 14.10　队列法的架构

与漏桶算法相比，队列法的优势如下。

- 由业务逻辑层决定请求收取的速度。限流系统，即队列不需要关注流量的设置（例如，T（单位时间粒度）是多少、N（单位时间内的请求数）是多少、M（最大请求数）是多少，等等），只需要专注保留发送的请求，而后端服务器由于完全掌控消息的拉取，所以可以根据自身条件决定请求获取的速度，更加自由。
- 完全将业务逻辑层保护起来，并且可以增加服务去消费这些请求。这一手段将后端服务器完全隐藏在了客户端后面，由队列去承担所有流量，后端服务器也可以更好地保护自身避免受到恶意流量的攻击。
- 队列可以使用更健壮、更成熟的服务，这些服务比限流系统复杂，但能够承受更大的流量。例如，后端服务器使用的是像阿里云或者 AWS 这样的消息队列的话，后端服务器就不用担心扩容的问题了，只要请求对实时性的要求不高即可。后端服务器由于使用了云服务，队列一端的扩容不用担心，而且消息是自由决定拉取频率和处理速度的，自身的扩容压力也就不那么大了。

但队列法最大的缺陷就是服务器端不能直接与客户端沟通，因此只适用于客户端令后端服务器执行任务且不要求响应的用例，所有客户端需要有实质响应的服务都不能使用。例如，后端服务器提供的服务是消息发送服务，那么这种模式就是可以的，但如果客户端是请求某些用户信息，那么这种方式就完全不可行了。

14.3 服务限流需要考虑的问题

限流对于 Web 服务就好像保镖对于重要人物一样，它被用于保护核心系统，并被期望在最危险的时候依然能保证核心系统安全运作，因此，它要考虑的问题都是非常微妙且复杂的。下面就来一一讨论一下它在实际操作中会遇到的问题。

14.3.1 性能和准确性

由于限流系统被设置在后端服务器之前，并且仅仅起到控制速率的作用，我们绝不希望仅仅因为限流系统的运作就往业务逻辑中添加了几十毫秒甚至几百毫秒的延时，更不希望它有哪怕 0.001% 的出错可能。如果连限流系统都出错，那么很多情况下我们宁愿冒着风险让后端服务器先处理请求。因此，限流系统的性能是永远绕不开的问题。

对于大型网站的业务规模而导致的高并发场景而言，限流的性能和准确性是很难同时达到的。举个例子，在滑动时间窗口的算法中，我们需要记录一个请求的时间戳列表，并动态更新时间窗口的起始点，这一操作看似简单，但是，在流量如此大的情况下，任何额外的操作都会带来极大的资源损耗，更不用说限流系统有时候需要承担比网站流量大得多的异常流量。

因此，在高并发的操作场景下，滑动时间窗口算法虽然更准确，但它的性能绝对是远不如固定时间窗口算法的。假如我们要添加限流系统的服务是一个流量大，但流量波动很小、流量模式非常稳定的服务，那么固定时间窗口算法可能是一个不错的选择。

另外，限流有很多层次。总的来说，可以分为单机限流和分布式限流两种，单机限流很好理解，就是当请求抵达单机服务器的时候，服务器根据其收到的流量决定是否要拒绝服务。而分布式限流则是在服务集群的层面上采用限流系统，这就会不可避免地造成服务性能的下降。

例如，有的分布式限流系统被包装成一个服务，由远程调用其接口来决定是否接收请求，这样一来服务的性能就可能受到更大的影响。分布式限流的目的是进一步提高限流的精确度，增加限流的维度，如果因为限流而使得系统的稳定性下降、性能下降，那么很多时候我们可能更希望选择精确程度较低但不影响系统稳定性的手段。

此处，笔者并不是强调我们应该侧重系统性能或者侧重限流的准确性，如本书一直在强调的那样，我们在遇到取舍时，要回归需求，根据设计需求来决定什么样的技术更适合我们的系统。

14.3.2　如何进一步提升

限流不是简简单单在后端服务器之前架设一个系统就可以了，它有很多细节需要开发者考虑。

前面提到过，限流可以分为单机限流和分布式限流。单机限流和分布式限流使用的思想在本质上没有区别，但它们使用的技术框架不同，并且在表现行为上有所不同。

分布式限流相当于除单机限流以外的任何限流手段，它最大的好处就是提供了更多维度的限流能力。分布式限流允许开发者在服务器集群、数据中心和服务级别进行限流，这是分布式限流最大的优势，但分布式限流中的"分布式"三个字已经表明了一切：它具有分布式系统的一切限制和缺陷，包括数据一致性、网络波动、网络延时等。

当开发或选择完限流系统之后，我们需要仔细选择限流的标准。限流不仅仅是选择某个API，部署一下限流系统，然后设置一个阈值就可以了。它应该遵循以下步骤。

首先，决定哪些部分需要限流。我们应该先列举出所有的系统接口（包括内部组件的接口），然后进行选择。笔者建议可以遵循以下标准。

- 对外的、可以被任何外界客户端访问的接口，必须设置限流。
- 对外的但不是所有外界客户端都可以访问的接口，例如，开放给公司内部人员、开放给企业合作伙伴的接口，根据沟通成本决定是否需要限流。
- 内部的、流量完全由团队自己控制的接口，不需要设置限流。即使我们的组件是独立的组件，如果能够完全控制访问流量，就没有必要设置限流了。
- 内部的、非核心业务的组件，可以考虑设置熔断。

其次，我们需要决定在什么维度上设置限流。限流从下至上，有如下维度。

（1）单台服务器的限流。

（2）服务器集群级别的限流。

（3）某组件对某服务的限流。

（4）某个特定 API 的限流。

（5）某服务的所有 API 的限流。

因为限流的最终目的是保护服务，所以我们决定在什么维度上设置限流，取决于系统的什么环节最脆弱，什么类型或者业务逻辑的流量最不稳定、波动最大，当我们能够识别出这些部分的时候，就可以决定采用什么维度的限流了。

将限流系统部署完并设置完之后，应该对限流系统进行测试。

这时候，了解限流算法就显得非常重要了。因为只有了解了限流算法，才能知道测试出来的限流系统的表现是否是预期中的。例如，我们使用了一个采用漏桶算法的限流系统，但是误解了其高峰阈值设置的意义，以为是限流系统所能接受的最大值，这时候假如我们连续几秒进行了高峰阈值设置的 TPS 值的测试，然后被限流了，则会误以为限流系统配置得不对。

以漏桶算法为例，应该测试以下几个方面。

- 连续一段时间运行普通速率的请求，确保不会被限流。
- 连续一段时间运行普通速率的请求，确保会被限流。
- 静止一段时间后，连续一段时间运行略超过普通速率的请求，确保会被限流。
- 静止一段时间后，发起一次高峰速率的测试，确保不会被限流。
- 静止一段时间后，发起一次超过高峰速率的测试，确保会被限流。

最后，限流系统会拒绝请求，但是对于一些面向大众用户的网站而言，直接拒绝请求事实上是一个非常简单粗暴的做法，因为用户并不会知道这时网站太忙了，可能稍微等一等（有时候就是几分钟甚至几秒的时间）就可以用了，但用户会转而去做其他事情甚至放弃使用网站，这就降低了我们的用户黏度。限流除了直接拒绝请求，在大型商用网站中还包括以下几种常见的做法。

- 弹出提示，告诉用户此时网页正忙，请稍后再试。这其实不需要服务器端的修改，客户端收到 429 的限流回复之后可以显示给用户一个正忙的提示，这是一种最常见也最省力的做法，相信很多读者在各种网页和手机应用上见过。
- 将用户重定向至首页，或者根据系统用例，重定向至尽可能接近的页面，例如，电商网站下单页被限流，可以重定向至购物车等。这虽然不是非常好的用户体验，但是至少比直接拒绝请求要好。
- 弹出一些可以帮助人工错峰的内容，例如，图片验证码、随机时长的加载动画，以及答题系统等，在用户完成一些交互之后，发起重试。

14.4 实战：使用 Nginx 限流

Nginx 不仅可以被用作 Web 服务器、反向代理、负载均衡，还可以被用作限流系统。此处就以 Nginx 为例，介绍一下如何配置一个限流系统。

Nginx 使用的限流算法是漏桶算法。

（1）安装 Nginx。Nginx 的安装步骤我们在 8.5.7 节中已经详细叙述过，此处简单提一下。

如果 Linux 的版本是 Ubuntu 或 Debian，则使用 apt-get 安装，在命令行中输入以下命令：

```
$ sudo apt-get update
$ sudo apt-get install nginx
```

如果 Linux 的版本是 CentOS，则使用 yum 安装，在命令行中输入以下命令：

```
$ sudo yum install epel-release
$ sudo yum update
$ sudo yum install nginx
```

（2）找到 Nginx 使用的配置文件所在的位置。如果使用的版本是 Ubuntu 或 Debian，则所在位置如下：

```
$ cd /etc/nginx/sites-available/
```

而如果使用的版本是 CentOS，则所在位置如下：

```
$ cd /etc/nginx/conf.d/
```

（3）在 http 块中，进行基础的限流配置：

```
01 http {
02     limit_req_zone $binary_remote_addr zone=mylimit:10m rate=10r/s;
03
04     server {
05         location /test/ {
06             limit_req zone=mylimit;
07
08             proxy_pass http://backend;
09         }
10     }
11 }
```

其中，第 4~8 行定义的是一个服务器接口。而第 2 行和第 6 行配合完成了一个限流设置，下面解释一下这两行负责的事情。

limit_req_zone 命令在 Nginx 的配置文件中专门用于定义限流，它必须放在 http 块中，否则无法生效，因为该命令只在 http 块中被定义。

该命令包含 3 个参数。

第 1 个参数，就是键（key），即值$binary_remote_addr 所在的位置，它代表的是限流系统限制请求所用的键。

此处，我们使用了$binary_remote_addr，它是 Nginx 内置的一个值，代表的是客户端的 IP 地址的二进制表示。因此，换言之，我们的示例配置，是希望限流系统以客户端的 IP 地址为键进行限流。

有经验的读者可能还知道 Nginx 有一个内置值：$remote_addr。它同样表示客户端的 IP 地址，因此我们也可以使用这个值。$binary_remote_addr 是 Nginx 的社区推荐用值，因为它是二进制表达，占用的空间一般比字符串表达的$remote_addr 要短一些，这在寸土寸金的限流系统中尤为重要。

第 2 个参数是限流配置的共享内存占用（zone）。为了性能优势，Nginx 将限流配置放在共享内存中，供所有 Nginx 的进程使用，因为它占用的是内存，所以开发者最好指定一个既不浪费又能存储足够信息的空间大小。根据实践经验，1MB 的空间可以储存 16 000 个 IP 地址。

zone 参数的语法是用冒号隔开的两部分。以上述代码为例，"zone=mylimit:10m" 中第一部分 "mylimit" 是给该部分申请的内存名字，第二部分 "10m" 是我们希望申请的内存大小。

因此，在该声明中，我们声明了一个名叫 mylimit（我的限制）的内存空间，然后它的大小是 10MB，即可以存储 160 000 个 IP 地址，对于实验来说足够了。

第 3 个参数就是访问速率（rate）了，格式是用左斜杠隔开的请求数和时间单位。这里的访问速率就是最大速率，因此 10r/s 就是每秒 10 个请求，即通过这台 Nginx 服务器访问后端服务器的请求速率无法超过每秒 10 个请求。

第 5 行声明了一个资源位置/test/，第 6 行的配置就是针对这个资源的，通俗地说，第 6 行的配置是针对特定 API 的，这个 API 就是路径为/test/的 API，而其真正路径就是第 8 行声明的 http://backend。需要注意的是，这个 URL 是不存在的，在实际操作中，读者需要将它换成已经开发好的业务逻辑所在的位置，Nginx 在这里的作用只是一个反向代理，它自己本身没有资源。

在第 6 行中，我们使用 limit_req 命令声明该 API 需要一个限流配置，而该限流配置所在的位置（zone）就是 mylimit。

这样一来，所有发往该 API 的请求会先读到第 6 行的限流配置，然后根据该限流配置的名称（mylimit）找到在第 2 行声明的参数，最后决定是否拒绝该请求。

但是这样还不够。不要忘了，Nginx 使用的是漏桶算法，不是时间窗口算法，上文介绍过，漏桶算法需要配置 2 个参数。

（4）配置高峰阈值。Nginx 使用的漏桶算法的高峰阈值属性在 API 中设置。参数名为 burst。代码如下：

```
01 http {
02     limit_req_zone $binary_remote_addr zone=mylimit:10m rate=10r/s;
03
04     server {
05         location /test/ {
06             limit_req zone=mylimit burst=20;
07
08             proxy_pass http://backend;
09         }
10     }
11 }
```

在第 6 行中，我们只需要在声明 limit_req 的同时，指定 burst 就可以了，此处我们指定 burst 为 20，即漏桶算法中的"桶"最多可以接收 20 个请求。

至此，一个 Nginx 的限流系统就配置完毕了，但在实际操作中，开发者可能还需要实现很多其他的功能，下面笔者就介绍几个很有用的配置技巧。

1. 加快 Nginx 转发速度

相对于传统的漏桶算法缓慢地转发请求的缺陷，Nginx 实现了一个漏桶算法的优化版，允许开发者指定快速转发，而且还不影响正常的限流功能。开发者只需要在指定 burst 之后指定另一个参数 nodelay，就可以在请求总数没有超过 burst 指定值的情况下，迅速转发所有的请求了，代码如下：

```
01 http {
02     limit_req_zone $binary_remote_addr zone=mylimit:10m rate=10r/s;
03
04     server {
05         location /test/ {
06             limit_req zone=mylimit burst=20 nodelay;
07
08             proxy_pass http://backend;
09         }
10     }
11 }
```

读者可能会担忧：这种情况下，会不会出现所有请求都被快速转发，然后又有没有超过 burst 数量的请求出现，再次被快速转发，就好像固定时间窗口算法的缺陷一样，从而超过我们本来希望它能限制到的上限数量呢？答案是不会。Nginx 的快速转发是这样实现的：

（1）当有没有超过 burst 上限的请求数量进入系统时，快速转发，然后将当前桶中可以填充的数量标为 0；

（2）按照我们设置的 rate，在 1 秒内缓慢增加桶中余额，以我们的配置为例，每隔 100 毫秒，增加 1 个空位；

（3）在增加空位的过程中，超过空位数量的请求直接拒绝。

举例而言，配置如上所示，假如在某个瞬时有 25 个请求进入系统，Nginx 会先转发 20 个（或 21 个，取决于瞬时情况），然后拒绝剩下的 5 个或 4 个请求，并将当前桶中数量标为 0，然后接下来的每 100 毫秒，缓慢恢复 1 个空位。

我们可以看到，Nginx 既做到了快速转发消息，又不会让后端服务器承担过大的流量。

2. 为限流系统配置日志级别

限流系统会提前拒绝请求，因此，我们在后端服务器上是肯定看不到这些请求的。假如我们收到一个报告说某用户在使用网站的时候出现错误，但是我们在后端服务器上又找不到相关的日志，那么如何确定是不是限流造成的呢？

只有限流系统的日志才能说明问题。因此，我们需要 Nginx 打印出它拒绝掉的请求的信息。但同时，Nginx 打印的限流日志级别默认是错误（error），也就是说，如果不特别设置，Nginx 只会打印自身运行出错时的日志，这不利于我们观察它拒绝请求的情况，因为拒绝请求并非系统错误。

配置请求的位置就在资源中，使用的命令是 limit_req_log_level，代码如下：

```
01  http {
02      limit_req_zone $binary_remote_addr zone=mylimit:10m rate=10r/s;
03
04      server {
05          location /test/ {
06              limit_req zone=mylimit burst=20;
07              limit_req_log_level warn;
08
09              proxy_pass http://backend;
10          }
11      }
12  }
```

在第 7 行中，将 Nginx 的日志改为了警告（warn）。在开发者需要获取更多信息且部署 Nginx 的服务器上有足够空间时，还可以考虑采用全部信息（info）级的日志级别。

3. 更换 Nginx 的限流响应状态码

前文说过，从语义上来说，限流的 HTTP 协议标准响应状态码是 429，但是如果读者用上述的配置文件直接测试，会发现 Nginx 返回的状态码是 503（服务不可用）。到底应该返回什么状态码，是一个偏程序哲学的问题，此处我们不讨论，我们只讨论：如何让 Nginx 返回我们指定的状态码。

答案同样在资源中,它的配置命令是 limit_req_status,然后我们指定它为 429 即可:

```
01 http {
02     limit_req_zone $binary_remote_addr zone=mylimit:10m rate=10r/s;
03
04     server {
05         location /test/ {
06             limit_req zone=mylimit burst=20;
07             limit_req_log_level warn;
08             limit_req_status 429;
09
10             proxy_pass http://backend;
11         }
12     }
13 }
```

除了以上功能,Nginx 还支持很多复杂先进的限流功能,感兴趣的读者可以访问 Nginx 官网进行进一步的了解。

第 15 章

下游错误处理

之前我们解释过上游（Upstream），下游（Downstream）则正好相反，指的是如果一个服务调用了其他组件或服务，那么这些被调用者就称为下游。软件除了本身存在的问题，作为一个网站应用的软件，它能否正常工作还取决于它使用的组件和远程调用的其他服务。本章的重点将放在如何处理来自其他服务的错误上。

一个网站规模越大，它使用的组件和下游服务越多，出错的可能性也越大。如何正确、快捷地处理这些错误，在其他组件的错误中尽最大努力恢复自身的业务逻辑，保持自己不受影响，是一门很重要的学问。

本章主要涉及的知识点如下。

- 错误处理的超时机制。
- 错误分类及其作用。
- 处理错误的几种重要思路。
- 如何重试错误。

15.1 超时机制

超时机制是指一个微服务设定了一个时间段，一般在毫秒级或秒级，然后对另一个微服务发起一个远程调用，发出调用后开始计时，如果在设定的时间段内没有收到对面响应，则将该请求视为超时并失败，放弃该连接。

超时机制是调用者对自己的一种保护机制。

一个微服务调用其他服务时，会出于种种原因，在得到成功的响应之外，还会得到错误或失败的响应，或者完全得不到响应，原因包括但不限于以下几点。

- 自身请求数据有问题。
- 遭到限流。
- 对方服务器内部错误。

- 网络波动原因，请求没有到达对方服务器。
- 网络波动原因，对方的响应没有返回。

其中，前 3 点我们还是可以得到一个失败响应的，但是后 2 点，可能就完全收不到响应了。

超时机制几乎在所有跨组件的调用之间都存在，并且几乎所有业内流行的框架和客户端库都支持超时的设置。从前端到后端，可以设置超时的常见位置如下。

- 前端 JavaScript 调用后端 API 的逻辑。
- 后端负载均衡层，如 Nginx 与后端服务器的连接。
- 客户端与 Web 容器，如 Tomcat 的连接。
- 业务层与数据库，如 MySQL、Oracle 的连接。
- 微服务之间 HTTP 请求的超时。
- 代码内部的超时机制，例如，第 9 章中介绍的 Future 接口。

超时机制之所以重要，就是因为它可以在一个组件与另一个组件互动且无望得到正确回应的时候，不再占据系统资源（如连接、内存、线程），因此，超时机制在保证服务高可用和高并发方面都很重要。但设置超时机制需要注意以下两个问题。

- 超时阈值的设置非常重要，需要开发者对数据长期的收集和压力测试的配合。超时时间设置短了，可能会导致本来成功的响应没有来得及返回而被当作一个失败请求，设置长了则是浪费资源。开发者需要结合生产环境数据仔细斟酌值的选取。
- 绝大多数情况下超时会被当作错误之一。超时导致的错误在微服务之间一般都会提倡重试，而重试则有一些问题需要开发者注意，我们会在 15.3 节中讨论。

15.2 错误分类

下游服务造成的错误有很多种类型，在决定如何处理之前，先要对错误进行分类。

15.2.1 如何分类错误

一般来说，微服务之间的远程调用都是 HTTP 调用，我们可以从 HTTP 的状态码入手，对错误进行初步分类。

微服务之间的调用一般会收到 3 种结果的状态码：2××、4××和 5××。其中，2××的状态码都是成功，4××是指客户端错误，5××则是指服务器端错误，因此，我们需要分类的就是 4××和 5××的响应。

4××中我们需要关注的常见状态码有以下几个。

- 400 Bad Request，即请求有问题，一般指的是请求的语义出错，或者参数出错。
- 401 Unauthorized，指的是需要用户验证。
- 403 Forbidden，指的是出于某种原因，系统有请求使用的业务或者资源，但是拒绝让客户端使用。
- 404 Not Found，即用户请求的资源在服务器上没有。
- 413 Payload Too Large，即请求过大，有的时候服务器可以返回一个 Retry-After 响应头，以表明该请求可以重试。
- 429 Too Many Requests，即服务器收到的请求太多，拒绝处理当前请求。

5××中我们需要关注的常见状态码有以下几个。

- 500 Internal Server Error，即服务器遇到了未知错误。
- 502 Bad Gateway，即服务器作为代理无法给出正确响应。
- 503 Service Unavailable，即服务器暂时没有准备好处理请求。

有的时候，我们访问的微服务也会提供一个客户端库供调用者使用，而这个客户端库可能会有更好的信息包装，例如，该客户端库可能是 Java 或 Python 编写的，供 Java 或 Python 的调用者使用，那么这个客户端库可能已经将这些错误响应转化成强类型的 Java 或 Python 的异常类型，处理起来就更简单了。

我们对错误进行分类是为了决定以下几件事。

- 是否要重试？
- 是否要通过度量数据或者日志记录下来？
- 我们自己的业务逻辑能否处理这样的问题？

只按 4×× 和 5×× 分类太宽泛了，这些状态码分得又太细，所以我们需要进行进一步的分类。

总的来说，4×× 的状态码是指客户端错误，而 5×× 的状态码是指服务器端错误，但其实我们注意到这两种分类标准并不符合我们的需求。理论上，客户端错误不建议重试，而服务器端错误可以重试，因为客户端错误是调用者方面的问题，调用者再重试也无济于事。但这种分类还是太简单粗暴了，因为 429 就显然是一个可以考虑重试的状态码。

针对以上问题，笔者试着提供以下标准。

- 是否要重试，取决于我们是否对服务器下一次响应返回正确结果有信心。
- 是否要通过度量数据或者日志记录下来，取决于这个状态码是否表明调用者有严重的问题。
- 我们自己的业务逻辑能否处理这样的问题，取决于服务器端的响应是否给予客户端明确指示，可以通过修改请求来做到重试成功。

因此，根据这些状态码，笔者提出以下建议。
- 可以重试的状态码：500、502、503、429。
- 需要记录的状态码：400、403、404。
- 可以尝试处理的状态码：401、413。

具体情况还是要看具体网站的业务逻辑、下游服务是否提供了更详细的信息以及下游服务的客户端库中有没有额外信息。

15.2.2　早期失败

早期失败（Fail Early）或者快速失败（Fail Fast），指的是一种明知当前发出的请求无望得到正确响应时，尽快结束当前进程的思想。我们之前讲过几种技术手段都是早期失败或快速失败思想的表现。
- 超时机制。
- 服务降级。
- 熔断。

这几种手段中，客户端都能通过某种信息推断出当前请求无法成功，因此不再尝试或者等待。

早期失败的作用是节省服务资源、降低无谓的消耗，最重要的是防止"雪崩"。因为对于很多需要服务大流量的大型网站来说，出现一次错误不可怕、一个组件出现错误不可怕，可怕的是遇到错误的组件，为了尽快弥补错误造成的损失，在重试也实际上无望得到正确结果的前提下，无限重试或等待，从而对其他健康的系统造成压力。

笔者在这里重申该思想是为了提醒读者在进行错误处理时，要务必记住：能早期失败的地方要早期失败，其次考虑重试或等待。

15.2.3　默认值的作用

我们在第 13 章中讨论过默认值，当将一个微服务从总架构中移除时，我们不希望它影响主要业务逻辑。同样地，当错误出现的时候，我们可以选择显式地将它暴露出来，并在程序中将对应的异常向上抛，但也可以选择静悄悄地吞没它，然后返回一个默认值。

一段业务逻辑出错时，是返回默认值还是抛出错误由最上层决定，很多时候是很有争议的。具体实践上，当然是要具体情况具体分析，但作为一个总体的指导意见，笔者建议除以下两种情况以外，一律使用默认值。

- 需要直接返回客户端的错误。
- 该逻辑上需要根据该错误采取不同的业务逻辑。

这样能减少很多无用又啰唆的异常处理代码量，而且在服务降级时尤为有用。

以灰度发布为例，我们在第 17 章中还会具体介绍灰度发布，此处先进行简略介绍：灰度发布是指在运行时决定用户体验 A 功能还是 B 功能，该决定会由某个独立组件根据开发者设置的 A 功能与 B 功能的比例来判断。假如有以下 Java 代码（逻辑示意，无法直接运行）：

```
01  public void run(final String customerId) {
02      if(shouldDoA(customerId)) { // 检查灰度发布决定体验A功能还是B功能
03          doA(); // 体验A功能
04      } else {
05          doB(); // 体验B功能
06      }
07  }
08
09  private boolean shouldDoA(final String customerId) {
10      try {
11          final Decision decision = abTestServiceClient.getABTestDecision
12  (customerId);
13          return decision == Decision.A; // 根据灰度发布系统返回结果
14      } catch (final Exception e) {
15          return true; // 如果发生错误，默认返回A功能
16      }
17  }
```

灰度发布系统不是业务逻辑，它只是帮助我们进行灰度发布，如果该系统的远程调用出现了问题，或者我们在服务降级中将灰度发布系统移除，那么这个远程调用就会出现问题。我们显然不希望因为灰度发布系统而返回一个错误给用户，因此，默认值在这里是非常有用的。

15.3　错误重试

之前笔者一再强调，Web 服务通信之间一个主要的特点就是无论系统多健壮，总会有通信出现错误的时候，而且很多时候不一定是永久错误。因此，当对下游的调用出现错误时，一个最常见的手段是当场重试。

很多时候，重试就可以将问题解决，就如平时计算机出现问题时倾向于先"重启试试"一样。但错误重试也有自身的问题，而且不是所有问题都可以重试。

15.3.1 错误重试的条件

在讨论 HTTP 状态码时，我们提到，错误重试从客户端角度看，它的条件就是我们是否对服务器下一次响应返回正确结果有信心。

因为 500、502、503 状态码都代表服务器端遇到了问题，一般来说，错误重试都不会无限制重试，而是重试 3~5 次的有限次，因此我们可以重试一下这些状态码，如果是暂时的问题，500、502 和 503 都会迅速恢复，而那些短期内不能恢复的问题，由于我们不会无限重试，所以也不会造成很大破坏。

而 429 状态码说明系统被限流了，这时候需要注意的是，429 状态码与其他状态码相比需要一个条件：更长的重试等待时间。因为如果因限流而被拒绝服务，短时间内的连续重试多半是不会有结果的，服务器的压力不会因为重试而消失，而是会随着时间推移，高峰逐渐消失，才会停止限流。因此，429 状态码的重试需要比其他状态码的重试等待更长时间。

错误重试还有一个很重要的条件就是 API 的幂等性。以上都是因为服务器返回了明确的状态码，假如服务器的逻辑执行正确，并且状态码准确描述了状态，那么我们是可以放心重试的，但是如果因为其他原因，如超时，重试就要非常小心了。

在设置超时的重试之前，一定要确保 API 是幂等的。API 是否幂等，可以通过 API 的描述得知。假如该 API 是一个 REST API，标准 REST API 的 GET、PUT、DELETE 都是幂等的，而 POST 则不是。

例如，你打开微博，浏览一条微博，这时候发出的请求是一个 GET，仅仅获取微博资讯，而你发送微博，则是 POST，因为你有内容需要提交给服务器去更新。POST 为什么不是幂等的呢？原因很简单，你连续发出几条内容一样的微博，服务器如何判断你其实只想发一条？你在淘宝上购买了几件一样的商品，服务器如何判断其实你只想购买一件？因此，让服务器来判断你的 POST 操作的本意是一次还是多次并不现实。

因此，如果遇到的是超时请求，而且对方 API 不是幂等的，或者无法判断是不是幂等的，则不要重试。

15.3.2 错误重试带来的问题

错误重试带来的问题主要有以下 3 个方面。

其一，就是 API 的幂等性，上一节已经叙述过。不幂等或不保证幂等的 API，重试有重复执行请求的风险，尤其是因为超时进行重试的时候。

其二，重试也会造成服务雪崩。因为 1 次重试可能已经造成 1 次服务器的错误，这时候再重试 3 次，就会给服务器造成 4 次错误处理。本来服务器的错误可能是因为性能，或者由于内部问题造成了一些损坏的数据，而额外增加几倍的流量可能会使问题更严重。

其三，错误重试除了尝试修复错误，还用来试图修复一个特殊情况，就是限流，即 429 响应。这种响应不是一般的错误，处理时需要格外小心。

对 429 响应的重试可能会造成很严重的后果，本来服务器因为无法承受流量而拒绝服务，这时候这些客户端又因为被拒绝而重试了 3 次，服务器收到的流量就是原来的 4 倍！

例如，100TPS 的限流设置，200TPS 的实际流量，其中 100 个请求被拒绝，这 100 个客户端又再次重试，可能会连续几秒造成大流量甚至最高达到 400TPS。如果服务器的限流系统不够健壮，则服务器可能会彻底宕机。

雪上加霜的是，这些重试会造成瞬时流量增加，而那些新的客户端访问又会被限流，这些新客户端又会重试……这就是雪崩。

因此，在写重试逻辑时，开发者务必确保重试的逻辑不会造成更大的问题。毕竟，重试的目的是修复问题，如果有造成更多问题的风险，为什么还要设置重试呢？

第 16 章

测　　试

网站测试在发布功能前是至关重要的一环。在学校的时候，我们写程序往往是一边写一边手动测试几下，能运行一些基本的例子就直接提交了，但在工作上这样做是不可以的。在学校里，写程序的主要目的是掌握课上所教授的基本知识和基本原理，写程序作为实践，可以帮助我们快速复习这些知识，写出来的程序的实用性并不重要。

之所以"写程序"的工作有一个正式名称叫作"软件工程"，从业人员叫作"软件工程师"，就是因为它是一个工程项目，和铁路工程、建筑工程一样，在投入使用前，需要经过一系列完整、彻底、规范化的测试过程。

本章主要涉及的知识点如下。

- 测试的类型。
- 如何设计测试用例。
- 什么是测试自动化。
- 如何确保测试的有效性。

16.1　测试的类型

说到软件测试，我们往往看到在不同情境下会有不同的测试类型，有的是完全不同层面的类型；有的是同一类型测试的不同阶段；有的是追求同一个目的，几种不同角度的测试；等等。下面笔者就对这些测试类型进行简单的介绍。

16.1.1　一般功能测试

从功能测试的角度，我们一般按测试规模从小到大、测试涉及组件从小到大、测试者所处位置从内到外，将测试分为 4 种类型。

- 单元测试。

- 功能测试。
- 集成测试或整合测试。
- 端到端测试。

单元测试（Unit Test）是指在代码层面上测试业务逻辑能否在很小的范围内工作。单元测试的代码一般与业务逻辑代码放在同一个包中，并且与代码逻辑的文件或类形成一一对应的关系，同时，之所以叫"单元"测试，是因为其测试目标是验证单个的文件和类是否能正常工作，测试范围也仅仅局限于一个文件或一个类中。单元测试是所有测试类型中涉及范围最小的测试。

功能测试（Functional Test）的范围比单元测试略大，也由测试代码完成。功能测试的范围没有明确的业内规范，不同的业内实践也有不同的测试范围，例如：

- 有的开发者认为凡是略大于单元测试的测试都是功能测试，例如，将几个相关的、互相调用的类放在一起测试就是功能测试；
- 有的开发者认为测试一整个模块的测试才是功能测试；
- 有的开发者认为平台或框架的整合示例才是测试，例如，某平台刚刚被开发成功，还没有新用户，这时候平台开发者创建了一个测试用例，而测试用例调用平台功能的过程就叫作功能测试。

笔者的看法是，该层面上的这些概念没有必要细辨，测试的具体叫法要取决于当前使用的类库或平台的定义，读者只需要知道，当看到功能测试术语时，知道它指的是比单元测试略大一级的测试范围即可。

集成测试或整合测试（Integration Test）的范围比功能测试更大一些。一般来说，集成测试用来泛指能使用代码自动化的、最大范围的测试，因此，其也由代码完成。单元测试和功能测试都是测试者站在系统内部的角度进行测试的，通过探究系统内部细节进行测试，有时候甚至可以修改一部分系统达到测试目的，而集成测试是站在系统外部的角度进行测试的。理论上，集成测试完成之后，应该覆盖所有外部用户所能使用的系统功能。

端到端测试（End to End Test）是指从系统用户的角度出发进行测试，对于一些面向大众用户的网站和应用而言，端到端测试有时候也意味着手动测试（Manual Test）。例如，测试某手机应用的功能的端到端测试，理论上应该是由测试人员下载应用到手机上，然后在手机上操作该功能，看是否符合原先设计的用户体验。

端到端测试从业内实践的角度来看，也是一个比较模糊的词，有的时候用来表示集成测试，有的时候则用来表示手动测试，笔者希望表达的意思是范围最大的测试类型。它未必不能通过代码完成，例如，即使是在某手机应用上点击来触发功能，也有不少第三方工具支持这种自动操作，但端到端测试理应是软件发布之前的最后一道屏障，它应该覆盖软件理应满足的所有用例和需求。

16.1.2 黑盒和白盒测试

从测试的理念来看，软件测试可以被分为黑盒测试（Black Box Testing）和白盒测试（White Box Testing）。它们的主要区别是测试者是否了解软件的内部实现结构。

黑盒测试或称为黑箱测试，是指测试者在完全不了解所测试软件的内部实现的情况下进行的测试，如图 16.1 所示。

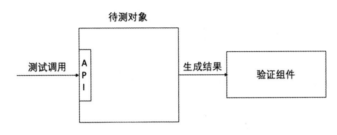

图 16.1 黑盒测试示意

此处的测试者不是指撰写测试代码或者执行测试的人，而是指从测试时测试代码或执行流程所处的角度看，是否使用了软件内部实现才有的信息，以及在验证结果时是否验证了从软件外部看不见的变化。

"黑盒"是用来比喻一个盒子被完全涂黑之后，外部的人试图通过该盒子与外界的接口来了解其作用。在测试者拥有被测试软件所有权以及诸多现代测试框架的发展的前提下，只要想，在测试时获取所测试软件的内部信息总能办到。黑盒测试的理念是，要测试软件的功能是否健全，理应仅仅通过软件外部与软件交互就能验证。

白盒测试或称为白箱测试，与黑盒测试则正好相反，指的是测试者在了解所测软件内部实现细节的情况下进行的测试。同样地，此处的测试者与黑盒测试所指的测试者相同，如图 16.2 所示。

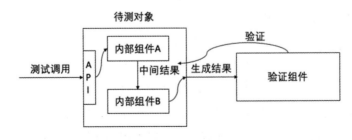

图 16.2 白盒测试示意

说一句题外话："白盒"自然是与"黑盒"意义相对的，但从字面意义上来说它不像黑盒那么准确，因为涂成白色的盒子不是透明的盒子。此处读者只需要理解它和黑盒是完全相反的意思即可。

白盒测试的理念：它认为测试时可以深入测试组件的内部细节中，如果需要，可以对内部实现细节或数据进行修改，并在验证时也可以深入内部数据和组件中去验证。

注意：白盒测试可以接触的信息比黑盒测试多，就认为白盒测试比黑盒测试更重要或更优越，这是错误的理念！

白盒测试相对黑盒测试的主要优势，在于以下两点。

第一，白盒测试可以调整一些内部的逻辑或参数，然后进行测试。这有助于隔离其他因素进行测试，在需要跳过某些操作或者流程中有一些阻挡正常测试但又与当前测试不相干的问题时，可以通过对代码的直接操作来规避。并且，有时候在测试之前需要为测试用例建立一些特殊环境，而仅从外部操作不容易办到，这时候白盒测试就可以轻松做到，因为都是内部代码的调用。

第二，白盒测试可以帮助测试者验证软件内部的信息，可以验证很多仅从外部看不出来的问题，或者本来就没有打算暴露给外界的逻辑。例如，某网站在用户进行一个操作之后，会向后台数据系统发送一组用于统计的数据，仅从界面上是无法看出是否发送成功的，这时候白盒测试就可以在后台验证这个发送数据的请求是否得到了成功的响应。

黑盒测试与白盒测试相比有什么优势？黑盒测试的优势如下。

第一，同一个模块或组件，黑盒测试相对于白盒测试的学习成本一般较低。白盒测试需要测试人员对代码结构非常了解，理解所有内部相关组件的互动逻辑，并且需要知道测试用例启动时所有产生的数据和接触的组件，而黑盒测试只需要了解外部接口所期望的结果即可。

第二，黑盒测试始终从用户的角度出发进行测试，只要黑盒测试严格执行了产品设计文档所包括的用例，就能保证用户的基本体验，因为黑盒测试的内容就是用户体验的内容。

第三，黑盒测试未必不能发现白盒测试无法发现的问题。白盒测试是从开发者对软件本身的理解角度所写出的测试用例，不能100%保证与用户使用软件的方式相同。

笔者在工作中遇到的一个例子就是，当时我们使用了一组白盒测试来测试 iOS 应用，在其中一个用例中，白盒测试从视图栈中读取了当前最上面的一个视图，即期望中的手机应用加载首页，然后进行测试，没有发现问题，但一组测试类似用例的黑盒测试却报了失败。经过调查，我们发现由于一些业务逻辑的错误，首页的上方有一个悬挂的不可见的视图，该视图不在视图栈中，因此白盒测试依然可以正确选择首页，但用户实际上却无法点选首页上的任何内容。

当然，在该例子中，白盒测试并不是完全无法发现问题，如果白盒测试寻找最上面页面的逻辑是"视图栈最上面的视图或者悬挂的最上面的视图"，那么就能发现问题，但是在出现这个问题之前，我们甚至没有意识到会有这种情况出现。因此，黑盒测试作为一组永远从用户角度出发的测试，是有其独特性的。

注意：有关黑盒测试和白盒测试，另一个常见的误区是：认为单元测试就是白盒测试，而集成测试和端到端测试就是黑盒测试。

造成该误区的主要原因就是单元测试与业务逻辑寄生在一个包中，使用的是相同的编程语言和框架，能够接触到业务逻辑可以接触的所有运行时在内存中的对象，且在大多数情况下可以像业务逻辑一样操作对象，因此就给人一种单元测试一定是白盒测试的感觉。同样地，由于集成测试和端到端测试是从外部测试软件的，和黑盒测试的定义很像，很容易被认为一定是黑盒测试。

事实上，黑盒测试和白盒测试与其他测试定义所在的维度是完全不同的。单元测试所测试的目标是每个测试用例所针对的文件或类，因此如果该单元测试只针对该文件或类暴露出来的接口或方法，那么它就是黑盒测试，如果它使测试的文件或类暴露、操作或验证了私有方法或属性的调用和改变，那么它就是白盒测试。同样地，集成测试和端到端测试也有很多办法可以访问软件内部的组件并对其进行修改和验证，如果进行了这些操作，那么它们也可以是白盒测试。

16.1.3 不同程度的功能测试

在 16.1.1 节中，我们讨论的所有功能测试类型，前提都是这些功能测试希望完整地测试所有功能，覆盖所有它能覆盖的用例，但还有一些测试方法，只根据需求覆盖一部分用例。也测试功能，但是不覆盖所有用例的测试方法包括以下几种。

- 冒烟测试。
- 回归测试。
- 随机测试。
- 集体测试。

冒烟测试（Smoke Test）的名称来源于早期硬件行业。硬件行业在设计并制作电路板之后，很多有问题的电路板一通电就开始冒烟了，冒了烟的电路板就不可以使用了（可能当场就烧坏了）。因此，冒烟测试这个术语被引用到软件行业之后，代表一些非常基本的测试，不通过是不可以进行下一步操作的。

如果某个软件在发布环节有冒烟测试，那么它一定只测试一些基础用例甚至可能只测试软件是否编译正确、网络服务是否开始运行等基本情况，并且它的失败代表着严重的问题，一定不可以执行发布流程的下一步。

冒烟测试一般被放在网站刚刚部署完毕之后，可以起到快速发现问题的作用，避免无谓的时间浪费。

回归测试（Regression Test）特指以前就有并且可以正常工作的功能的测试用例，这两个条件缺一不可。回归测试一般是整个测试用例的子集，它一般在新功能发布前或某个漏洞修复发布前运行，以确保这些新加入的功能或代码不影响以前正常工作的功能。在回归测试中被发现的问题也叫作回归漏洞（Regression Bug 或 Regression）。

回归测试的测试用例池需要注意以下两点。

- 它需要被时常更新，因为新的功能推出之后，针对所有在这之前的功能的测试理论上都是回归测试了。如果不一直更新，则意味着回归测试将会漏掉对新近推出的（但又不是最新的）功能的验证。
- 它必须保持精简。回归测试一般在开发者没有足够的时间或资源完整测试软件时使用，用来确保"至少我们知道原先的功能不会受到影响"。因此，回归测试是总测试用例中一个较小的子集，如果它也有海量的测试用例，那么它存在的意义就不大了。为此，开发者必须对自己的软件和测试用例有足够的了解，知道哪些用例有充分的代表性，可以被选为回归测试的一部分。

随机测试（Adhoc Test）是指随机挑选一部分测试用例进行测试，但是它的英文原词 adhoc 并不是指纯随机，而是更接近于"随性"的意思，指的是没有特别明显目的性的选择。因此，通过随机方式选择出来的测试用例未必是最重要的，但一般也是比较常见的用例。随机测试所覆盖的测试用例范围当然不能用于确保所有功能都能正常工作，但它与冒烟测试相似，也可以用于验证软件的基本情况，例如，软件是否成功编译，或者网站服务是否已经部署成功等。

随机测试和冒烟测试的主要区别在于，冒烟测试是一组经过开发者或测试人员有意识挑选的固定用例组，而随机测试的用例一般是随时、随机决定的。

集体测试（Bug Bash）是指软件开发过程中整个团队成员（包括开发者、测试人员和所有其他非开发和测试人员）加入测试的过程。一般来说，这种测试活动不会频繁进行，而只在开发团队刚完成了一个大的功能之后，在正式发布之前，整个团队会举办一次这样的测试活动，所有团队成员都会加入进来，一般以手动测试的形式进行，以普通用户可能进行的操作方式使用刚开发的功能，并记录下任何发现的问题。

集体测试的形式虽然看似不正式，但是根据笔者的工作经验，在实践中是一种行之有效的寻找问题的手段。集体测试是为了避免开发人员和测试人员在经过长时间的（一般数月甚至以年计）工作完成一个功能后，陷入闭门造车的困境，而团队中的经理、产品、美术等人员的加入，往往可以发现一些开发人员和测试人员忽略的问题。

16.1.4 非功能的测试

除了功能测试，一个能够用于商业用途的软件还需要经过很多类型的测试。比较常见的非功能测试的类型如下。

- 压力测试。
- 可访问性测试。
- 性能测试。
- 本地化测试。
- 安全测试。

压力测试的目的是验证网站或软件在预定的最大流量下是否仍能正常工作。这一步是非功能测试中的重中之重，几乎所有商用网站都必须经过压力测试来确认自己是否可以承担大流量。这也是商用网站与个人网站或兴趣网站的区别之一，很多个人网站、兴趣网站或者个人编写的服务、游戏等在一两个人使用时是没有问题的，但是用户量一上升，就会出现种种问题甚至崩溃，而压力测试的作用就是确保这种情况不会发生。

压力测试的主要实现手段是使用一些工具模拟出用户对网站服务的海量请求，然后观察服务器的运行情况。压力测试主要关注的服务器指标是 CPU 和内存的使用情况，而关注的微服务指标则是 API 错误率和延时，当然很多情况下也会关注一些其他指标，但这些指标是主要参考数据。

如果服务器运行正常，则视为通过了压力测试，如果运行出现问题，则需要根据问题情况优化逻辑或者增加服务器，然后根据情况确定是否要进行第二轮压力测试。

可访问性测试（Accessibility Test）主要用于测试网站对视觉、听觉等障碍用户是否友好。随着信息技术的快速发展，手机和计算机对这一类用户已经非常易用了，市面上主流的手机和计算机都已经配备了一整套软硬件设施支持视力或听力有损伤的用户的使用，因此运行在这些媒介上的网站，也有义务跟随潮流。

网站的可访问性测试主要包括以下几个方面。

- 所有对业务重要的文字信息，必须与其背景和周围元素能够形成高对比度。
- 所有网页上的可视化元素都必须有描述准确的对应文字，并实现正确的可访问性接口。

这一点可能略微有点抽象，笔者尝试解释一下。现有的主流手机和计算机都已经提供了一套可访问性接口，需要内容提供者去实现，手机无论使用的操作系统是 iOS 还是安卓，都会给开发者提供一个页面元素名称的接口，例如，返回键，开发者可以填写"返回"，视觉有障碍的用户在他们选择该按钮时就可以听见手机念出"返回"。而网站需要实现 HTML 的接口，HTML 为每个元素都定义了相应的接口，详情见官网。

- 所有可互动元素（如按钮、下拉菜单等）都必须有纯键盘的操作手段。

可访问性测试对于刚开始建设大型商用网站的人员而言尤其重要，因为刚刚开始为大型商业组织开发网站的开发者有可能会忽略这一点，而大型网站、公司往往被公众认为应该对社会发展做出贡献和表率，并表现出对弱势群体的关怀，而网站可访问性是很重要的一环。执行可访问性测试是一个双赢，它不仅可以反映网站及其背后组织对视听障碍用户的关怀，也能确保自己的网站可以被这些用户使用，拓宽用户面。

性能测试（Performance Test）是指通过对网站服务的一些主要用例的测试，观察其 CPU、内存使用率和 API 的延时，以及其他一些资源的利用率。

读者可能会注意到，无论是从操作过程上，还是关注的指标上，性能测试都有点像压力测试。只是压力测试关注的是大流量下服务器和网站服务的表现，追求大流量下服务器不崩溃，而性能测试关注的是单个请求下服务器的表现或者大量请求下服务器的平均表现。追求的是降低服务器的资源消耗。压力测试就好像医院的年度体检，确保人的身体健康，而性能测试则像运动员的体能测试，关注其各方面的指标。

本地化测试（Localization Test）是指测试网站对不同国家、不同语言、不同文化、宗教等背景的用户是否友好。这一步对中小型网站可能可有可无，但是对于一些大型网站和在全球拥有业务的组织和公司而言，本地化测试是至关重要的。网站的本地化程度不仅关乎使用习惯，还会关乎网站在该地区、文化背景中的风评，影响业务的开展。本地化测试做得不好的网站，轻者影响网站的易用度，重者冒犯到用户，从而失去自己的用户。

本地化测试需要大量非技术人员的介入来设计测试用例，并对网站的本地化测试进行指导。本地化测试应该包含以下两部分。

- 当前的本地化内容是否是预期中的。这一步偏向于技术，例如，在没有任何其他信息提示的情况下，在中国应该显示中文，在美国应该显示美式英语，在墨西哥应该显示西班牙语。如果一个墨西哥的用户在一个电商网站上订购了某商品，却收到了一封英语的确认邮件，那么这显然是一个应该被修复的问题。
- 如果本地化内容满足技术上的预期，那么是否符合目标人群的习惯。这一步是非技术操作，需要专业人员的介入。例如，网站用户在登录之后，在美国，网站可以在页首栏显示并称呼用户的名，但在日本，直接使用用户的名称可能就是一种冒犯。这些都是在进行本地化测试时需要考虑的问题。

安全测试（Security Test），有时候也特指渗透测试（Penetration Test）。安全测试或者渗透测试是指测试软件是否保护了不应该被外界看到的信息，是否会让外部人员掌握不应该掌握的权限等，统称软件的安全。安全测试与功能测试有所不同，它不是测试业务逻辑是否能够执行成功，而是测试该软件是否会执行或允许他人执行不该执行的任务。

例如，某微服务是一个聊天软件的中心服务，它上面有这样一个 API：接收三个参数，第一个参数是消息发送者的用户 ID，第二个参数是消息接收者的用户 ID，第三个参数是消息内容。

如果这个 API 没有进行任何其他验证并且能正常工作的话，作为一个黑客，只需要知道两个用户的 ID，就可以伪装成一个用户发送消息给另一个用户。想想一个陌生人可以轻易假装你的家人给你发微信是多么可怕。这个漏洞无法通过功能测试发现（恰恰是因为该 API 完全按照定义工作才会出现这样的漏洞），只能通过安全测试来发现。

当然实际情况中这种漏洞百出的 API 是不会出现的，一般在设计阶段就会被砍掉。笔者只是通过这个例子来说明功能测试和安全测试不是一回事。

安全测试必须通过专业的信息安全人员执行，一般的软件工程师是没有资质也没有能力执行安全测试的。

16.2 测试用例的设计

所有测试都有一步必经之路：测试用例的设计。测试用例（Test Case），即测试所需要使用的例子。无论是单元测试、集成测试还是端到端测试，合格的测试用例都需要满足以下条件。

- 模拟实际环境。
- 包含错误情况。
- 保证用例多样性。
- 验证系统间的连接性。

16.2.1 模拟实际环境

测试所用的数据要接近生产环境中的实际数据，反映或模拟实际的生产环境。

这一条不难理解：测试所用的数据需要和实际情况差不多，不然测试的目的何在？这条看似简单，事实上在操作中却时常会有不满足该条件的测试用例，这些用例浮皮潦草，不能真正模拟生产环境，从而导致有的问题漏过测试，进入生产环境。

笔者遇到过这样一个例子：被测试的产品有一个对时间戳的验证功能，它理应检测当前时间戳的有效期，并在过期时抛出异常，但是这个功能有漏洞从而并不能起到作用，并且它不是一个独立的功能，而是对一个 API 调用时的输入验证，该 API 调用的测试用例是由开发者随手编写的数据，其中的时间戳写的是未来很远的某个日期，因此，这个问题直到在生产环境中用户报告才被发现。

这个问题对于平台类产品或框架类产品尤其严重，因为平台类产品或框架类产品的用例千奇百怪，在开发者一开始开发时，没有实际生产环境的例子，往往会编写一个最简单情况的例子去测试，而这些测试并不能验证平台的很多功能。

笔者在工作中遇到的一个例子就是，需要被测试的系统是一个工作流管理系统，该系统应连接很多下游系统执行工作流中的任务，但在该系统发布之前，开发者只编写了一些模拟连接下游系统的测试用例，工作流管理系统本身确实是没有问题了，但这些连接组件出了问题，测试用例无法发现，直到下游系统被真正接入时开发者才发现。

如何解决这个问题，笔者的建议是，在正式将系统公布给大众之前，先部署到生产环境中，然后在系统中的关键节点加上记录环节（如日志），接着开发者或测试人员在生产环境中使用产品，这时候系统会记录下来使用过程中产生的数据，最后把该数据写到测试中。

当然，最理想的状况是能够创建一个测试数据生成系统，该系统生成的数据可以完美模拟生产环境中的数据，随拿随用。该想法很美好，但实际操作时也可能会出现方方面面的问题。

例如，有的数据中包含一种全局 ID，而该 ID 也有相关的测试需求，如果测试数据生成系统与生产系统共用生成器，那么就占用了生产环境中的 ID，不仅浪费资源，还可能会影响生产环境的准确性和效率，而自己另用一套 ID，又没有达到模拟生产环境的目的。因此，在实践中应该使用测试数据还是生产数据，还需要读者根据具体情况具体分析。

16.2.2 包含错误情况

测试用例不仅需要包含正确情况（Happy Case），还需要包含错误情况（Error Case）。

只测试正确情况是初学者很容易犯的一个错误，因为经过努力实现了一组业务逻辑之后，很容易让人在设计用例时只侧重考虑实现时为之绞尽脑汁的各种情况的业务逻辑。有的时候开发者还容易产生一种小心翼翼的心态，不想对自己亲手开发出来的程序放手测试。在实践中，我们一定要改变心态，将自己当作一个希望造成破坏的捣乱者，探索不符合程序功能定义的情况，无论是输入内容、输入方式还是交互手段，都要尽可能测试到。

例如，实现一个将一个代表算式的字符串算出结果的计算器，至少要测试三种用例。

- "1+1" "2*2" "3÷3"：计算器支持的基本用例。
- "+3+" "-3+" "1**2" "÷"：输入格式有问题的用例。
- "？？？" "你好"：完全不合理的输入的用例。

初学者可能会奇怪，错误用例为什么要重点测试呢？反正错就错了，输入是有问题的，我们也不会指望输出有什么纠正表现，毕竟也不是拼写纠错系统。话虽如此，但错误例子一方面可以反映系统的健壮性，另一方面它也可以反映系统的用户友好度。

以计算器为例，当输入"÷"这样的算式时，究竟是计算器弹出一个错误提示，要求用户重新输入好，还是程序直接崩溃退出好？答案显然是前者，但前者的表现不一定能够由原有业务逻辑自动做到，在不经专门处理的情况下，程序崩溃还是给出提示，取决于具体的代码实现。因此，为了减少系统无谓的出错和崩溃，多测试错误用例可以让我们找到这些需要额外处理的边边角角。

让我们再回顾一下计算器的例子，有人其实会对计算器中的"错误用例"有所质疑。

例如，"+3+"和"-3+"就一定是错误的吗？与"÷"这类完全不能处理的式子不同，"+3+"在对错误有一定容忍的情况下，是可以认为它的结果是 3 的（笔者无意在此处讨论数学上的规范性，只是从程序系统设计的角度探讨），而"-3+"则可以认为结果是-3。

同样地，"1**2"在某些程序设计语言中是合法的算术表达式，连续的两个乘号代表的是次方，即 1 的 2 次方。

因此，随着对错误用例设计的深入，我们经常会发现一些正确和错误之间的灰色地带。

对于上例而言，我们允许在运算式开始出现加号吗？我们允许在运算式结尾出现没有跟着数字的操作符吗？我们允许运算式中出现不符合数学规范但是符合某些编程习惯的表达吗？

允许这些灵活的表达，究竟是拓展了程序的功能，还是对用户造成了更多的困扰？

通过对错误用例的设计，我们能更清晰地定义系统的行为。在工作中，笔者遇到过无数大大小小的例子，在设计测试用例的过程中，发现在原先的产品设计或者技术设计中，某些行为没有被清晰定义，或经过仔细分析后，我们发现原先认为的错误情况其实是一种可以接受的特殊情况等。甚至有的时候，通过对所谓"错误用例"的深入分析，可以拓展出一片全新的产品天地。这些都是对错误用例进行深入设计的好处。

16.2.3　保证用例多样性

只追求测试用例的数量是不够的，还要保证用例的多样性。

测试用例并不是越多就越能保证其覆盖所有情况，这一点不难理解。以计算器为例，"1+1""1+2""1+3"这样的例子设计得再多，也不能保证计算器可以正常工作。

这一点是测试用例设计的重中之重，但同时也是最难的部分，因为它没有一定的规范，只能依赖开发者的实践经验和对当前需求的了解程度来进行设计。由于很难概括出行之有效的实践规范，所以笔者用几个案例来帮助说明，希望在引领读者思考完几个案例之后，读者能对这一要求产生自己的理解。

案例一："贪吃蛇"游戏。

首先，根据游戏规则，将情况分为游戏继续和游戏结束两种状态。

在游戏继续的状态中，有以下两种情况。

- 蛇头经过的是空地。
- 蛇头经过的是食物，这时候要验证以下两个变化。
  - 蛇尾位置不变，蛇头延伸。
  - 分数增加。

游戏结束的状态有游戏胜利和游戏失败两种。

- 游戏胜利，蛇身正好填满全地图，没有食物可出。
- 游戏失败，有以下两种情况。
  - 游戏失败，蛇头撞到蛇身。
  - 游戏失败，蛇头撞到墙。

乍一看，以上情况已经覆盖了所有"贪吃蛇"的游戏情况了，那么是否就已经是所有需要测试的用例了呢？我们注意到，以上用例设计就没有包括错误情况。错误情况应该包括哪些，取决于具体的实现可能会出现哪些错误，以及该游戏可能会出现的错误输入有哪些。根据笔者所见，以上用例设计至少有以下四种情况没有覆盖。

- 食物生成位置错误，生成到墙上或墙外，使得游戏只能无限循环进行。
- 食物生成位置错误，生成到蛇身上，这时候是报错还是可以进行，取决于蛇吃食物的实现逻辑。
- 食物生成与蛇的移动出现了竞态条件，例如，蛇的移动快于食物在地图上的生成速度，在有的情况下不是问题，但假如蛇身填满了地图只剩一个格子，这时候食物还没有出现而蛇头不得不走到最后一格并撞墙或者撞身，一局本应胜利的游戏就变成了失败的游戏。
- 当蛇身特别长时，是否会造成程序缓慢。

非正常情况的测试用例一直都不容易设计，并且完全取决于实际环境，例如，在以上案例中，可能食物的生成逻辑使得前三种情况都不可能出现；又如，在第四种情况中可能蛇身要在某些特殊位置下才会显现出来；等等。所以只有设计者对程序足够了解才能设计出足够有效的用例。

可能某些读者对游戏这类设计不够熟悉，下面我们对网站和手机应用进行测试用例设计，参考价值会更高。

案例二：某电商网站将商品加入购物车的功能。

首先，我们要将测试用例分为三类：前端、后端和前后端连接。

前端测试用例不需要考虑后端实际情况，只需要模拟两类后端响应。根据添加到购物车的情况，后端响应有成功和错误两种可能。

成功用例只有一种：网页得到添加成功的后端响应，应更新网页购物车图标。

错误用例有两种：一种是与业务逻辑相关的；一种是与业务逻辑不相关的。与业务逻辑相关的错误用例有以下三种情况。

- 网页得到购物车已满、添加失败的后端响应，应弹出提示。
- 网页得到商品售罄、添加失败的后端响应，应弹出提示。
- 网页得到用户无权将该商品添加到购物车、添加失败的后端响应，应弹出提示。

与业务逻辑不相关的用例，可以从 HTTP 响应来考虑，5××代表服务器端错误，4××代表客户端错误，因此我们可以大致推出以下用例。

- 服务器内部错误，应弹出提示。
- 网络不响应，应弹出提示。
- 用户登录状态失效，应跳转到登录页面。

前端的测试用例就到此结束了吗？并非如此，一般来说，前端的测试用例还应该包含以下两个方面。

- 所有主流浏览器的显示测试：Edge、Chrome、Safari、Firefox 等。所有浏览器都需要与所有测试用例组合一次。很多时候前端代码会与特定的浏览器类型不兼容，而出现错误。
- 不同网速下的测试，包括网速极快、正常网速和网速极慢的情况。有不少隐藏的竞态条件都是在网速很快或很慢的情况下才会出现。

后端的测试用例需要考虑两个方面：请求的有效性和事务的操作。

对请求的有效性，主要需要检查请求的以下方面：请求内容是否是合法请求体、授权、购物车操作、商品操作。

- 该请求体内容无法识别或反序列化，应返回客户端错误码。
- 该请求没有有效会话，应返回客户端错误码。
- 该请求往已满的购物车中添加操作，应返回客户端错误码。
- 该请求请求了已售完的商品，应返回客户端错误码。
- 该请求请求了没有权限的商品，应返回客户端错误码。

对这一特定事务，后端应该进行的操作是先对商品数据进行修改，然后对用户购物车数据进行修改，因此，应该包含以下错误情况。

- 商品扣库存错误，应返回服务器端错误码。
- 商品扣库存成功，购物车修改错误，应回滚商品库存操作，并返回服务器端错误码。

再是后端的成功用例：商品扣库存成功，购物车修改成功，返回成功响应。

最后，验证客户端是否能够成功向服务器端发送请求，这时候开发者既可以选择将客户端的所有用例都再次排列组合一遍，也可以选择成功和失败用例各一个，取决于产品需求和业务质量要求。笔者建议如果分别测试了前端和后端，则可以选择对实际调用只测试一个成功用例和一个错误用例。

案例三：某手机应用请求服务器计算当前用户位置与某用户指定位置的距离的功能。

在上一个案例中，笔者对此类前后端合作的用例进行了前端和前后端通信两类用例的分割，此处我们试着采用另一种方法，即前端直接调用后端接口。

首先，将测试用例分为两种：前端和后端。

前端的错误用例包括定位问题、网络问题和用户输入问题。

- 手机定位没有开启，此时应发送默认值或提示用户。
- 手机定位开启，但网络没有开启，此时应提示用户。
- 手机定位开启，网络速度慢且超时，此时应提示用户。
- 用户没有输入指定位置，此时应提示用户。

成功案例自然是：手机定位开启、网速正常，且用户输入正确。

但与上一个案例的前端用例一样，我们也需要对环境进行检测，相信读者应该可以想到需要测试的几种情况。

- 如果使用的操作系统是 iOS，则需要测试近几个 iOS 版本上的表现；如果使用的操作系统是安卓，则需要测试主流机型上的表现。
- 测试低网速时的表现。

以上两种情况也需要与之前的用例进行组合。

后端则需要对请求进行验证，然后处理计算结果。

- 请求体本身无法识别或无法反序列化，返回客户端错误码。
- 定位坐标不合法，返回客户端错误码。
- 用户输入坐标不合法，返回客户端错误码。

计算的错误用例是：计算出现问题，返回服务器端错误码。

最后有一个小问题，可能有的读者会有疑问：既然向后端服务器发送消息的是网页或手机应用，怎么还会有诸如请求体无法识别或无法反序列化，以及用户输入坐标不合法之类的问题呢？有必要进行这些测试吗？

由于网站服务的前端逻辑（网页和手机应用）发放到了客户端，而不是两个网站内部的组件互相调用，因此网站的后端服务的 API 必然是对外开放的。只要是对外开放的 API，理论上所有人都可以调用。

例如，读者可以随意打开一个浏览器的开发者模式，对打开的网页随意发送请求，而这些请求是没有经过网站的官方网页调制组建的，它们可能包含任何对后端而言无效的请求，甚至是恶意攻击的内容，因此，后端必须采用"疑罪从有"的原则，对请求进行仔细检查之后再开始处理。

16.2.4 验证系统间的连接性

测试用例必须覆盖当前被测试系统连接的所有其他系统。

一个被测试的系统或功能往往会对很多其他的组件或系统有调用，而测试用例应该确保这些所有调用过程都被覆盖。这一点往往通过对用例类型的设计就能达到，但在有的情况下，请求中的某个值的改变，会造成当前系统调用的其他系统也有所不同，因此，在设计测试用例时，还应该确保对这一标准的显式检查。

测试所有当前系统调用的组件或系统的主要原因有两个。

其一，当前系统调用其他组件或系统的方式可能有很多种。

在所有调用类型中，有的可能是本地对数据库或队列的连接，有的可能是一个远程调用；有的可能是调用了 REST API 或 SOAP；有的请求可能带有签名、被授权过，有的可能没有。由于调用方式的不同，在有的调用方式可以成功的前提下，完全不能保证其他调用方式会成功。

其二，使用同一种调用方式调用的两个不同系统表现也会有所不同。

例如，当前服务通过 HTTP 请求调用了一个 REST API，并且为了以后不要每次都从零组建 HTTP 请求，一个开发者写了一个包装类，专门负责向其他服务发起远程的 REST 调用，但是出于有意无意，该开发者硬编码了一个 1 秒的超时设置，即通过 HTTP 调用一个远程服务的 REST API 时，最多等待 1 秒，超过该时间就抛出超时异常。

例如，该服务调用了三个远程服务，这些服务延时都较短所以没有出错，但引入了一个新的用例，需要调用第四个新的服务，该服务出错率较低，但是耗时很长，常常会导致超时调用。因此，没有足够的测试覆盖率，是很难发现代码中有这样一个不合适的超时设置的。

16.3　功能测试详解

完整、完善的功能测试是我们在发布网站之前需要关注的重点，因此，笔者此处重点对几种主要的功能测试进行介绍。

16.3.1　单元测试

关于软件单元测试的论著可谓汗牛充栋，测试的最佳理念、方法和使用的框架，人们都各有一套自己的看法。笔者在此处将简单介绍一下单元测试的基本概念和方法，并根据自己从业的经验，总结一下笔者最认同的单元测试方法。

单元测试几乎在软件工程诞生之初就存在了，因此各种语言的单元测试框架发展都非常成熟，即使是新兴的语言，其单元测试框架也被创造出来并不断提升。下面笔者列举一下常见的网站开发语言的单元测试框架，供读者参考，如表 16.1 所示。

表 16.1　常见的网站开发语言的单元测试框架

语　　言	框　　架
Java	JUnit、Mockito、TestNG
JavaScript	Mocha、Unit.js
C#	NUnit、XUnit
PHP	PHPUnit
Ruby on Rails	Rspec

单元测试中一般有两个核心因素：mock 和 stub。

mock 代表被测试的代码中使用的外部对象的模拟，它一般用于表示被测试的类使用的数据对象，可以由测试框架快速创建。

stub 代表某个功能类或接口的模拟，它一般用于表示被测试的类调用的组件接口，并按照用户的要求返回一个结果。

在创建了 mock 或 stub 之后，接下来可以根据需要创建一个模拟的响应，例如，对一个 stub 的对象，我们告诉它，当输入 1 时，返回 20，或者无论输入什么，都返回 20，诸如此类，以达到配置它来测试我们想测试的对象的目的。然后当测试运行完毕时，我们可以验证以下内容。

- 业务逻辑是否对当前 mock 或 stub 有调用？有几次调用？
- 与当前 stub 互动时，输入的实际参数是什么？

为什么需要创建 mock 和 stub？答案就在单元测试本身的定义中：单元测试的目的是只测试当前被测试单元的功能。

例如，组件 A 会调用组件 B 得到一个结果，然后使用该结果进行进一步运算，如果组件 B 出现了问题，则意味着组件 A 的测试会一直出错，并且这个错误并不意味着组件 A 有问题。在这种情况下，继续测试组件 A 是毫无意义的，因为组件 B 会使组件 A 的计算结果一直出错，而我们不知道组件 A 自己本身的逻辑是否正确。

因此，就需要为组件 B 创建一个 stub，让其根据组件 A 的输入，始终返回正确的 mock 结果，这样组件 A 的结果才能反映其本身的逻辑正确与否。

很多有关单元测试的论著，都会把 mock 和 stub 严格区分开，有的采用的是笔者前面提到的标准；有的是以是否有进一步的验证期望为标准；等等，但笔者不建议进行无谓的区分。mock 和 stub 本质上都是根据需要模拟了一个生产环境中不存在的对象，并且根据需要再定制一些行为，然后进行输入验证和调用验证。有的框架，如 Java 的 Mockito 就不对其进行明确区分，所有的对象都可以是 mock，所有 mock 也都可以创建模拟的响应并进行验证。

总结一下，单元测试的步骤如下。

（1）根据被测试的类 A 或文件的业务逻辑，创建好它会调用的类 B 的 mock。

（2）根据测试用例设计，定义在什么情况下，这些被调用的类 B 的 mock 应该返回哪些 mock。

（3）创建好被测试的类 A 调用其他类 B 后所需要的响应 C 的 mock。

（4）实现测试用例，执行被测试类 A 的方法。

（5）验证被测试类 A 调用类 B 的对应方法。

为了更清晰地说明，下面笔者以 Java 的 JUnit 和 Mockito 框架为例实现一个测试用例。

假如我们要测试的 SomeClass 类如下：

```
01 public class SomeClass {
02   private AnotherClass anotherClass;
03
04   public SomeClass(final AnotherClass anotherClass) {
05       this.anotherClass = anotherClass;
06   }
07
08   public Object run() {
09       return this.anotherClass.run();
10   }
11 }
```

我们的测试应该先 mock 一个 AnotherClass，将它传给 SomeClass 类，然后 mock 一个 Object 类作为 AnotherClass run() 方法的返回值，最后调用 SomeClass 类的 run() 方法，验证 AnotherClass 的 mock 是否被调用：

```
01 @RunWith(MockitoJUnitRunner.class)
02 public class SomeClassTest
03 {
04     // 注入 mock
05     @InjectMocks
06     SomeClass someClass;
07
08     // mock 两个需要的类
09     @Mock
10     AnotherClass anotherClass;
11
12     @Mock
13     Object response;
14
15     @Test
16     public void test()
17     {
18         // 设置 anotherClass mock 返回 Object mock
19         when(anotherClass.run()).thenReturn(response);
20         // 执行测试
21         final Object object = someClass.run();
22         // 验证 anotherClass 是否被调用
23         verify(anotherClass, times(1)).run();
24         // 验证返回值是否正确
25         assertEquals(object, response);
26     }
27 }
```

单元测试还有两个很重要的指标，即代码行数覆盖率和分支覆盖率。这两个指标通常也被用来衡量单元测试的有效性。

代码行数覆盖率的计算公式如下：

代码行数覆盖率 = 测试中被运行过的代码行数/总代码行数

例如，上例的 SomeClass 类的每一行在测试中都被覆盖了（构造器被@InjectMocks 调用，而 run() 方法在测试用例中被调用），因此行数覆盖率是 100%。

而分支覆盖率的计算公式如下：

分支覆盖率 = 测试中达到的分支数/总分支数

通俗地说，分支是指如果一段代码根据实际情况会有两种执行逻辑，那么它就有两个分支，即编程语言中类 if else 的逻辑。示例代码如下：

```
01 if (a > 0) {
02   return -1;
03 } else {
04   return 1;
05 }
```

不难看出上述代码有两个分支，如果测试用例只覆盖了 a>0 的情况，那么该测试对代码的分支覆盖率就是 50%。

读者不用担心代码行数覆盖率和分支覆盖率的问题，大多数市面流行的单元测试框架都支持代码覆盖率检测，并且很多还和 IDE 有良好的集成。

笔者推荐指标：行数覆盖率和分支覆盖率都超过 80%。

最后，关于单元测试，还有一个颇有争议的话题。

单元测试框架大多不是这些语言本身支持的功能，而是第三方创建的框架，因此它们实现 mock 的方式也不是什么魔法，而是通过语言本身的特性完成的。

例如，Java Mockito 实现 mock 的方式就是通过扩展和组合 mock 的类来达到模拟目的的。因此就出现了一个问题：有的语言对这种 mock 手段是有限制的，某些类和方法是无法通过这种手段 mock 的，例如，Java 的 final 类。出于类似的原因，Java 的 static() 方法也很难被 mock。但是这难不倒一些厉害的程序员，有一种叫作 PowerMockito 的单元测试框架，它不在语法层面上 mock，而在编译后的字节码中进行修改，事实上是修改了类本身的逻辑来 mock 的。

于是就出现了两极分化的争议。

有的人认为这是完全错误的，因为它尽管能够让我们完成一些单元测试，但是违背了单元测试原本的目的：测试不应该修改逻辑代码。而且，这种修改方式，不能确保测试的过程就是开发者的原意。

还有一个主要原因是，如果需要 mock 一个 final 类或者 static() 方法，则说明业务代码逻辑出现了问题，这个类一开始就不应该是 final 类，这个方法就不应该是 static()，或者你在写一些违背了业务逻辑原意的测试用例。

但也有人出于以下原因支持这一类工具的应用：其一，因为有的 Java 项目有历史原因，代码质量不高，很多地方不必要地广泛使用了 static() 方法和 final 类，要修复这些代码则工作量太大，而且风险较高；其二，不 mock 则意味着要构建出一个真正的环境或一组真正的数据才能测试这些 final 类和 static() 的方法，但为了搭建一个能使这些方法和类返回正确值的测试环境太麻烦了，对于测试而言事倍功半。

由于这不是一个对架构影响的关键问题，而且事实上并没有正确答案，此处笔者给读者留一个小小的思考题，希望读者能够通过实践，自己得出 PowerMockito 这样的工具是否应该被使用的结论，以及相应的理由。

16.3.2 集成测试

由于功能测试与单元测试类似，而且多数功能测试只是在本地测试更大范围的组件，因此此处跳过对其的介绍。

注意：集成测试从技术的角度来看，同样和单元测试没有根本的区别！

集成测试也需要写代码，并自动化运行测试用例，而绝大多数语言的单元测试框架，也可以用来运行需要远程调用的测试用例，因此，集成测试在技术上和单元测试没有本质的区别。

集成测试之所以叫集成测试，就是因为它的测试范围大于单元测试，而不是因为它用的技术是集成测试特有的，但是我们经常会注意到，业内实践中同一个软件的集成测试使用的框架和单元测试会有一些不同。这是因为集成测试有测试自动化的需求，因此对自动化运行、生成、导出结果支持良好，并且与各种测试运行环境集成更好的测试框架就会更受欢迎一些。

同时，单元测试几乎必须使用同一种语言在同一个环境中编写，而集成测试事实上是在一个独立的环境中运行，因此在需要的情况下，开发者完全可以使用其他语言编写集成测试，并使用一些其他的工具，例如，测试 UI 的用例可以使用 Selenium 进行整合。

前文提到了测试自动化，集成测试的自动化对于软件发布而言至关重要，因为集成测试是使用代码测试网站服务的最高等级，覆盖范围最广，如果能够将这一过程自动化，每有一次新的代码部署都自动运行一次集成测试，则将大大减轻测试人员的工作负担，并且也能为开发者写出新的代码增添更多信心。集成测试设计得好的软件团队，甚至可以不需要进行进一步的端到端测试和手动测试，而使得整个过程完全自动化，这就是软件工程中常说的持续集成（Continuous Integration）或持续部署（Continuous Deployment）。

集成测试中有一个颇具争议的话题：集成测试是否应该像单元测试一样，模拟被测试服务调用的其他组件或服务？

支持应该模拟的人认为：

- 和单元测试一样，模拟了其他正确的组件或服务的响应之后，我们才能确保当前集成测试所测出的结果能够正确反映被测试服务的状态；
- 集成测试和单元测试相比，不确定性要多得多，它所调用的其他组件和远程服务，可能会因为不稳定、新引入的漏洞、网络等而出现转瞬即逝的失败情况（Transient Failure），有时候第一次运行可能因为网络原因而失败，但重新运行一次就成功了，这种情况若测试失败，会使得开发人员花费很多不必要的精力去调查一些可能根本就不存在的问题。

笔者则比较倾向于不应该模拟，理由如下：

- 集成测试和单元测试最大的不同就是，在集成测试中，我们从终端用户的角度出发，根据系统用例进行测试，理应和生产环境完全一样，如果将下游服务和组件一律去掉，返回假的、模拟的正确响应，那就与生产环境不完全一致了。尽管这样能够测试当前服务独立运行的情况，但并没有真正体现出实际用户会看到的样子；
- 而对于上述的不稳定性和下游的问题，笔者认为这并不背离集成测试的目的。对于没有问题而测试屡屡报错的情况，确实会浪费测试者一些时间去进行调查，但是笔者认为这恰巧可以反映当前服务的状态，让开发者意识到生产环境中用户所面临的服务可用度。并且如果因为下游服务引入了问题而导致整个测试失败，这种情况下模拟下游并使测试通过没有任何意义：因为生产环境中的用户实际使用的网站就是有问题的。

当然，笔者的思路也不一定就是真理。正如本书自始至终都在明确的一点，任何技术决定都要看实际情况，并根据需求来决定。在实际操作中，除了以上列举的双方的优点，还有很多因素需要考虑。

例如，如果我们开发的服务已经非常接近持续部署的要求了，但是因为下游服务不稳定，使得测试总是无法通过，这时候天平就会向模拟方倾斜。

又如，模拟下游服务的测试框架需要通过修改业务逻辑，往逻辑代码中加入一些测试用的钩子（Hook），这个因素又会使很多开发者对模拟望而却步（集成测试的模拟一般都不像单元测试那样简单）。

最后一个小问题就是：集成测试是否像单元测试一样需要计算代码行数覆盖率？业内一般的实践和笔者的意见是不用考虑。第一，集成测试的代码行数覆盖率计算极为困难，很多测试框架原生都不支持；第二，计算代码行数覆盖率的终极目的也是保证网站的功能能够成功运行，而集成测试一般都是直接从网站用例出发，一步到位；第三，单元测试已经有了这方面的数据，集成测试再来收集代码行数覆盖率数据，从某种意义上是多此一举。

16.3.3 端到端测试

端到端测试从技术角度其实没有什么细节可言，但是仍然是一个需要重视的工程问题。端到端测试是指开发者或测试人员站在终端用户的角度测试系统，测试过程可以是手动的，也可以是自动的。端到端测试主要需要注意以下两个方面的问题。

- 确保端到端测试能够模拟生产环境中的用户使用情况。
- 确保每个测试用例都被详细记录。

端到端测试最容易出现的问题就是不能模拟生产环境中的用户使用情况。相信很多读者都听过这句话：据说程序员的口头禅之一就是"在我的机器上是好的"。而令很多测试人员和开发者不解的是，即使在开发和测试中大家已经考虑了边边角角的 100 种情况，但在实际测试中用户还是会遇到 1000 种新的情况。

端到端测试由于需要模拟实际情况，时间和设备资源成本都很高，所以很多时候不容易覆盖所有用户群。比如安卓手机应用的测试者就很难买全所有安卓机型，又如为了测试某个网页显示是否正确，测试人员可能在计算机上安装了 Edge、Chrome 和 Firefox 浏览器并且全部通过测试，但没有想到的是某些用户的计算机上还安装了 IE6，或者像搜狗浏览器、360 浏览器这种经过轻微修改从而可能会对行为造成影响的环境。

笔者在工作中还遇到过只能在低网速情况下复现的问题，这些问题往往是因为竞态条件，网速快的时候不会出现。为了提升开发效率，公司的网速都很快，因此为了模拟低网速，团队开发者不得不安装网速限流的软件。

有些时候端到端测试完全模拟用户环境甚至是不可能的。例如，笔者曾经在一个 iOS 开发团队中工作过，而该团队的手机应用遇到过一个奇怪的问题，团队开发者经过分析用户提交的问题报告，发现问题仅出现在满足特定条件的环境：应用已经安装在一台 iOS 8 手机上，然后手机系统升级到 iOS 9，此时应用会出现问题。手机系统尚在 iOS 8 且还没有升级到 iOS 9 的用户不会出现问题，而在手机系统已经是 iOS 9 的时候才安装应用的用户也不会出现问题。这时候要模拟这一过程就几乎不可能了：市面上的新 iPhone 都已经是 iOS 9，而有测试机确实是 iOS 8，但如果将它升级，那么以后就再也不可能测试 iOS 8 环境中的应用了。而市面上所谓的将 iOS 降级的手段则会造成更多的问题，使得模拟用户环境更加不可能。

因此，在这种情况下，团队唯一的选择是评估问题的影响，并通知受影响的用户删除应用并重新安装。

模拟用户环境来进行端到端测试一直都不是一件容易的事情。如果不能做到，笔者的建议是对用例进行评估，尽量保证能够测试多数用户所在的环境。

另一个问题，就是要确保端到端测试的用例都被详细记录。这一要点主要针对的是非代码、非自动化的测试，由于这些端到端的测试是手动的，不专门记录下完整的条件和过程的话，很容易忽略问题的关键点，毕竟在找出问题之前，谁也不能说一定就知道问题大概会出在哪里。

笔者经常见到的来自普通用户（非专业测试人员）的问题报告如下所示。

- 我没有收到邮件。
- 我的心愿单打不开了。
- 我没有订阅通知，但是今天收到了通知。

诸如此类，这一类的问题报告完全不能帮助定位和修复问题，甚至可以说毫无价值，除非是一个影响很广的问题，团队连续收到几百封类似的报告，或许还会有点帮助。这一类报告连用户 ID 都不能确认，因为重名的用户太多了。如果端到端的测试报告也是这样，那么显然是一种人力、物力的浪费。一个合格的端到端测试报告应该包含两部分。

第一部分，当前系统用例特有的所有指标汇报，例如，网页的测试应该包含如下信息。

- 浏览器品牌。
- 浏览器版本号。
- 操作系统版本号。
- （如果有登录）用户 ID。
- （如果可以测量）浏览器页面大小。

……

第二部分，应该包含测试的执行上下文，如下所示。

- 测试时间，最好精确到秒，因为有利于日志和数据的查询。
- 测试步骤，例如，先使用二维码扫码登录，然后点开购物车，最后进入商品页面。
- 预期的效果，即正常情况下应该是什么样的，这一点很重要，因为有时候负责调查问题的人未必完全熟悉当前系统用例，还有一个原因令人捧腹但笔者工作中经常碰到：有的时候汇报问题的人误解了系统用例因而误以为有问题。所以让问题汇报者写出预期效果可以有效避免无谓的时间浪费。

- 实际的效果。

忠实记录了以上所有信息的端到端测试报告才是合格的测试报告，能够确切帮助开发团队快速定位问题。

第 17 章

上线准备

网站开发完毕之后,并不代表可以立即上线。如果是以兴趣或个人用途为主,或许可以上线试试,但是如果是组织或者商业用途,未经其他准备就上线无异于"裸奔",因为用于组织或商业用途的网站需要保证其功能的时刻健全,并且能够及时对运行时出现的问题做出反应,而这需要在上线前进行一系列的准备。

本章主要涉及的知识点如下。

- 网站应用的发布流程。
- 监控系统的作用。
- 什么是压力测试。
- 什么是灰度发布。
- 维护人员的工作。

17.1 发布流程

规范化发布流程对于大型网站和商用网站而言非常重要,有没有规范的发布流程,也是将一个兴趣类网站与一个严肃的、商业用途的网站区分开的重要标准。

17.1.1 规范化流程

很多中小型公司的程序员、学生和兴趣爱好者应该都有过如下类似的经验。

- 为了能够让一个项目成功运行,不知道在百度、谷歌和 Stackoverflow 查了多少资料,用了多少诸如 npm、ant、cocoa 之类的工具,然后又在 Windows 和各个版本的 Linux 之间切换了多少环境。
- 为了让自己的产品上线,不知道经过了多少没日没夜的奋战,赶在各种截止日期之前压线提交或上线。
- 而最后产品的发布,为了省事、省钱或一些其他的原因,过程很不正式,例如,手机应用上用的是开发者个人的账号，网站部署在一个私人服务器上，知道密码的是某个开发者的邻居的远房亲戚的朋友。

如果想要建设一个大型网站或商用网站，以上的一切都必须杜绝，原因如下。

- 这种凌乱的流程在搭建原型系统时可以接受，但在搭建大型网站或商用网站时绝对不能接受，一是容易出错，二是学习和转移成本高，无法轻易交给团队中没做过的人去做。
- 赶在截止日期慌忙上线新功能和新产品，是大型网站和商用网站的大忌，这种操作往往会导致忙中出错，得不偿失。
- 不正式的流程有诸多隐患，例如，出了问题之后的责任分配；又如，这些账户的拥有者出了意外或者与公司发生了矛盾，拒绝提供密码；等等。

由此可见，规范化发布流程是非常重要的。在大型网站的发布中，我们可以通过引入以下几个方案来使流程规范化。

首先，对于网站或软件的发布流程而言，要将所有步骤都作为文档记录。一开始，可能软件还是如上文所说那样，需要手动切换很多环境，使用许多互相不能集成的工具来进行编译、搭建和部署，该步骤可以逐渐自动化，在自动化之前，需要进行改造以满足如下要求。

- 尽可能减少工具的切换和环境的切换，例如，Java Spring、Node.js 等都有一整套从编译到部署的工具，如果一开始出于历史原因使用了多个来源的工具，可以考虑逐渐整合到一个平台上。
- 所有过程必须留存文档，并由所有开发和维护人员掌握，减少对个人知识的依赖。
- 所有手动过程，包括手动启动脚本、编译过程等，都由一人监督、一人运行，减少手动操作中的人为失误。

其次，任何功能在正式发布之前，或最终部署到生产环境之前，都需要编写足以识别部署内容的报告，并由相关团队的负责人审批通过。报告内容应该包括如下几项。

- 功能准备发布或准备部署的确切时间。
- 功能描述和用户预期。
- 当前部署或发布包含的所有修改列表。
- 出错时的最坏情况。
- 出错时的恢复流程。
- 回滚当前部署的后果。

这一流程也有其弊端，可能会增长组织内官僚主义，降低团队运作的灵活度，因此，实际操作时也可以退而求其次，选择一些最为重要的功能发布或者风险高到一定程度的部署进行执行。所有功能的发布和部署都一定要留存记录，出现问题的时候才会发现这些记录多么有用。当生产环境中出现问题时，只需要与最近的部署记录和时间戳进行对照，就会知道是哪个部署的问题。

最后，所有技术资源必须属于公共的组织账户，并且有严格的权限管理。这些资源包括但不限于以下几项。

- 代码库。
- 自动化测试和部署流程工具。
- 服务器。
- 数据库。
- （如果有）云服务账户。
- 日志和生产数据存储。

如此一来，才能最大限度地降低个人因素对团队的开发、部署、维护和问题诊断带来的风险。

17.1.2 结合测试的流程

上一章描述了测试的重要性，但测试绝对不应该仅仅在开发者写代码的时候才被运行，而是应该被放到发布流程中。一个能充分发挥测试的作用、找到新代码带来的新老漏洞的流程理应如下。

（1）在编译完成之后，运行单元测试，并生成测试报告和代码行数覆盖率。

（2）在测试环境中部署完成之后，运行集成测试。

（3）集成测试通过后，让测试人员运行端到端测试。

（4）全部通过之后，再将最新版的软件部署到生产环境中。

以上流程看似已经非常齐全，但仔细分析，它仅仅考虑了功能测试，以及检查代码中有没有漏洞，而出于完备性的考虑，代码中还有很多值得测试和检查的地方。

在代码提交期，有以下内容需要检查。

- 新的代码是否经过了审核？是代码作者直接提交的还是由团队同事审阅通过的？
- 新的代码是否引入了过时版本的软件？
- 新的代码是否引入了被确认有安全隐患的软件？
- 新的代码是否引入了公司尚没有权利使用的软件？
- 新的代码是否引入了版本冲突？

以上内容都检查通过后，才能开始编译并生成各种组件，生成之后，需要执行如下检查。
- 单元测试是否全部通过？
- 代码行数覆盖率和分支覆盖率是否有巨大下降？

以上检查通过后，新的代码会被部署到服务器上，部署之后，需要执行如下检查。
- 冒烟测试是否通过？
- 回归测试是否通过？

以上检查通过后，更多的测试会被执行，包括如下几项。
- 集成测试。
- 本地化测试。
- 可访问性测试。

以上测试通过后，会有两轮有一定手动测试包含在内的测试流程。
- 安全测试。
- 端到端测试。

经过了以上所有测试的发布流程，才能保证软件的高质量。当然，在实际操作中，我们可以酌情减少一些步骤，例如：
- 当集成测试数量不多时，可以省略冒烟测试和回归测试；
- 当业务并非高度敏感时，可以省略安全测试；
- 当软件并非直接面向广大用户时，可以省略本地化测试和可访问性测试。

17.1.3 自动化的流程

仅仅有完备的软件发布流程是不够的，作为程序员，应该有将一切自动化、智能化的追求。以上的测试环节，尽管每个环节本身是自动的，但手动地启动它们一遍也是很累人的，更不用说每次发布都要执行一次，其中的人为失误风险无处不在。因此，理想状态是将这一切都自动化，如图 17.1 所示。

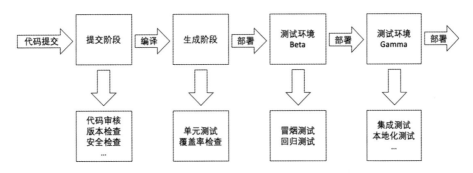

图 17.1　自动化的流程

其中，Beta 在业内一般用来指代公测环境，也可以泛指测试环境。此处，我们用于指代代码部署到生产环境前第一次部署到的测试环境，它可能在某种程度上像生产环境，但是可能由于一些原因，例如，设备不如生产环境一样先进稳定，或者使用的部分组件是测试专用组件等，只能模拟一部分生产环境，因此也只进行冒烟测试和回归测试。

Gamma 在业内则用来指代和生产环境几乎一模一样的环境，它和生产环境理论上唯一应该有的区别就是它收不到生产环境中的请求。因此，集成测试、本地化测试等这些测试都应该在 Gamma 中运行。

通过测试之后，可能会有一步手动步骤，即安全测试和端到端测试。在有的情况下，当集成测试设计得比较好的时候，这一步也可以省去，这就是我们在前几章中提到的持续集成或持续部署。

持续集成或持续部署是自动化流程的最高境界，程序员只需要关注代码本身的质量和审核，在产品发布达到了持续集成或持续部署的要求之后，程序员只需要放心提交代码，因为如果是代码导致的问题，它会在中间任意一步以某种形式被拦下来，不会造成生产环境中破坏性的问题，而在没有问题的时候，这一切都是自动化的，省时、省力。

想要建立这样的自动化流程并不难，如同测试框架一样，现在市面上已经有很多流行的成熟框架，例如，Jenkins、circleci、TeamCity、GitLab，以及 AWS 和 Azure 提供的云上的 CD pipeline 工具等。这些工具都非常易于配置，多数都可以自由地与常见的 Git 代码库相集成。

17.2 监控

任何软件在发布之后，要么需要被用户持续使用、要么需要持续保持自行运转工作，而作为出品这些软件的开发团队，也必须通过相应渠道了解这些软件的运作情况。

过去的软件都是随着硬件载体（软盘、硬盘）发布的，而且网站大多是一些轻量级的网页，因此软件运行如何、有无重大问题，都只能依靠测试团队的测试和用户的手动报告来得知，而现在的很多软件是运行在云端上的，网站应用也如以前的单机程序一般复杂，这时候开发团队就要有能力对这些运行在云端上的应用使用自动化技术保持时刻监视。

17.2.1 生产环境度量

生产环境度量（Production Metrics）又称为生产环境数据，是指网站的所有服务资源在生产环境中产生的数据。

这些数据之所以不叫作数据（Data），而叫作度量（Metrics），是因为数据一般特指来自用户的数据或网站在业务方面的数据，例如，用户对网站页面的访问记录、在各个页面的停留时间、电商网站的销售额、博客网站的文章数量、网站各个功能的利润转化率等。

而度量特指网站运营时网站资源本身的数据，例如，服务器单机每日或每小时的最高 TPS、中位数 TPS、API 的错误率和延时、被调用次数，以及服务器单机的内存使用率、CPU 使用率等。

度量既是衡量系统运营的关键，也是衡量系统是否成功执行了商业需求的关键。可以说对于很多网站而言，如果度量数据不全面，则网站的建设就没什么意义了，因为作为一个大型商用网站，它的目的不是实现某些人的兴趣爱好，而是执行商业目标、盈利等，如果没有系统度量，则就不能反映网站建设对公司商业目标起到的作用。

因此，一方面，在不考虑度量数据消耗的资源和成本的前提下，笔者建议只要能够记录度量数据就记录，数据多总比数据少要好；另一方面，我们此处讨论的度量主要侧重于监督网站正常运行的度量，因此，在这些海量的度量数据中，我们还要挑选合理的度量。

合理的度量是网络服务设置监控系统的关键，如果不知道什么度量对网站运行重要，那么设置监控也没有意义。例如，学生在学习方面需要一些额外监督的时候，学校老师把家长叫到学校去沟通，但这只会发生在考试分数低于 60 分的时候，而不是学生开始从黑色笔改用蓝色笔的时候。弄清楚哪些度量可以被有效用于监督系统运行是至关重要的。

一般来说，主要关注两个方面的度量。
- 可以用于衡量系统是否能够承担当前流量的度量。
- 可以用于衡量系统是否拥有正常功能的度量。

接下来还要为这些度量设置警报，而警报之所以能起到警报的作用，是因为它少发、少见、一旦出现能够且应该引起高度警惕并占用一部分人力、物力资源去诊断，因此，笔者建议用于警报的度量要少而精。以笔者的从业经验来看，这些用于警报的度量一般应该包括以下内容。

对于衡量系统是否能够承担当前流量的度量而言，我们一般从单机服务器的关键度量入手，包括以下几项。
- 单机服务器的 CPU 使用率。
- 单机服务器的内存使用率。
- 单机服务器的硬盘使用率。

除此之外，服务器还会有很多其他的度量，但是一般实践经验告诉我们，以上的三个度量都是服务器承担流量的瓶颈,当服务器承担了过大的流量时,这些度量会比其他的度量先出问题。

对于系统是否拥有正常功能的度量而言,我们一般关注以下内容。

- 关键 API 的错误率。
- 关键 API 的延时。

其中,延时方面我们会同时关注统计数据的 P50 和 P90,因为前者可以代表一般情况,后者可以代表极端情况。前者为什么重要相信不必多言,后者可以反映很多小众用例或用户环境的问题,例如,新版本的网站在某些小众浏览器上运行会变慢,这时候关键 API 的 P90 延时就会明显上升。

在实际操作中,我们可能会需要更详细的度量,读者不必拘泥于上述列举的内容。例如,某关键 API 的调用延时可以按照用户浏览器版本分界,又或者除了监控某关键 API 的总体延时,还监控该 API 运行背后调用的 N 个组件的各自延时。这种情况并不少见,某个总体的关键度量可能总是出现问题触发警报,但诊断过程非常麻烦、复杂,如果这时候能够辅以另一个维度的度量,可能甚至不需要查看系统日志或者查看代码就能诊断出问题所在。

最后,笔者给所有想记录系统度量的读者三个记录方面的建议。

第一,在不考虑度量记录的资源和成本消耗的前提下,所有具有功能的组件的外部 API 都一律添加错误率和延时记录。这可能一开始看起来非常累赘,但是在大型系统的生产环境中运行时,我们永远无法预测问题会出在哪里,而这些随手记下的表示组件连接的度量经常能给诊断过程带来惊喜,起到事半功倍的作用。

第二,记录度量的代码尽量轻量且健壮,然后将记录度量放在必定会执行的位置。

让我们来看两个 Java 的例子。

假如记录度量的接口如下:

```
01  public interface MetricsRecorder {
02      void recordCount(String metricName, int count);
03  }
```

一种记录度量的方法如下:

```
01  public class BusinessLogicClass {
02      private MetricsRecorder metricsRecorder;
03      private SomeServiceClient serviceClient;
04
05      public void run() {
06          // 执行一次远程调用
07          final RpcResult result = serviceClient.callSomeApi();
08          if (result.isSuccessful()) {
09              // 假如调用结果成功,为成功度量记录+1
```

```
10          metricsRecorder.recordCount("SomeServiceSomeApiCallSuccess", 1);
11      } else {
12          metricsRecorder.recordCount("SomeServiceSomeApiCallFailure", 1);
13      }
14  }
15 }
```

这一度量记录逻辑乍一看没有问题，但是它忽略了一个问题。

现在记录的度量是否有效，完全依赖于 SomeServiceClient 远程服务的客户端是否能够成功处理所有远程调用的成功和失败的情况。

如果这个类中有漏洞，或者没有处理某些情况，例如，HTTP 连接超时，结果是在第 7 行，会有一个异常被抛出，之后的第 8~13 行根本不会被执行，也就是说第 12 行记录调用失败的代码不会被执行，这样一来，就漏掉了一个失败度量记录。这对监控系统的影响是致命的，因为监控系统看到的错误率，可能远远低于实际的错误率，从而忽略一些生产环境中的严重问题。

因此，我们应该利用编程语言中提供的一些机制，保证度量代码一定被执行，示例代码如下：

```
01 public class BusinessLogicClass {
02     private MetricsRecorder metricsRecorder;
03     private SomeServiceClient serviceClient;
04
05     public void run() {
06         // 声明一个适用于整个方法的布尔变量标记，默认为 false
07         boolean success = false;
08         try {
09             // 执行一次远程调用
10             final RpcResult result = serviceClient.callSomeApi();
11             // 如果逻辑执行返回成功，则将该记录改写为 true
12             success = result.isSuccessful();
13         } finally {
14             // 如果中间过程抛出了异常，则 success 标记依然是 false，语义正确
15             // 根据 success 决定记录成功还是记录失败
16             String metricName = success ? "SomeServiceSomeApiCallSuccess" :
17 "SomeServiceSomeApiCallFailure";
18             metricsRecorder.recordCount(metricName, 1);
19         }
20     }
21 }
```

此处，我们利用 Java 中的 finally 代码块一定会被执行的特性，将记录度量的逻辑放在这里，并使用一个布尔变量来标记执行过程是否成功，该变量的作用域是整个方法，如果逻辑执行返回成功，则正常执行的逻辑一定会将记录改写为 true，并记录一个成功调用的度量；如果逻辑执行返回失败，或者抛出异常都会使布尔变量保持 false，

从而就保证了一定能够记录正确的度量。

第三，在监控系统关心"率"的地方，一定要设法记录总体数据以体现当前计数的比例。

上述讨论的度量部分，很多地方我们关注的是"率"，即几分之几、百分之几，而不是单纯的计数，例如，内存的使用率、硬盘的使用率、API 的错误率等。

内存的使用达到 2GB 的时候，谁也不能保证是不是用得太多了，因为如果服务器的内存只有 2GB，那么是极为危险的，而如果服务器的内存是 32GB，那么 2GB 的占用就是无足轻重的。

同样地，API 如果在 1 秒内有 2 个错误，假如总流量是 10TPS，那么这个错误率是极高的，而如果是 10 000TPS，那么这个错误率就微乎其微，可以忽略不计。

如何让度量系统反映比率？如果只在成功的时候发送成功的度量计数，或者只在失败的时候发送失败的度量计数，显然是不能做到计算比率的，因为度量系统不知道总量。假如既发送成功的计数又发送失败的计数，那么经过一些数学运算是可以做到的，因为：

$$成功率 = 成功数/（成功数+失败数）$$

$$失败率 = 失败数/（成功数+失败数）$$

现在大多数度量系统都支持一些简单的数学运算，但是这种运算还是太麻烦了，而且误差也较大。同样利用这样的数学运算功能，我们可以做到更精确的运算，即发送成功和失败的计数，然后同时无论是成功还是失败，发出一个计数，这样我们能得到一个更精确的比率，即在上面代码中第 18 行后插入一行：

```
01 metricsRecorder.recordCount("SomeServiceSomeApiCall", 1);
```

这样就可以利用原先记录的成功和失败的度量与这个新度量进行运算得到成功率和失败率了。

其实还可以做得更好。大多数度量系统都支持对度量的平均值显示，这样就可以采用一个非常简洁的方法记录成功率或失败率：例如，成功率，当成功时，照常发送值为 1 的度量计数，当失败时，发送值为 0 的度量计数。这样一来，度量数据只需要显示平均值，就自动得到了成功率。最终代码如下：

```
01 public class BusinessLogicClass {
02     private MetricsRecorder metricsRecorder;
03     private SomeServiceClient serviceClient;
04
05     public void run() {
06         // 声明一个适用于整个方法的布尔变量标记，默认为 false
07         boolean success = false;
```

```
08      try {
09          // 执行一次远程调用
10          final RpcResult result = serviceClient.callSomeApi();
11          // 如果逻辑执行返回成功,则将该记录改写为 true
12          success = result.isSuccessful();
13      } finally {
14          // 如果中间过程抛出了异常,则 success 标记依然是 false,语义正确
15          // 根据 success 决定记录成功还是记录失败
16          int metricName = success ? 1 : 0;
17          metricsRecorder.recordCount("SomeServiceSomeApiCallSuccess",
18 metricName);
19      }
20  }
21 }
```

17.2.2 监控与警报

在确定并记录了网站服务所应该关注的度量之后,就应该为之设置监控和警报系统了。监控系统一般按照如图 17.2 所示的架构搭建。

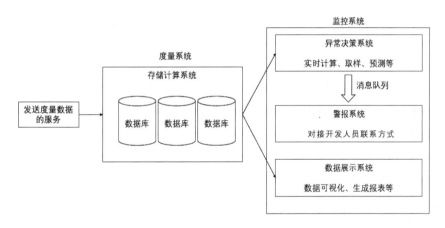

图 17.2 监控系统架构

监控系统虽然负责的不是与网站核心业务逻辑直接相关的工作,但是结构极为复杂,而且综合应用了多项技术,它需要处理海量的数据(比生产环境中用户的数据量要大得多),进行很多大数据领域的处理,包括数据处理本身、一些简单的计算、数据采样、数据挖掘和预测等。

同时,它需要将这些数据经过处理、美化之后以高度可视化、可用的形式展现在报表上,供开发和维护人员人工监控和诊断问题用。

最后它还要以消息的形式将生成的高危计算结果发送给警报系统,警报系统再进一步通过一些通信手段联系开发和维护人员。

因此,此处笔者强烈建议,如果条件允许,则使用市面上现有的监控系统或者云

服务，原因在于，监控和警报系统要具备极高的可用度、稳定性和效率，缺一不可。

- 监控系统首先反应要快、性能要好，能够在出现问题时及时提醒相关人员，不能在某个问题已经出现数小时甚至数天之后才慢吞吞地发出提醒。如果网站监控的服务是一个关键业务，那么每分每秒都是高额的损失。
- 监控系统要能保持 24×7 的可用度（即每天 24 小时正常工作，一周 7 天，表示无时无刻都能正常工作），如果监控系统出现故障，那么开发和维护人员就对网站的运行状态完全不清楚了，诊断也无从谈起。
- 监控系统的逻辑要时刻保持正确，警报意味着高优先级的问题出现了，往往需要开发人员立即抛下手头的工作投入问题诊断和修复中去（否则也不必叫作警报），但如果警报系统总是出错，报一些不该发出警报的问题，"狼来了"的故事久而久之不仅浪费开发人员宝贵的时间精力，也会降低对真正的严重问题的敏感度。

开发这样一个监控系统费时费力，且很难时刻保证其有这么高的运行质量，因此，除一些极大规模的技术公司（例如，国内的阿里巴巴、字节跳动或国外的谷歌、苹果、亚马逊等）以外，一般公司很难分拨出资源去搭建并维护这样的系统，因此对于中小型公司而言，监控系统最好使用市面上已有的成熟服务。

网站所要监控的度量不难确定，就是上一节中提到的所有关键度量，而对于其数据而言，笔者有一套实践经验，如下所示。

服务器度量：
- CPU 使用率超过 60%，持续 10 分钟。
- 内存使用率超过 70%，持续 10 分钟。
- 硬盘使用率超过 70%，持续 5 分钟。

网站服务度量：
- 关键 API 错误率超过 0.005%，持续 5 分钟。
- 关键 API 的延时此处很难给出参考数据，因为延时的可接受标准完全取决于业务逻辑和使用的下游服务的性能。笔者建议运行两周后根据数据自行定义。

这些推荐数据都不是绝对的，读者可根据自己建设的网站的实际情况进行微调。

17.3 压力测试

压力测试是一个网站想要承担大流量之前必须进行的测试。可以说，没有经过压力测试的网站，无论其设计得多么完美、实现得多么精妙、开发者对其性能计算得多么精确，任何人对它能否承受设计的流量都不可能有十足的把握。

17.3.1 压力测试的目的

压力测试或称为负载测试（Load Test）是指按照网站设计所承担的最大流量对网站执行短时间的测试，观察网站服务器和服务的关键度量，然后得到当前网站是否能承担该流量、如果不能是否能通过资源调整来达到目的，以及瓶颈在哪里的结论的过程。

正如上一章所说，压力测试是所有大型商用网站在面向公众发布之前的必经之路。

一座大桥在搭建完毕之后，上面可以走工人不够，可以开工程用车不够，可以开前来剪彩的各路嘉宾的汽车也不够，它需要确保能够承担交通高峰时的车流量，需要确保能够承担堵车时大量汽车停在上面的重量，也需要确保在它声称允许的最高、最重的货运卡车开过时不会出现任何问题。

网站也是一样的，网站开发完毕之后，开发者试用之后没有问题不够，测试人员测试了所有用例也不够，它要确保千千万万的用户日夜不停地使用没有问题，还要确保流量高峰时不会出现性能问题或崩溃。

大流量和小流量的测试完全是两回事。根据笔者的从业经验，压力测试可以找到的问题包括但不限于以下几种。

- 隐蔽的内存泄漏问题。
- 某个关键下游服务或组件其实十分脆弱，不能承担它所声称的能承担的流量。
- 日志配置的问题导致服务器硬盘被占满。
- 某个忘记设置超时的远程调用会长时间占用服务器连接。

诸如此类的问题，都不能通过小流量的测试发现，它们要么在小流量的测试中不够明显，要么在小流量的测试中可以快速恢复。而这些在大流量下才会暴露的问题，又往往很难快速修复，从而造成严重的后果。因此，压力测试作为模拟大众用户使用网站的手段，在发布一个大型商用网站之前，是极为必要的。

另外，在压力测试中发现问题时，可以比在生产环境中发现问题时更快找到问题根源。压力测试的流量是由开发者模拟出来的，因此，当发现问题时，开发者可以通过控制变量法迅速定位到哪一部分或哪一逻辑的流量变大、执行次数变多时会导致问题，而生产环境中的用户流量却不能随心所欲地进行调制。

17.3.2 如何进行压力测试

压力测试在准备上，需要注意两个方面。

第一，和功能测试一样，压力测试也要尽量模拟实际用户的数据。这一点和功能测试一样，看似容易操作且容易理解，但实际操作中问题很多。有时候开发者会误以为压力测试的执行方式就是大量地调用 API，从而随意编写一些请求数据，甚至使空的请求数据。这一点笔者在上一章讲到功能测试时已经提过，假的测试数据和仿真的测试数据造成的效果是不同的，在大流量的情况下尤其如此。当复杂请求数据会加大服务器的 CPU 和内存使用的时候，使用空或假的请求数据将不能获得有效度量数据，所测的也只不过是服务框架转发请求的能力而已。

第二，压力测试的流量模式必须能模拟实际用户的数据。这一点经常被开发者忽略。很多开发者在撰写压力测试代码时，确实努力模拟了真实数据，但是只使用了一个系统用例的数据，或者平均模拟了各个系统用例的数据，这看似无关紧要，因为也可以测试系统在压力下的表现，但有的时候却不能发现问题的关键。

例如，某个网站服务提供了一个获取用户信息的 API。在执行压力测试时，开发者使用的测试数据是用户 ID 1 到 ID 10 000 的数据，并依次循环，这样每个用户 ID 上的数据被请求到的次数是差不多的，压力测试执行完毕没有发现问题。

但是在实际生产环境中，该 API 的度量数据却发现了超高延时甚至超时的情况，经过分析才发现，某些用户由于高度活跃，这个 API 对这些用户信息调取的频率非常高，也就是大约 80%的流量都集中在 20%的用户 ID 上，由于该网站背后使用的数据库在反复请求同一 ID 记录时会有高延时的性能问题，所以这一问题在生产环境中就出现了。

有的读者可能会有疑问：如果这是一个全新的网站，没有任何用户使用数据，我该如何模拟实际用户的流量模式？这确实是一个鸡生蛋还是蛋生鸡的难题，如果没有任何历史数据可参考，笔者有两个建议供读者参考。

- 要求产品和公司的数据科学家介入，帮助分析和预测用户行为，给出一个合理的估计数据。
- 先进行简单的压力测试，然后发布之后持续监控一段时间（如两周），根据两周后的流量数据，再次执行压力测试。该方法比较简单，更准确，消耗资源也少，但是前提是不能期望用户量在开始的一段时间内有爆发式增长。

压力测试需要按照以下步骤执行。

（1）制订测试计划。测试计划需要包括以下几项。

- 使用什么测试用例。
- 使用什么流量比例。
- 合理的测试时长，是十分钟、半小时、一小时还是十二小时？
- 需要监控的关键度量。

（2）准备专门的压力测试代码。这方面有不少争议，有的人喜欢共用压力测试与功能测试的代码，因为系统用例随时需要更新，如果忘记更新哪一边，那么哪一边的测试就不够准确，而分开编写的好处则是，在部署上有时候会更简单一些，因为很多时候集成测试和压力测试使用的框架和环境都迥然不同，一套代码适用两个框架并不是轻而易举的事情。同之前一样，笔者希望读者根据两种做法的优缺点并结合自身情况进行选择。

（3）按阶段提升流量，缓步"开闸放水"。假如设定的测试时长是 30 分钟，最高 TPS 是 100，则可以按照类似下文的步骤进行测试。

① 前 5 分钟执行 5%，即按 5TPS 运行。

② 6～10 分钟执行 25%，即按 25TPS 运行。

③ 11～20 分钟执行 50%，即按 50TPS 运行。

④ 21～25 分钟执行 80%，即按 80TPS 运行。

⑤ 最后 5 分钟执行 100%，即按 100TPS 运行。

这一步也很重要，不能直接一步到位执行 100%的原因有以下几点。

- 压力测试不仅仅是为了看该服务能否处理目标的 TPS，也是为了观察服务整体在流量增长时的表现。绝大多数网站服务的度量数据随着 TPS 的增长都不是线性增长的。例如，在 100TPS 的时候服务器 CPU 用量达到了 60%，并不意味着 50TPS 的时候服务器 CPU 用量就达到 30%。观察服务随着流量慢慢增长的性能变化，有助于读者更深入理解该服务的性能瓶颈，在未来扩展和扩容时做到心中有数。

- 网站服务不一定会在 TPS 为 100%的时候才出现问题，有时候可能到了 90%或者 80%的时候就出现了问题，如果一步到位，即使出现了问题，我们也不知道问题出在哪个阶段，系统究竟是离目标 TPS 很远，还是只需要进行一些微调就能达到目标了。

- 有的时候某些服务需要一些"预热"，在承担了中等流量之后，它可以处理短时间的大流量，但是直接让它处理大流量则会出现问题。这种情况虽然少见，但是也存在。

（4）撰写测试报告。和功能测试一样，压力测试也应该有一份详尽的测试报告。它需要包含以下内容。

- 一个随着流量增长，系统性能随之变化的图表，并且要附上具体的变化时间的时间戳。前者不难理解，上文中已经解释过为什么要缓步增长：读者希望理解该网站服务随着流量增长的性能变化。那为什么还要附上时间戳？让我们来看如下的例子。

假如某开发团队对他们刚开发的服务执行了压力测试，其中测试前半段使用了

50TPS，后半段使用了 100TPS，不带 TPS 变化时间的对照如图 17.3 所示。

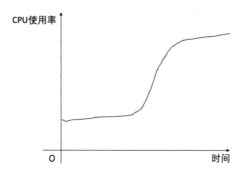

图 17.3　×月×日（压力测试执行日）某服务器 CPU 使用情况（不带 TPS 变化时间）

乍一看图 17.3 完全符合预期，看不出什么危险之处，CPU 使用率在中间某个时间猛地增加，应该就是加大了压力测试 TPS 的地方了。但是如果加上了调整时间之后，变化情况如图 17.4 所示。

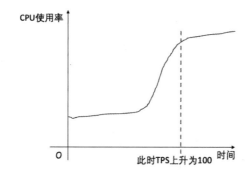

图 17.4　×月×日（压力测试执行日）某服务器 CPU 使用情况（附 TPS 变化时间）

这么一看性质就完全不同了，服务器在 TPS 还没有增加的时候就发生了飙升，这表明在 50TPS 时可能有一些滞后的效果逐渐显现出来，可能是后劲十足的异步回调，也可能是某种内存泄漏之后发起的 JVM 垃圾回收等，而且由于 100% 的 TPS 一般不会运行很久，100TPS 后面可能不会有一个相同的 CPU 飙升，这样的问题很可能就因为没有标记时间戳而被漏过了。

- 标出当目标 TPS 达到时，服务器集群的表现情况。这也是压力测试的目的之一，有了这一条，我们才能确认当前服务器（集群）是否已经可以承担生产环境的用户流量。
- 计算出单机可以承担的流量。这一点很重要，原因是：正如本书前段所说，理想状况下，一个网站的扩容和缩容应该只靠添加或减少集群服务器来做到，因此单机能够承担多少流量是在扩容和缩容过程中至关重要的计算数据。

17.4 灰度发布

灰度发布是所有追求稳健业务的网站发布新功能时一定会执行的步骤，它无论是对网站功能的测试，还是对网站的保护，都起到了至关重要的作用。下面笔者就来介绍一下灰度发布的概念及其操作流程，以及实践时的注意点。

17.4.1 什么是灰度发布

灰度发布（A/B 测试）是指在一个新功能发布时，让一部分用户使用旧功能，一部分用户使用新功能的测试手段。

它的中文和英文尽管是两个不同的词，但都非常形象。中文灰度发布是指有新功能和没有新功能就好比非黑即白，那么一部分人用新功能，一部分人不用新功能，就好像系统目前的状态处于黑白的中间——灰色一样。而英文 A/B 测试则更明显，一部分人是情况 A，另一部分人是情况 B。

有的人可能会认为 A/B 测试特指的是带有 UI 或者用户可见的功能的测试，例如，某网站页面一部分人见到的是蓝色外观，另一部分人见到的是白色外观；又如，某手机应用一部分人可见到分享按钮，一部分人则没有见到；等等。其实 A/B 测试在工程上可以用来泛指一切（注意是一切）开发者引入的新代码在一部分情况下运行，在另一部分情况下不运行的测试手段。

使用灰度发布的网络服务如图 17.5 所示。

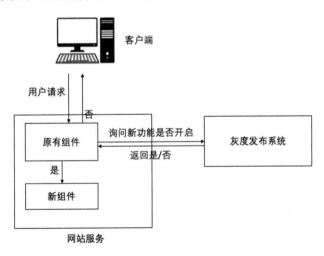

图 17.5 使用灰度发布的网络服务

使用灰度发布的目的有两个方面。

一方面，可以对原有逻辑形成保护，减少回归问题（Regression）的风险。无论新添加的代码是不是面向用户的,我们都可以为它加上一层包装并用灰度发布控制,一旦通过监控系统发现有因为新代码导致的问题,可以在未经部署的情况下,直接将灰度发布关闭,这样可以最小限度地减少新代码中的问题对系统的影响。

另一方面,功能类的灰度发布都是为了验证此功能对用户的影响是否对网站业务有利。例如,看到白色外观网站页面的用户使用网站的时间是否长于看到蓝色外观网站页面的用户,或者能够分享商品的用户是否比不能分享商品的用户消费更多。

灰度发布系统的设计说难不难,说简单也不简单,灰度发布系统的架构大致如图 17.6 所示。

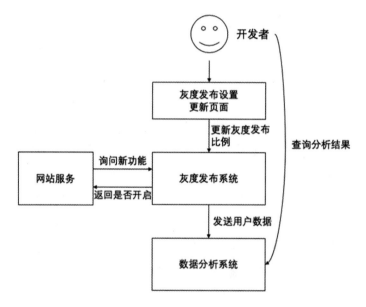

图 17.6 灰度发布系统的架构

灰度发布系统需要满足以下几个条件。

- 能够快速、稳定地将开发者设置的灰度发布比例反映到请求上。例如,开发者设置了 60% 的用户可以看到蓝色外观的网站页面,40% 的用户可以看到白色外观的网站页面。每个用户的请求进入系统时,灰度发布系统应该有能力快速响应 6∶4 的结果,而不是经过一些效率低下的随机数机制去确定。
- 另外,结果的稳定性也非常重要。如果分发机制是纯随机的,可能就会造成以下问题:某用户在该网站上浏览时,点开的页面这一次是白色,下一次是蓝色,下一次又是白色……这可能比单纯是白色和蓝色页面更糟糕的用户体验,可能会降低网站的用户黏度。

在这一点上,最合适的机制是利用某种可以添加参数的散列映射,在参数不变时,一个用户 ID 会永远被映射到一个固定在 0～100 范围内的数上，然后使用该数与开发者设定的灰度发布比例进行比较，就能够得到一个稳定分发的结果。例如，用户 ID 是 ZFB12345，通过散列函数被映射到数字 58 上，而此时开发者设定的新功能灰度发布比例是 60%，那么该用户 ID 就可以使用新功能，反之如果被映射到 62 上，则继续使用旧功能。同时，如果需要刷新，修改散列函数的参数即可。

- 能够与数据挖掘和处理系统对接，使用灰度发布系统分析不同状况下用户的行为。灰度发布除了具备保护功能，还具备发布新功能和分析用户行为的功能，这就要求灰度发布不仅仅是一个随机数分发器，还是一个能够对接数据分析工具的系统。

例如，用户 ID 1～ID 100 见到的是蓝色外观的网站页面，平均在每个页面上停留了 60 秒，用户 ID 101～ID 200 见到的是白色外观的网站页面，平均在每个页面上停留了 30 秒，如果灰度发布系统能够将这些数据组合发送给数据分析系统，数据分析系统很快就能得出页面停留时间与外观的区别存在统计显著的关系，从而得出二者的相关性，如果没有这样的数据连接，我们只知道有 50% 的用户见到了蓝色外观的网站页面，而用户平均在网站页面上停留的时间从 30 秒上升到了 45 秒，这并不能说明问题，或许是网站的内容最近变得有趣了呢？

- 提供给开发者快速更新灰度发布比例的能力。这也是灰度发布的意义所在：快速反应、快速转身（Quick Turnaround）。如果灰度发布修改比例需要修改代码、需要经过好几天才能生效，或者需要一次重新部署，那么灰度发布就没有存在的意义了。还不如直接改代码呢！一般的灰度发布系统，应该给开发者一个极为友好的用户界面，允许开发者随意定制比例，并能够快速反映到客户端发送的请求上。

灰度发布系统的可用性不是第一位的。灰度发布系统完全可以在定制其客户端或添加缓存层的前提下，设置每个灰度发布的默认值，最大限度减少错误的可能性。而暂时的、少量的灰度发布误差对于大多数开发者而言都是可以接受的，无论是出于哪个灰度发布的目的。

最后，与监控系统和度量系统相同，如非极为必要，笔者建议不用自己开发灰度发布系统。无论是阿里云、腾讯云、Google Analytics、AppAdhoc 还是 Optimizely，都有非常成熟的业界灰度发布工具，从 Web 服务器端到客户端应有尽有。

17.4.2 灰度发布的条件

如果可以，开发者乐意将所有新添加的代码都加上灰度发布，但不是在所有的情况下代码都可以直接被加上一层灰度发布的保护。有一种情况需要开发者仔细斟酌。

相信读者都能想到，为了实现灰度发布，开发者必须把所有新的逻辑都尽量集中在一个地方，使其可以被一个简单的 if else 或类语句囊括，然后 if 条件检查的则是灰度条件系统返回的结果。如果新的逻辑遍布整个组件，那么灰度发布是非常难以做到的。当新代码仅在一个库或者服务中时，通过一些简单的代码技巧不难做到，但是如果新功能是一个分布式的逻辑，事情就不是很好办了。

假如新功能在两个服务 A 和 B 中，其中客户端调用服务 A，然后服务 A 调用服务 B，如果在服务 A 和服务 B 中都添加了灰度发布的代码，无论是网络波动、灰度发布系统的错误，还是灰度发布系统随机值重置中的某种原因，都有可能造成服务 A 和服务 B 得到的灰度发布结果不同，也就是说客户端有可能会调用服务 A 而使用了新功能，而新功能依赖的服务 B 却拒绝服务，因为灰度发布系统告诉它这个用户只能用旧功能。

对于这种情况，笔者的建议是：具体用例具体分析，然后根据分析结果，只在用例的入口处添加灰度发布。在该例子中，我们只在服务 A 中添加灰度发布，服务 B 中不添加。

但仅这样做还是不够的，对于一些分布式事务，还要注意当灰度发布的比例改变时，原先受到影响且完成了不可逆的事务的用户应该在特定的事务中保留自己原先所在的分类。

例如，某个电商网站推出了一种全新的购物方式，它从放入购物车、下单、售后都是一套全新的工作流和界面，并且使用灰度发布控制了该功能。当它将灰度发布的比例调整为 50% 时，某用户处于新功能分类中并且采用该功能下单买了一件新的商品。

后来因为发现网站存在问题或者新功能在商务方面表现不佳，又将其灰度发布的比例改为了 0%，这时候用户还能在订单历史中查到该订单吗？相信这一问题没有争议：应该。但是如果不谨慎做好灰度发布逻辑，而是简单地处理为凡是不在里面的用户都看不见任何相关信息，那么该用户就看不见自己的订单历史了。

这种情况按照入口标准来处理是否可行呢？即只有放入购物车是灰度控制的，其他从下单、查询历史、联系售后都不是灰度控制的，可以吗？这种情况下，可能会有不在新功能分类中的用户在浏览自己的订单历史时，偶尔发现新订单，点进去为空，然后想知道如何下单却找不到任何入口。这也是另外一种形式的不良体验。

总而言之，所有涉及分布式事务和容易造成永久后果的事务的灰度发布都需慎之又慎，具体情况具体分析，确保在灰度发布调整时没有用户被遗漏在中间某个两头不沾的境地中。

17.5 维护人员

前文都是从计算机、自动化的角度讨论如何提升发布上线前的品控能力,确保发布过程不出错,最后我们来讨论一下维护人员在这一过程中应该担当的角色。

17.5.1 应急预案

所有网站都应该有一个应急预案文档,记录以下三个方面的内容。
- 与网站相关的所有基本信息。
- 最常见的问题及解决办法。
- 可能出现的最严重的问题及解决步骤。

应急预案有一个重要的作用:帮助不熟悉的同事快速上手维护。在大公司中,开发团队一般都是五人以上,即使是现在很流行的"双比萨团队"(即两个大比萨饼就能喂饱一顿饭的团队规模)也有七到十人,在这种团队规模中,一个人很难保证自己在写代码时接触整个系统的所有部分,也很难保证别人都明白自己在干什么。因此,创建一个属于整个团队的应急预案文档对于团队维护系统是非常有帮助的。

网站的应急预案文档应该包含但不仅限于以下几个方面。
- 与网站相关的基本信息如下。
  - 网站代码所在的包或者库。
  - 网站部署的步骤或控制台。
  - 网站资源的链接,例如,数据库、队列、缓存的所在位置等。
  - 网站扩容的相关信息:
    - 当前有多少台服务器,使用了什么负载均衡等。
    - 如何修改服务器数量、负载均衡策略等。
  - 网站最近一次执行压力测试的过程和结论。
  - 网站调用的所有不属于本团队的组件和下游服务的列表,以及这些服务的拥有者的联系方式和介入手段。
- 常见问题及解决办法如下。
  - 出现用户流量偏大,限流系统拒绝了部分请求的情况,而系统可以忍受适度的流量增加,此时如何修改限流设置。
  - 按照所有警报及对应的问题的可能性列举,既然安排了自动警报,那么这些警报必须对应有可能的问题症状描述,及其诊断的发起点。
  - 最近一个月常见的用户报告的问题、诊断过程、诊断结果及修复方案。
  - 最近正在运行的所有灰度发布列表,每个灰度发布可能会出现的问题的描述,以及如何关闭这些灰度发布的步骤。
- 可能出现的最严重的问题及解决步骤。
  - 数据库表被破坏的恢复方法、备份步骤。
  - 队列出现严重消息积压的解决办法。
  - 缓存雪崩时重置或暂时移除的步骤。
  - 错误率极高(如超过50%)时:
    - 系统重启的步骤。
    - 部署回滚的步骤。
    - 服务降级的步骤。

该应急预案文档应该处于一种时刻迭代(Iteratively Updated)的状态,每当团队完成一个功能时,该功能的负责人应该负责将该功能涉及的资源变化、常见问题和可能出现的最严重的问题及解决办法一一记录在该文档中。

17.5.2 人工监控

维护人员应根据所维护的服务的业务关键级别,决定人工监控的严密级别。人工监控应与警报系统对接,可以根据公司采用的联系方式来使警报系统通知维护人员,例如,电话、短信等。假如警报系统通知维护人员代表有马上需要介入调查和修复的问题,则人工监控的级别从高到低大约有以下几个等级。

(1)维护人员时刻观察度量报表,并24×7待命准备响应警报系统通知。

(2)维护人员平时可以处理其他项目,但需24×7待命准备响应警报系统通知。

(3)维护人员工作时间待命准备响应警报系统通知。

(4)没有警报系统通知,维护人员只处理最影响生产力或网站可用性的问题(例如,部署失败、数据库崩溃等)。

(5)没有警报系统通知,维护人员只处理来自用户非紧急形式的问题报告(例如,电子邮件或通过网站客服渠道提交的问题)。

笔者建议,按照以下标准选择监控级别。
- 如果是直接影响用户体验的组件或服务,至少应该采用(3)的监控级别。
- 如果是与网站和组织盈利有关的组件或服务,至少应该采用(2)的监控级别。
- 关键节日、关键流量高峰时,采用(1)的监控级别。

在理想状态下,如果网站的架构设计贴合网站需求和流量,实现上没有大问题,则不需要过多的人工介入,但计划总是赶不上变化,而工程领域实践中的问题永远是千奇百怪,总有想不到的新问题,在保证监控系统正常运作的前提下,时刻保持一定的人工监控总是没错的。